U0224588

数学那些事

伟大的问题与非凡的人

The Mathematical Universe

[美]威廉·邓纳姆（William Dunham）著

冯速 译

人民邮电出版社

北 京

图书在版编目（CIP）数据

数学那些事：伟大的问题与非凡的人 /（美）威廉
·邓纳姆（William Dunham）著；冯速译. —北京：
人民邮电出版社，2022.3
（图灵新知）
ISBN 978-7-115-57369-8

Ⅰ.①数… Ⅱ.①威…②冯… Ⅲ.①数学史-世界
Ⅳ.①O11

中国版本图书馆 CIP 数据核字(2021)第 188930 号

内 容 提 要

　　本书是一部短文集，文章以各自英文标题的首字母按照 A 到 Z 的顺序排列，每一篇短文都讲述了一个特定的数学主题，介绍了数学世界不可不谈的伟大定理、难题、争论和不解之谜。作者以简单清晰的笔触，带领读者跨越历史，探索算术的起源、圆的奥秘、无穷级数的难题、无理数的怪异特征等话题，讲述了数学大师们的生活轶事和神秘经历，勾勒出了数学的概貌。本书荣获美国出版商协会的"数学佳作奖"，适合喜爱数学知识和历史故事的读者阅读。

◆ 著　　　　[美]威廉·邓纳姆（William Dunham）
　　译　　　　冯　速
　　责任编辑　戴　童
　　责任印制　周昇亮
◆ 人民邮电出版社出版发行　　北京市丰台区成寿寺路 11 号
　　邮编　100164　　电子邮件　315@ptpress.com.cn
　　网址　https://www.ptpress.com.cn
　　固安县铭成印刷有限公司印刷
◆ 开本：880×1230　1/32
　　印张：11.75　　　　　2022 年 3 月第 1 版
　　字数：294 千字　　　2025 年 3 月河北第 14 次印刷
　　著作权合同登记号　图字：01-2021-1158 号

定价：79.80 元
读者服务热线：(010) 84084456-6009　印装质量热线：(010) 81055316
反盗版热线：(010)81055315

版 权 声 明

前　　言

很多孩子从简单的英文字母书开始学习阅读。舒舒服服地坐在大人温暖的大腿上，随着字母表的展开，孩子们从"A 代表 alligator（鳄鱼）"到"Z 代表 zebra（斑马）"，静静地聆听着。这样的书也许不是什么伟大的文学著作，却是教孩子认识字母、词汇和语言的有效启蒙读物。

效仿孩子们的这些字母读物，本书按字母 A 到 Z 的顺序组织了一系列小短文，以这种形式来尝试解释数学的基本原理。不过，本书的内容相对要深奥一些，D 在这里代表 differential calculus（微分学）而不是 doggie（小狗），因而，是不是坐在温暖的腿上也就无所谓了。但是，按照字母顺序周游知识世界的基本思想还是一致的。

这样的组织方式要求极其严格，读者需要一页一页从头读到尾，但数学原理毕竟不可能依照拉丁字母的顺序展开它的逻辑进程。因此，有时候章与章之间的衔接会有些生硬。另外，某些字母可能包含很多题材，而有些字母的题材却相当地生僻。这种状况在孩子们的字母读本中也会出现，比如"C 代表 cat（猫）"而轮到 X 却是"X 代表 xenurus（犰狳）"。读者会发现，有些话题是硬塞进来的，很像把 16 码的大脚硬生生地挤进 8 码的小靴子里。设计一个与字母顺序一致的主题顺序，确实是对逻辑组织能力的一个不小的挑战。

本书从算术这个（看似）简单的主题开始。后面章节依次探讨各个主题，这些主题可能会有所重复，而不同的主题也常常交织在一起。有时候，前后相继的几章会讨论同一个领域的问题，例如第 G、第 H、第 I 这三章讨论的是几何，而第 K 章和第 L 章讲述的是 17 世纪牛顿与莱布尼茨这两个死对头的故事。有些章专门介绍某一位数学家，比如第 E 章的欧拉、第 F 章的费马和第 R 章的罗素。有些章陈述特定结果，例如等周问题及球体的曲面面积的阿基米德确定法。有的章则关注一些更宽泛的主题，如数学人物和这一学科中的女性等。无论是什么样的主题，每一章都讲述了大量的历史事实。

顺着这样一条路线，我们将展示数学各主要分支的概况（从代数到几何，直至概率和微积分）。这些章节的设计着眼于解释关键数学思想，采用了不那么正统的教科书的形式，行文间时而会出现一些实际的证明（至少是"小证明"）。例如，第 D 章和第 L 章分别介绍微分和积分，因此少不了要多涉及一些数学运算。

然而，在多数章中，我们会尽力减少技术性推理。事实上，本书的主题都在初等数学范畴内。也就是说，本书把主要内容框定于高中代数和高中几何。数学专业人士在这些章节中不会发现什么新奇的东西。本书针对的是那些对数学有浓厚的兴趣，而且还有一定知识背景的人。

有几个中心思想会不断出现。例如，数学这门学科虽然古老，但极为重要；它既涵盖了人们日常生活的方方面面，又深入那些抽象的神秘领域；数学是一门博大精深的学问。而按照字母顺序来组织内容并展示这门大学问的精髓正是本书追求的目标。

在此，有必要提一下保罗斯（John Allen Paulos）的著作《超越数》（*Beyond Numeracy*），保罗斯把这本书描述成"部分是字典，部分是数学短文集，部分则是数学研究者的思考"。保罗斯这本生动的著作同样按字母 A 到 Z 的顺序描绘了数学的发展历程，他从 algebra（代数）开始一直写到（数学家）Zeno（芝诺）。对某些字母他安排了多个条目，因此他那本书的覆盖面更宽；而我选择通过少量而篇幅较长的文章来增加深度。我希望这两本都按字母顺序编排但风格各异的书能够相得益彰。

　　当然，任何作者都没有办法做到面面俱到，不可能讨论到所有关键要点、介绍到所有重要人物，或涉及所有亟待解决的数学问题。作者每次都必须做出选择，而这些选择又要受到内在一致性、题材的复杂程度、作者的兴趣和专业知识的限制，还要受到完全人为的字母顺序的限制。这类书的选题策划方案决定了它难免挂一漏万，而大量的好素材最终都不得不忍痛割爱了。

　　这样一来，本书就成为一个人只身面对浩瀚数学宇宙的感悟。跟随本书在数学知识的海洋中遨游，只能经历无数条路径中的一条，而且我也认为我所选择的从 A 到 Z 的顺序并不是最完美的路径。

　　抛开限制不谈，我仍然希望本书至少能够展示数学这门魅力无穷的学科的概貌。正如 19 世纪数学家索菲亚·柯瓦列夫斯卡娅所说："许多无缘更深入认识数学的人士把数学与算术混为一谈，而且还误认为它是一门枯燥无味的科学。然而实际上，它是一门需要最强大想象力的科学。"[1] 也许这本书能够再现 5 世纪希腊哲学家普罗克洛斯（Proclus）的高尚情怀："单凭数学便能重振生机，唤醒灵魂……赋予其生命，化想象为现实，变黑暗为智慧的光芒。"[2]

致　　谢

在本书的编写过程中，我得到了朋友、家人、同事以及编辑们的支持，其中有一些人我需要特别感谢。

要特别感谢达里尔·卡恩思，他第一个向我建议写一本按字母顺序安排的数学书。达里尔是一位伟大的生物学教授，一位非常慷慨的艺术家，我还要荣幸地说他是我的一位亲密的朋友。

作为穆伦堡学院的一位新教员，我深深感谢来自阿瑟·泰勒校长和数学系的同事们的热烈欢迎，这些同事是：约翰·梅耶、鲍勃·斯顿普、罗兰·戴德金、鲍勃·瓦格纳、乔治·本杰明和戴夫·纳尔逊。还要感谢穆伦堡学院崔斯勒图书馆的全体馆员，感谢他们在这本书的准备过程中给予我的耐心帮助。

除了穆伦堡学院外，我还要感谢我的同事唐·贝利、维克特·卡兹、阿莱恩·帕尔森、巴克·威尔斯，感谢他们在这份手稿的各个准备阶段给予我的帮助。在约翰·威利父子出版社，我非常高兴地认识了我的几位编辑：史蒂夫·罗斯，在本书的出版过程中，他就像我的助产士一样；而艾米丽·鲁思和斯科特·伦斯勒则陪同本书度过青春期走向成熟。

我要对我的母亲，还有鲁斯·伊万斯、鲍勃·伊万斯和卡萝尔·邓纳姆深致爱意和特别的感激之情，他们始终不变的爱和鼓励是我动力的源泉。

最后，我特别感谢我的妻子兼同事彭妮·邓纳姆。她对本书内容的选择以及章节轮廓提出了有益的建议。作为苹果公司的设计师，她制作了本书所含的图表。她对手稿的编辑从根本上提高了最终成书的质量。毫无疑问，彭妮的影响在本书中随处可见。

威廉·邓纳姆

宾夕法尼亚州阿伦敦，1994 年

目 录

算 术
Arithmetic

对我们每一个人来说，数学都是从算术开始的，这本书也是一样。如我们所知，算术研究的是最基础的数量概念，如整数 1, 2, 3, …。谈到最具普遍意义的数学思想，那就是区分个体数目的思想，也就是"计数"。

"上帝创造了整数，其他一切都由人制造。"[1] 利奥波德·克罗内克尔（Leopold Kronecker）这句名言揭示了整数的内在必然性以及它们无可否认的自然性。如果我们把数学比作一个庞大的管弦乐队，那么整数系就应该被比作一面大鼓：简单、直接、反复，为所有其他乐器提供基础节奏。的确，也有更加复杂的概念，可以比作"数学双簧管""数学圆号"和"数学大提琴"，我们将在后面的章节中研究其中的一些概念。但是，整数总是根基。

数学家称这些无穷无尽的 1, 2, 3, … 为正整数，或更形象地称其为自然数。在认识了它们并为它们起好名字之后，我们的注意力就转向了如何利用一些重要的方法把它们结合起来。最基础的方法就是加法。这一运算不仅基础，而且很自然，因为这些数是一个一个累加而成的，即 2=1+1, 3=2+1, 4=3+1，以此类推。正如强壮的纯种马"天生就会跑"一样，自然数也是"天生就会加"。

上小学的时候，我们先是（几乎）无休止地把数加起来，然后做相反的运算，或者说是逆运算：减法。接下来就是乘法和除法，这期间似乎没有一天停止过训练。经过多年这样的教育，孩子们对算术运算的掌握程度仍然参差不齐，尽管花 7.95 美元买来的计算器眨眼工夫就能毫无偏差地完成计算，但人们并没有因此而放弃这种训练。遗憾的是，对大多数年轻人来说，做算术题已变成了操练和苦差事的代名词。

然而，在不久之前，算术一词不仅包含加减乘除这些基本运算，而且还包含整数的一些较深层次的性质。例如，欧洲人所说的"高级算术"实际上就是"更难的算术"的意思。今天更贴切的术语是数论。

尽管这门学科涉及的内容博大精深，但是它多少还是以质数概念为主的。如果一个整数比 1 大，而且不能写成更小的整数之积，那么这个整数就是**质数**。因此，前十个质数是 2, 3, 5, 7, 11, 13, 17, 19, 23, 29。这其中任何一个数都没有除了 1 和它本身之外的正整数因子。

爱争论的读者也许会说 17 可以写成两个数的积，例如 17=2×8.5 或者 17=5×3.4。但是这些情况下的因子不都是整数。必须记住的是，数论中的主角是由整数来扮演的，整数的那些更复杂、更远房的"表亲"——分数、无理数和虚数，都只能委身幕后，在一旁干着急。

如果一个比 1 大的整数不是质数，也就是说，如果一个数有除了 1 和它本身之外的整数因子，那么我们就称它为**合数**。24=4×6 或者 51=3×17 就是合数的例子。我们认为整数 1 既不是质数也不是合数——原因很快就会揭晓。因此最小的质数是 2。

使这些概念形象化的一个简单且常用的方法，就是想象必须排成矩形的一块块正方形地砖。如果有 12 块这样的地砖，我们就有很多不同的方法把它们排成矩形, 如图 A-1 所示。当然, 这是因为 12=1×12, 或者 12=2×6, 或者 12=3×4 (这里我们不区分 3×4 和 4×3, 因为在两种情况下, 最终地板的形状相同, 只不过一个是对另一个的旋转)。同样, 48 块地砖能够产生 5 种不同的排列方案, 其对应的分解方案是 48=1×48=2×24=3×16=4×12=6×8。

如果是 7 块地砖, 我们有且只能有一种方案, 即 1×7, 如图 A-2 所示。如果有人非要用 7 块地砖来铺一间房, 那么这间房子一定是又窄又长的。根据这个例子我们可以说, 如果一个整数只有一种分解方案 $p = 1 \times p$, 那么这个数就是质数。如果一个整数有多种分解方案, 那么这个数就是合数。

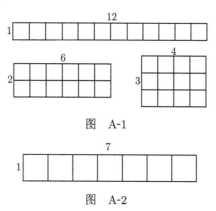

图　A-1

图　A-2

质数虽然是高级算术的核心, 但它们也是导致数学深奥难懂的根源之一。理由很简单: 尽管整数是通过加法运算逐一构造出来的, 但质数和合数的问题向数学中引入了乘法。数论之难 (当然, 还有之美), 就在于数学家试图从乘法运算的角度来理解加法运算的结果。

因此, 自然数就像离开了水的鱼一样。它们是加法运算的产物, 却身处陌生的乘法环境之中。当然, 在绝望地放弃整个事业之前, 我们应该回想一下 3 亿 5000 万年前。那时候，鱼的确离开了水，而且同样是在一个陌生的世界里徒劳无益地翕动着它们的鳃；接着，这些鱼逐渐进化成两栖类、爬行类、鸟类、哺乳动物和数学家。有时候，一个新的不利的环境能够造就完全不一样的结果。

如果不是因为算术基本定理（注意，这里的算术一词使用的是其更广泛的意义）这个著名的结果，质数也许不会在数论中占据中心位置。算术基本定理，顾名思义，就是整个数学中最基本、最重要的一个命题，其内容如下。

算术基本定理： 任何正整数（1 除外）都能够用一种方式且只能用一种方式写成质数之积。 ■

这个论断是一把双刃剑：首先，我们可以把任意的整数表示成质数的积；其次，只有一种表示方式。这必然引出这样的结论：质数是乘法的基本元素，所有整数都是由这些基本元素构成的，质数的重要性不言而喻。质数的角色与化学元素的角色类似，因为正像任何自然化合物都是元素周期表中的 92 种（或者 100 多种，其中包括在实验室中制造出来的元素）自然元素的某种组合一样，任何一个整数都可以分解成它的质因数之积。我们称为水的化合物分子（H_2O）可以分解成两个氢原子和一个氧原子。类似地，"化合数"（即合数）45 可以分解成两个质因数 3 和一个质因数 5 之积。模仿水的化学记法，我可以把 45 写成 $45=3_25$，然而数学家更喜欢指数形式 $45=3^2 \times 5$。

但是，算术基本定理不仅给出了质数分解。同等重要的是，它能够确保这种分解的唯一性。如果一个人确定 92 365 的质数分解为 $5 \times 7 \times 7 \times 13 \times 29$，那么他的同行，无论在隔壁房间还是在其他国家工作，无论是在今天还是在 1000 个世纪之后，必定给出完全相同的质数分解。

这令数学家非常满意。同样，下面的情况也令化学家感到满意：当一名化学家把一个水分子分解成一个氧原子和两个氢原子时，其他化学家绝不可能把这个水分子分解成一个铅原子和两个钼原子。如同化学元素一样，质数不仅是基本元素，而且是唯一的基本元素。

有必要提一下，我们希望因子分解具有唯一性，所以我们把 1 从质数中排除。这是因为，如果把 1 归类为质数，那么数 14 可能的质数分解是 $14=2×7$ 以及不同的质数分解 $14=1×2×7$, $14=1×1×1×2×7$。质数因子分解的唯一性不复存在。所以数学家认为给 1 一个特殊的角色会更好些。它既不是质数也不是合数，被称为**单位**。

面对一个正整数，数学家可能希望确定它是质数还是合数，当它是合数时，接下来就要寻找它的质因数。有时候，这个问题很简单。任何一个偶数（大于 2）显然不是质数，因为它有一个因子 2；任何一个个位是 5（大于 5）或 0（非 0）的整数也是合数。除此之外，确定质数性质问题就相对比较困难。例如，谁能确定数 4 294 967 297 和 4 827 507 229 哪个是质数，哪个不是质数吗？①

19 世纪的数学家卡尔·弗里德里希·高斯（1777—1855）也许是他那个时代最伟大的数论学家，在 1801 年的一部杰作《算术研究》中，他非常简洁地描述了这个问题：

质数与合数的区分以及合数的分解质因数问题是算术中最重要且最有用的问题之一……这门科学本身的高贵性似乎要求人们应该探索每一个能够解决这一巧妙、著名问题的方法。[2]

从古希腊人到现代数论学家，在 2400 多年间，数学家们义无反顾地扑向这一类问题，就如同飞蛾扑火，前仆后继。沿途众学者们创造出关于质数的很多猜测。其中一些已经解决，另一些至今仍悬而未解，而且有相当数量的问题还没有得到解决。

---

① 641 可整除 4 294 967 297；另一个数是质数。参见 D. 韦尔斯的《奇特有趣的企鹅数字词典》（David Wells, *The Penguin Dictionary of Curious and Interesting Numbers*）。

例如, 法国神学家马林·梅森（1588—1648）在 1644 年提出了一个很有趣的问题。梅森在 17 世纪科学史中扮演了重要的角色, 这不仅是因为他对数论做出了诸多贡献, 而且因为他扮演了数学家之间的信息交换平台的角色。当学者们对数学现状比较关心或者对某个问题感到困惑时, 他们就写信给梅森, 而梅森要么知道其答案, 要么把他们直接引荐给某位可能做出解答的权威。在科学会议、专业期刊以及电子邮件出现之前的那个时代, 这样的信息交流通道的价值是无法估量的。

梅森痴迷于形如 $2^n - 1$ 的数, 即比 2 的某个幂少 1 的数。今天为了纪念他, 我们把这样的数称为**梅森数**。显然, 所有这样的数都是奇数。更重要的是, 它们之中有一些是质数。

梅森马上发现, 如果 n 是合数, 那么 $2^n - 1$ 也一定是合数。例如, 如果 $n=12$, 那么这个梅森数 $2^{12}-1=4095=3\times3\times5\times7\times13$ 是一个合数（因为 12 是合数）; 对于合数 $n=33$, $2^{33}-1=8\,589\,934\,591=7\times1\,227\,133\,513$ 同样不是一个质数。

然而, 当幂是质数时, 情况就不是这么显然了。设 $p=2,3,5,7$, 产生的 "梅森数" 分别是 $2^2-1=3$, $2^3-1=7$, $2^5-1=31$, $2^7-1=127$。但是, 如果用质数 $p=11$ 作幂, 我们得到 $2^{11}-1=2047$; 而这个数是 23 与 89 的积, 因此它是一个合数。梅森充分认识到, p 是一个质数不能保证 2^p-1 也是一个质数。事实上, 他断言: "对 2 与 257 之间的质数而言, 使 2^p-1 是质数的质数只有 $p=2,3,5,7,13,17,19,31,67,127,257$。" [3]

遗憾的是, 梅森前辈的结论有不合理和缺失的地方。例如, 他漏掉了数 $2^{61}-1$ 是一个质数。另外, 有人已经证明 $2^{67}-1$ 根本不是一个质数。1876 年爱德华·卢卡斯（Edouard Lucas, 1842—1891）证明了这一事实, 他使用了某个论据证明了这个数是合数, 但这个论据不是很直接, 因为它不能很明确地展示出任何因子。因此在某种意义上, $2^{67}-1$ 的故事仍然很不完整, 但是对这一故事的最后部分值得再说两句。

那是在 1903 年, 背景是美国数学学会的一次会议。哥伦比亚大学的弗兰克·纳尔逊·柯尔（Frank Nelson Cole）是日程安排的演讲者之一。当轮到他上台时, 柯尔走到会议室的前台, 静静地把 2 与它自己相乘 67 次, 再减去 1, 得到一个巨大的结果 147 573 952 589 676 412 927。在见证了这样沉默无语的计算之后, 迷迷糊糊的观众接下来看到柯尔在黑板上写道

$$193\ 707\ 721 \times 761\ 838\ 257\ 287$$

他仍旧沉默地计算着。这个积不是别的数, 正是

$$147\ 573\ 952\ 589\ 676\ 412\ 927$$

柯尔落座。他完美地演出了一幕哑剧。

在座的观众目睹了把梅森数 $2^{67}-1$ 明明白白分解成两个大因子的过程, 他们一度像柯尔一样哑口无语。随后, 他们送上了热烈的掌声, 并站起来向他祝贺! 希望这掌声能够温暖柯尔的心, 因为后来他承认他为此已经计算了二十年。[4]

尽管有了柯尔的因子分解, 但梅森数仍然是质数的源泉。几乎可以肯定, 当一家报纸宣布找到一个新的"最大"质数时, 它一定是 2^p-1 的形式。例如 1992 年, 已知最大的质数是 $2^{756\ 839}-1$, 这是一个有 227 832 位的庞然大物。[5] 但如何确定哪些梅森数是质数, 哪些是合数, 仍旧是数论的一个未解问题。

梅森数 $2^7-1=127$ 出现在另一个质数故事中。在 19 世纪中期, 法国数学家德·波利尼亚克（De Polignac）声称:

每一个奇数都可以表示成 2 的某个幂和一个质数之和。[6]

例如, 15 可以写成 $8+7=2^3+7$, 而 $53=16+37=2^4+37$, $4107=4096+11=2^{12}+11$。尽管德·波利尼亚克没有声明已经对他的猜测给出了证明, 但是他表示已经检验了 300 万以内的所有奇数。

因为 2 的任意幂都不可能在它的质因数分解里有奇数，所以这样的幂可以说成是所有数中最纯粹的偶数。德·波利尼亚克的陈述说明任意奇数可以由一个质数（这个基本的构造块）加上一个纯偶数的 2 的幂构建而成。这是一个大胆的陈述。

而它也绝对是错误的。如果德·波利尼亚克真的花了足够的时间对他的猜测做了上百万次的检验，那么我们只能同情他，因为一个相对较小的梅森数 127 就反驳了他的结论——我们没法把 127 写成 2 的幂加上一个质数。如果我们用各种可能的方式把 127 分解成 2 的幂和一个余数，就会发现这个余数不是质数，因此，他显然错了。

$$127 = 2 + 125 = 2 + (5 \times 25)$$
$$127 = 4 + 123 = 2^2 + (3 \times 41)$$
$$127 = 8 + 119 = 2^3 + (7 \times 17)$$
$$127 = 16 + 111 = 2^4 + (3 \times 37)$$
$$127 = 32 + 95 = 2^5 + (5 \times 19)$$
$$127 = 64 + 63 = 2^6 + (3 \times 21)$$

（因为 $2^7=128$ 大于 127，所以我们无须再进一步计算了。）今天，德·波利尼亚克的猜测已被扔入数论的垃圾堆之中，因为他没有注意到就在眼前的一个反例。就如同 19 世纪尝试扑翼飞行的人一样，他野心勃勃的主张从来就没有飞离地面。

我们已经把化学元素的唯一分解与整数的唯一质数分解对应起来。尽管这种化学类比很有帮助，但是仅就一点它就失效了，因为历史上所有化学家的全部实验室的工作成果也不过提供了区区 100 多种元素，而质数是无穷的。虽说元素周期表能够占满一面墙，但是类似的质数表则需要一面可以无限延伸的墙。

质数无穷性的最早证明是古希腊数学家欧几里得（大约公元前 300

年）给出的, 这一证明出现在他的巨作《几何原本》之中。[7] 下面我们给出他的证明的一个修改后的版本, 但是它仍然保留了原来证明的独特的优美之处。

为了能够理解这一推导过程, 需要两个数论的预备结果, 它们都不是很难。第一个是对于任意一个整数 n, n 的两个倍数之差仍然是 n 的倍数。用符号表示, 如果 a 和 b 是 n 的两个倍数, 那么 $a - b$ 也是 n 的倍数。例如, 70 和 21 都是 7 的倍数, 那么它们的差 70–21=49 也是 7 的倍数; 同样, 216 和 72 都是 9 的倍数, 那么它们的差 216–72=144 也是 9 的倍数。这里没有给出这一事实的一般证明, 但是证明过程真的很简单。

第二个预备结果也同样非常初等。它说的是任意合数至少有一个质因数。同样, 我们还是用例子加以说明。合数 39 有质因数 3, 合数 323 有质因数 17, 合数 25 有质因数 5。欧几里得在他的《几何原本》第七卷的命题 31 中对这个定理给出了一个非常巧妙的证明。

除此之外, 证明质数无穷性的必备知识是能够理解利用矛盾的证明方法。这种证明方法需要我们理解最基础的逻辑二分法: 一个陈述或为真或为假。

论证一个命题为真的一种方法就是直接对它加以证明。这是显然的（也是一种直白的传统方法）。还有一种不同但同样显然的方法就是所谓的**反证法**, 这种证明是假设陈述为假, 然后从这一假设出发, 利用逻辑规则去得出不可能的结果。这样一个结果的出现表明在整个推理过程中的某个地方出现了错误, 如果我们的推理步骤是正确的, 那么唯一可能出现问题的地方就是最开始的"陈述为假"的假设。因此我们必须驳回这一假设, 上面说的二分法给我们留下唯一的一种可能性: 这个陈述一定是真的。不可否认, 这种间接性似乎让人感觉很奇怪, 而这种迂回策略似乎也让人觉得没必要。为了强调这种间接性, 在证明质数无穷性之前，我们先考虑一个例子。

假设我们要研究既是完全平方数又是完全立方数的数，如 64 是 8^2 和 4^3，729 是 27^2 和 9^3。这样的数被称为 sqube。我们的目标是要证明下面的定理。

定理 有无穷多个 sqube。

证明 这是一个简单且非常直接的证明。我们仅通过观察就知道，如果 n 是一个整数，那么有 $n^6 = n^3 \times n^3 = (n^3)^2$ 是一个完全平方数，而且 $n^6 = n^2 \times n^2 \times n^2 = (n^2)^3$ 是一个完全立方数。所以我们通过观察得到无穷多的 sqube

$$1^6 = 1^2 = 1^3 \qquad\qquad 2^6 = 64 = 8^2 = 4^3$$

$$3^6 = 729 = 27^2 = 9^3 \qquad\qquad 4^6 = 4096 = 64^2 = 16^3$$

$$5^6 = 15\ 625 = 125^2 = 25^3 \qquad\qquad 6^6 = 46\ 656 = 216^2 = 36^3$$

$$7^6 = 117\ 649 = 343^2 = 49^3 \qquad 8^6 = 262\ 144 = 512^2 = 64^3 \quad \cdots$$

显然这个过程可以无限地持续下去，因为每选择一个不同的 n 都能产生一个新的不同的 n^6。因此 sqube 的无穷性就直接被证明了。 ■

遗憾的是，为了证明质数的无穷性，我们却没有这样直接的选择。无论是欧几里得还是其他人都没有像我们从 n^6 出发构建出 sqube 那样构建出质数。我们不能采用正面进攻，而是必须采用一种非直接的进攻方式——反证法，这一方法更巧妙、更聪明，而且更优美。事实上，这种证明通常充当数学敏感度的试金石：那些对数学上瘾的人觉得它令人激动得流泪，而那些没有此瘾的人则认为它令人头痛得流泪。我们让读者自己做个判断吧。

定理 存在无穷多个质数。

证明 （反证法）假设只有有限个质数，并假设它们被记为 a，b，

$c, \cdots, d$。这个集合可能包含 400 个或 400 000 个质数，但是我们假设它把全部质数都包含进来。现在我们开始引出一个矛盾。

把这些质数乘起来，然后再加 1 得到一个新数

$$N = (a \times b \times c \times \cdots \times d) + 1$$

注意，因为我们仅有有限个质数，因此能够把它们按这种方式乘起来，而无穷多个质数是不能这样乘起来的。显然，N 比 a, b, $c, \cdots, d$ 中任何一个质数都大，所以 N 与它们都不相同。因为只有有限个质数，所以我们得出结论 N 不是一个质数。

这表明 N 是一个合数。通过前面的第二个预备结果，我们知道 N 有一个质因数。因为我们假设 a, b, $c, \cdots, d$ 构成了世界上的所有质数，所以 N 的这个质因数一定是其中的某一个。

换句话说，N 是质数 a, b, $c, \cdots, d$ 中某一个质数的倍数。到底是哪个质数无关紧要，但是为了具体起见，假设 N 是 c 的倍数。显然积 $a \times b \times c \times \cdots \times d$ 也是 c 的倍数，因为 c 是其中的一个因子。根据上面提到的第一个预备知识，N 与 $a \times b \times c \times \cdots \times d$ 的差还是 c 的倍数。但是我们定义 N 只比这个积大 1，所以这个差是 1。

因此我们得出结论：1 是 c（或 N 的任何其他质因数）的倍数。这显然是不可能的，因为最小的质数是 2，所以 1 不可能是任意质数的倍数。这里出现了问题。

当我们沿着这一证明返回去的时候，就会明白唯一可能出现问题的是我们最初假设有有限个质数。因此我们必须拒绝这个假设并通过反证法得出质数的数目必定无穷的结论。证明完毕。∎

这段完美的推理是初等的，但其意义深刻。它保证质数是无穷无尽的。在最强大的计算机证明了 $2^{756\,839} - 1$ 是质数之后，我们就能够很得意地说更大的质数，或者说无穷多个更大的质数仍旧没有发现。即便

我们不能够指出那些更大的质数中的某一个质数，但是没有人认为我们是含糊其词。多亏了逻辑和反证法证明的巧妙，我们知道了这些质数的存在。

正因为数论含有这些如此简单而美妙的结果，所以对于很多年轻学者来说，这是他们进入更高级数学的切入点。美国数学家朱莉娅·罗宾逊（Julia Robinson, 1919—1985）就是其中的一个。1970 年，罗宾逊是解决了"希尔伯特第十问题"的三位学者之一。这个问题是数论中一个很难的问题，自戴维·希尔伯特（David Hilbert, 1862—1943）七十年前提出以来一直没有得到解决。在少年时期，罗宾逊就沉迷于整数的美妙特性之中。"我对整数的某些定理尤其感到兴奋，"她写道，"我经常在晚上上床之后，把这些定理讲给康斯坦斯（她的姐姐）听。不久她发现，每当她不想睡觉时就可以问数学问题来让我保持清醒。"[8]

还有一位匈牙利数学家保罗·埃尔德什（Paul Erdös, 1913—1996）在回首一生时说："当我十岁时，我的父亲给我讲了欧几里得的证明（质数无穷性的证明），从此我就上瘾了。"[9]

埃尔德什在青年时代取得了如此多的学术成就，因此在社会上受到多方保护。在 17 岁的年龄，大多数大一新生只是单纯期望顺利度过青春期，而埃尔德什却在此时因为给出了两个整数 n 与 $2n$ 之间至少存在一个质数的证明而在数学界赢得了声誉。例如 8 和 16 之间一定存在质数，而 80 亿和 160 亿之间也一定存在质数。

这似乎不是一个太引人注目的定理。的确，几乎在一个世纪前，它已经被一位俄罗斯的数学家切比雪夫（Pafnuty Lvovich Chebyshev，在数学文献上这个名字的英文有时被拼写成 Chebychev、Tchebysheff、Cebysev 或 Tshebychev，这应该属于翻译错误而不是因偏爱出现的混乱）证明了。但是切比雪夫的证明非常复杂。埃尔德什的证明令人吃惊的地方是，它如此简单，而且出自一位如此年轻的人之手。

这里顺便提一下，他的定理给出了质数无穷性的另一种证明，因为它保证 2 和 4 之间，4 和 8 之间，8 和 16 之间等都有质数。如同我们能够永远把数翻番一样，质数也一定是无穷的。

这是保罗·埃尔德什众多定理中的第一个，他是 20 世纪最多产或许也是最古怪的数学家。甚至在这样一个违反常规的行为被视作正常行为的行业中，埃尔德什也是一个传奇人物。例如，这位年轻人受到百般的爱护，到了 21 岁，也就是在给出上面提到的关于质数的定理的四年后，他才第一次自己往面包上涂黄油。后来他回忆说："那时我刚到英格兰去学习。有一天，在用下午茶时，桌子上放了面包。我实在不太好意思承认我从来没有涂过黄油，于是我尝试着做。这不太难。"[10]

同样不寻常的是埃尔德什没有固定的住所。他游遍世界各地的数学研究中心，拎着手提箱到处走，并且坚信每到一处都会有人留他过夜。由于他不间断地四处游历，这位漂泊的数学家与很多同行合作，联合发表了很多文章，这在历史上无人能及。他就是一条《圣经》谚语的写照：人不能仅靠（涂黄油的）面包活着。

作为回报，数学界想出了一种出奇的东西来肯定他带来的影响：埃尔德什数。[11] 埃尔德什本人有埃尔德什数 0；任意与埃尔德什联合发表文章的数学家有埃尔德什数 1；没有直接与埃尔德什合作，但与直接与埃尔德什合作发表过文章的人合作发表过文章的数学家有埃尔德什数 2；与有埃尔德什数 2 的人合作发表过文章的人有埃尔德什数 3；以此类推。就如同一棵巨大的橡树一样，这棵埃尔德什树跨越了整个数学界。

这样，有了质数、合数、梅森数乃至埃尔德什数，很显然，人类对数论的热情没有熄灭的危险。对从高斯到罗宾逊，从欧几里得到埃尔德什这众多的数学家来说，数学中没有哪一部分能像高级算术那样美妙、优雅、充满无穷的魅力。

伯努利试验
Bernoulli Trials

首先，伯努利试验不是佛罗伦萨的一道法律程序①，而是初等概率论的基础，在我们对不确定世界的理解中起着重要的作用。

伯努利试验是一个有两种结果的简单试验。它的结果是成功或失败，黑或白，开或关。没有中间的立场，没有妥协的余地，没有优柔寡断的安慰。

这样的例子太多了。我们观察从一副纸牌中拿出的一张牌，它或是黑色或是红色。我们接生一个婴儿，这个婴儿或是女孩子或是男孩子。我们经历 24 小时的一天，或者遇到流星或者遇不到流星。在每一种情况下，很方便设计一种结果为"成功"，另外一种结果为"失败"。例如，选出一张黑色牌、生一个女儿、没有遇到流星都可以标识为成功。然而，从概率的角度看，选择红牌、儿子或者遇到流星为成功也是不会产生差异的。在这种场合下，成功一词没有价值取向的色彩。

单个伯努利试验没有太大的意义。然而，当我们反复进行伯努利试

---

① trial 在英语中也有审讯的意思。——译者注

验，并观察这些试验有多少是成功的、多少是失败的，事情就变得很有意义了，这些累计记录包含很多潜在的非常有用的信息。

当我们做试验时，有一个关键的条件：这些重复的试验必须是相互**独立**的。独立一词不仅有专业定义，而且还传达了适合我们目标的含义：如果一个事件的结果绝不会对另一个事件的结果产生影响，那么这两个事件就是相互独立的。例如，史密斯生一个儿子与约翰逊生一个女儿是两个相互独立的事件。又例如，投掷一枚一角硬币与投掷一枚一分硬币的结果（正面或反面）也是相互独立的，一枚硬币的结果不会对另一枚硬币的结果产生影响。

但是，如果我们研究一副纸牌中的两张牌，一次只能抽一张，并认为黑色纸牌是成功，那么在抽完第一张纸牌后再抽第二张纸牌时，独立性就丧失了。这是因为，如果第一张牌是梅花 A（一次成功），那么它将影响第二次的抽取结果——它使得第二次抽出黑色纸牌的可能性减小，第二次抽出 A 的可能性也减小，而且绝对不可能还是抽到一张梅花 A。

幸运的是，这种独立性的缺失可以通过一个简单的对策加以弥补。在抽取第一张纸牌之后，把它放回到原来的纸牌中，重新洗好，然后再抽。因为我们的第一张纸牌已经重新混入到原来的纸牌中，所以它的身份对第二次抽取已经不再产生影响。在这种意义下，独立事件要求为每一次试验创造一个不留痕迹的平台，从而使得每次试验成功的概率保持相同。

伯努利试验最鲜明的例子出现在博弈游戏中，例如投掷硬币或者骰子。对于硬币来说，每一次投掷显然是独立的，因此在每次投掷时成功的概率（比如说得到正面的概率）是相同的。说一枚硬币是"平衡的"，意思是这个概率正好是 1/2。对于一枚均匀的骰子，如果我们指定投出 3 是成功，那么我们成功的概率总是 1/6。

但是，如果我们投掷一枚硬币五次会发生什么呢？在这五次投掷中得到三个正面和两个反面的概率是多少呢？推而广之，如果我们投掷这枚硬币 500 次，得到 247 次正面和 253 次反面的概率是多少呢？这是一个看似噩梦般的问题，但是它的解却出现在早期的概率论杰作之一——雅各布·伯努利（Jakob Bernoulli, 1654—1705）的《猜度术》之中。

伯努利是瑞士本土人，他的祖父、父亲和岳父都是富裕的药剂师。他抛弃了臼和研棒，去大学研究神学，并于 22 岁那年获得了学位。然而，尽管他的家族都与医药有关，并且他接受的是布道方面的教育，但他真正感兴趣的却是数学。

从 17 世纪 70 年代末开始直到去世，伯努利一直都是世界上最杰出的数学家之一。他是一个天才，却有着令人讨厌的个性，他目空一切，对那些不具天赋的人的努力嗤之以鼻。例如，在研究了我们今天所谓的"伯努利数"（为了纪念他而命名）之后，伯努利找到了对正整数幂求和的一种非常巧妙的捷径。他说"自己用了不到七分半钟"就确定了前 1000 个正整数的十次幂的和。也就是说，他用了不到十分钟就确定了下面的结果：

$$1^{10} + 2^{10} + 3^{10} + 4^{10} + \cdots + 1000^{10}$$
$$= \quad 91\ 409\ 924\ 241\ 424\ 243\ 424\ 241\ 924\ 242\ 500$$

这的确是个巨大的和。但是他在一份亲自主笔的评论中自我标榜说他的捷径"清楚地表明布里奥的工作是多么无用……他（布里奥）不过是费了好大劲计算了上面的前六个幂的和，而我用一页纸就完成了全部计算"。[1] 这个人对可怜的伊斯梅尔·布里奥（Ismael Bullialdus）没有一点同情心，他不仅拥有一名数学家的非凡洞察力，而且也不同寻常地自负。

雅各布·伯努利的巅峰时期正是戈特弗里德·威廉·莱布尼茨发

现微积分的时期,雅各布是普及这一丰硕成果的重要人物之一。同任何新发展起来的理论一样,微积分得益于那些紧跟其首创者脚步的人,得益于那些才华不如莱布尼茨的学者,他们的贡献是对这一门学科加以整理,这是必不可少的。雅各布就是这样一位贡献者。

雅各布·伯努利
[瑞士,巴塞尔,Birkhäuser Verlag AG 出版社许可翻印,
这是 1969 年由弗莱肯施泰因 (J.O. Fleckenstein) 编辑的《雅各布·伯努利全集,卷 1:新星,自然哲学》中的一幅画像]

在这项事业中,他有一位令人不安的同盟者约翰（Johann, 1667—1748）——他的弟弟,与他的名字首字母相同,这就是极富才华但爱争

吵的伯努利兄弟。事实上，雅各布曾充当他弟弟的数学老师的角色。在之后的岁月里，他也许后悔把约翰教得如此好，因为事实证明这位弟弟是一位与他不相上下的数学家，甚至也许超过了他。兄弟二人为争夺数学霸权展开了激烈竞争。当约翰解决了曾经难倒哥哥的某个问题时，他总是毫不掩饰自己的兴奋，尽管雅各布故意叫约翰为他的"小学生"，暗示约翰只是在效仿他这位导师。这两个伯努利都算不上是高尚的人。

一次著名的冲突起源于悬链线的问题。悬链线是固定在墙上两点的悬链所形成的曲线（见图 B-1）。熟悉代数的人也许猜测这条链沿着一条抛物线弧垂悬，这样一个完美的合乎逻辑的猜测早在 17 世纪初就被伽利略这样的人物想到了。但是这样悬挂的链其实不是抛物线，到了 1690 年，雅各布·伯努利正在为确定这条曲线的真实身份而非常努力地研究着，也就是说，他要给出它的方程。

图 B-1

事实证明，雅各布不能胜任这项任务。当约翰给出答案时，不难想象雅各布惊讶的样子。后来约翰在炫耀他的胜利时说，为了这个解决方案"我全身心地去研究，整晚不休息"。[2] 他气人的本领与他的才华一样出色，约翰匆匆忙忙跑到雅各布面前，告诉一直苦思冥想的哥哥问题的答案。雅各布一下子垂头丧气。

但是，雅各布要实施他的"报复"。这一次的战场是所谓的等周问题，说的是从有相同周长的曲线中，区分出哪条曲线围出的面积最大。我们将在第 I 章中更详细地讨论这个问题，但是现在可以先看一下雅各布·伯努利在 1697 年是如何运用微积分来描述这个问题的。他要对付一个难缠的叫作三阶微分方程的数学对象，这项工作为一个现在称为变分法的新数学分支指出了道路，这一分支有着广泛的研究前景。

弟弟约翰与他的意见不同，并说已经用一个相对简单的二阶微分方程解决了这个等周问题。如同以往伯努利家的情况一样，他们的争吵变成对抗，最终只是因为缺少"弹药"而停止。

约翰·伯努利（卡内基-梅隆大学图书馆惠允）

然而，这次是雅各布笑到了最后，因为弟弟的二阶微分方程是不正确的。遗憾的是，实际上雅各布没有机会大大嘲笑一番，哪怕是微微冷笑，因为在 1705 年他就去世了，而当时约翰对这个问题的错误解仍然神秘地密封在巴黎学院的办公室。有这样一种推测，约翰已经认识到了自己的错误，并设法把这个错误偷偷地掩藏起来，这样就不用忍受公开的羞辱，让哥哥看笑话。[3]

这些趣事充分展现了他们兄弟之间的不和，因此发生下面的事也就一点都不奇怪了。当时人们都认为约翰是编辑他刚去世的哥哥的论文的最合适的人选，但是雅各布的遗孀却阻止了这件事，因为她担心有报复心的约翰会破坏雅各布留下的数学遗产。[4] 霍夫曼（J. E. Hofmann）在《科学家传记大辞典》中对雅各布的个性也许做了最好的描述："他任性、固执、好斗、有报复心，而且受自卑心的困扰，但是他对自己拥有的才能还是有自信的。因为有这样的个性，所以他必然会同有相同个性的弟弟发生冲突。"[5] 的确，雅各布和约翰是因傲慢自大而自毁名声的那种人。

暂且不谈他们兄弟之间的竞争，我们回到前面提到的概率问题：如果投掷一枚均匀的硬币五次，产生三次正面和两次反面的概率是多少呢？在《猜度术》中，雅各布·伯努利给出了一般规则：如果我们重复操作 $n+m$ 次独立试验（即 $n+m$ 次伯努利试验），其中任意一次试验成功的概率是 p，而失败的概率是 $1-p$，那么正好得到 n 次成功和 m 次失败的概率由下面的公式给出。

$$\frac{(n+m)\times(n+m-1)\times\cdots\times3\times2\times1}{[n\times(n-1)\times\cdots\times3\times2\times1]\times[m\times(m-1)\times\cdots\times3\times2\times1]}p^n(1-p)^m$$

为了化简上面这个公式，数学家引入了**阶乘**的记法：

$$n! = n\times(n-1)\times\cdots\times3\times2\times1$$

例如，$3! = 3\times2\times1 = 6$，$5! = 5\times4\times3\times2\times1 = 120$。（注意，阶乘中的感叹号不是要求我们大点声说话。）由于有了这样便利的记法，伯努利结果则化简成：

$$\text{Prob}(n \text{ 次成功}, m \text{ 次失败}) = \frac{(n+m)!}{n!\times m!}p^n(1-p)^m$$

因此, 在投掷一枚均匀的硬币五次之后, 得到三个正面的概率就是
设 $n = 3$, $m = 2$, $p = \text{Prob}$ (投出一个正面) $=1/2$。于是有

$$\begin{aligned}\text{Prob(3次正面, 2次反面)} &= \frac{(3+2)!}{3! \times 2!} \left(\frac{1}{2}\right)^3 \left(1 - \frac{1}{2}\right)^2 \\ &= \frac{5!}{3! \times 2!} \left(\frac{1}{8}\right) \left(\frac{1}{4}\right) \\ &= \frac{120}{6 \times 2} \left(\frac{1}{32}\right) \\ &= 0.3125\text{(或者略大于 31\%)}\end{aligned}$$

同样, 为了求投掷一枚骰子 15 次, 正好得到五个 4 的概率, 我们声明得到一个 4 是 "成功", 且指定值:

$$n = 5\text{(成功的次数)}$$
$$m = 15 - 5 = 10\text{(失败的次数)}$$
$$p = 1/6\text{(成功的概率)}$$

于是经过 15 次独立的投掷, 得到 5 个 4 的概率是

$$\frac{(5+10)!}{5! \times 10!} \left(\frac{1}{6}\right)^5 \left(1 - \frac{1}{6}\right)^{10} = \frac{15!}{5! \times 10!} \left(\frac{1}{6}\right)^5 \left(\frac{5}{6}\right)^{10} = 0.0624$$

这是几乎不可能发生的事情。

回到早前的一个问题, 投掷一枚硬币 500 次, 得到 247 次正面和 253 次反面的概率是

$$\frac{(247+253)!}{247! \times 253!} \left(\frac{1}{2}\right)^{247} \left(1 - \frac{1}{2}\right)^{253} = \frac{500!}{247! \times 253!} \left(\frac{1}{2}\right)^{247} \left(\frac{1}{2}\right)^{253}$$

这个结果尽管正确, 但这个概率太复杂, 无法手算得到, 而且即使有一个高级的袖珍计算器也无法实现计算 500! 这样大的数的愿望（对此怀

疑的人不妨试一试）。我们将在第 N 章看到近似求解这种概率的一项技术。但是，即使无法这样直接计算，这个公式在理论上也还是很完美的。它是求任意一系列独立伯努利试验概率的关键技术。

遗憾的是，日常生活中的大多数事件实际上比投掷硬币复杂得多，这几乎是太纯粹的概率状况。确定一个 25 岁的人能活到 70 岁以上的概率，或者确定下一个星期二的降雨量超过一英寸（25.4 毫米）的概率，或者确定一辆正驶入交叉口的汽车要右转弯的概率，求解这些问题绝不是一件容易的事。这些事件因为现实世界的纷繁复杂而使人一筹莫展，正如雅各布说的那样：

> 我要问，列举所有可能的情况，能够确定在人身体不同部位、不同年龄段折磨他的致命疾病的数量吗？或者说，假如能够确定一种疾病比另外一种疾病更具有致命性，如瘟疫比水肿更能致人死亡，或水肿比发烧更能致人死亡，那么基于这样的认识就能够预测未来一代人的生存与死亡之间的关系吗？[6]

这样的概率超出数学的范畴了吗？概率论只能被归类于模拟博弈游戏吗？

伯努利在那本也许是他最伟大的遗产《猜度术》中，针对这个问题给出了非常有力的回答。事实上，他把这个问题称为他的"黄金定理"，并写道："就其新颖度和其强大的实用性而言，再加上其较大的难度，这一定理因其分量和价值已经成为这一学说之最。"[7] 今天所谓的伯努利定理就是通常所说的大数定律，它被认为是概率论的中流砥柱之一。

为了对它的性质有所了解，再次假设我们正在进行独立的伯努利试验，其中每一次试验的成功概率为 p。我们知道操作的总试验次数，称其为 N，而且还知道结果成功的试验次数，称其为 x。于是分数 x/N 就是我们观察到的成功的次数比例。

例如，如果投掷一枚均匀的硬币 100 次，产生 47 次正面，则观察

到的正面比例是 47/100=0.47。如果再将这枚硬币投掷 100 次,又产生 55 次正面,则总的成功比例是

$$\frac{47 + 55}{100 + 100} = \frac{102}{200} = 0.510$$

没有什么理由阻止他人再把这枚硬币投掷 100 次,或者投掷 1 亿次,只要掷硬币的人不厌其烦。关键的问题是经过长时间的操作,成功的比例 x/N 会发生什么变化呢?

当试验的次数增加时,应该没有人对发现这个比例接近 0.5 而感到惊讶。一般来说,当 N 变大时,我们会看到 x/N 的值趋向一个固定的数 p,这是任何一次单次试验的成功的真概率。所以,这里就显示出这个定理的威力,当成功的概率 p 未知 时,在较大次数的试验当中,成功的比例应该是 p 的一个较好的估计值。用符号表示,我们应该写成

$$\frac{x}{N} \approx p, \quad 当N较大时(\approx 的意思是 "近似等于")$$

加上少数几个重要条件,这就成了大数定律。伯努利定理之所以如此著名,并不是因为它道出了一个真理,而是因为很难用严格的论据加以证明。雅各布自己也以他那极具代表性的尖刻语言承认"即使是最笨的人也应该可以本能地理解(大数定律)"。[8] 然而,为了给出这个定律的正确的证明,他付出了二十年的努力,给出的证明占据了《猜度术》好几页。[9] 事实证明,他的评论"这一原理的科学证明并不是那样简单"是有意轻描淡写的陈述。

我们应该说说前文提到的关于伯努利定理的"重要条件"。因为它本质上是一个概率陈述,所以它应该是随时可能发生的不确定性。我们不能绝对确定投掷一枚硬币 1000 次产生正面的比例将比仅投掷 100 次产生正面的比例更接近 0.5。完全有可能投掷 100 次时产生 51 次

正面, 而且有可能投掷 1000 次时只产生 486 次正面。因此这个"小样本"估测 $x/N = 51/100 = 0.51$ 实际上应该比"大样本"估测 $x/N = 486/1000 = 0.486$ 更接近投掷正面的真实概率。完全有可能发生这样的事情。

这样说来, 如果我们再投掷 1000 次, 那么每一次投掷都产生正面也不是完全没有可能的。有可能产生一个惊人的结果, 2000 次投掷产生 1486 次正面, 于是估测概率是 1486/2000=0.743。在这样的情况下, 大数定律似乎已经不好使了。

但事实并非如此。因为雅各布·伯努利证明的是, 对于任意给定的小容差, 比如说 0.000 001, 估测概率 x/N 与真实概率 p 的差是这个小容差或者比它更小的可能性可以接近于 1, 条件仅仅是增加试验次数。只要做足够多的试验, 我们几乎可以肯定, 或者使用伯努利曾经使用用的词语道义上肯定, 我们的估测值 x/N 与真实概率 p 之差一定在 0.000 001 以内。[10] 当然, 我们不能百分之百确定 p 与 x/N 之差小于 0.000 001, 但是大量的试验可以让我们充分肯定这种推断不至于太离谱。

上述情况, 即投掷均匀硬币 2000 次而掷出正面的概率被估测为 0.743, 其可能性有可能小于一个人在看本章时遇到流星的概率。另外, 即使出现了这样一个不可能的估测值, 伯努利仍然非常自信地声称, 通过做大量的试验, 比如 2000 次、200 万次或更多, 这个比例 x/N 肯定趋向于 0.5。

要强调的是, 即使对于这样少的限制条件, 大数定律仍然是可证明的, 这一点很重要。这不同于我们在生活中遇到的其他著名定律, 如墨菲定律和万有引力定律。它们要么是被普遍认可的陈词滥调 (如墨菲定律), 要么是被高度赞誉的物理模型 (如万有引力定律), 都要随时根据证据而被修正。但是大数定律是一个数学定理, 而且已经证明在必须遵守的逻辑限制之下, 它永远成立。

另外, 它有自己的用途。保险公司用于调整精算表格的生存概率就是依据大量类似试验（例如人的存活和死亡）的结果。天气预报员预报的下雨概率也是如此。

或者考虑这样的例子, 回到 18 世纪, 求一位妇女生一个男孩而不是女孩的概率。如何能够用某种先验的方式计算出这一概率呢？遗传的复杂因素严重破坏了事先用某种纯理论方法确定生一个男孩的概率状况。于是, 我们被迫起用"既成事实"或者事后验证, 以伯努利定律为武器进行处理。

在 18 世纪早期, 这个特殊的问题就一直萦绕在英国人约翰·阿巴思诺特（John Arbuthnot）的头脑之中。如同其他前人一样, 他从人口调查记录中注意到每年出生的男孩比女孩稍微多一些, 并认为这种不平衡已经存在"好多年, 不仅在伦敦, 而且在全世界"。[11] 阿巴思诺特试图借助"上帝之佑"来说明这一现象。几年后, 雅各布和约翰的侄子尼古拉斯·伯努利继承了家族拥有的数学天分, 运用大数定律得出结论：生男孩的概率是 18/35。换句话说, 大量的出生记录显示出一种显著而稳定的趋势, 男女比例 18 比 17。伯努利定理"不仅在伦敦, 而且在全世界"得到应用。

直到今天, 它仍在起作用。一项被称为蒙特卡罗方法的技术在伯努利定理和计算机强大威力的帮助下已经变得非常重要, 因为它能够帮助科学家以概率的模式模拟大范围的随机现象。下面就是蒙特卡罗方法的一个相当简单的示例。假设我们希望求得一个不规则形状的湖面的表面积。我们可以沿着湖边走, 或者俯拍一张照片, 但是湖的弯曲和其表面上的不规则边界使得很难用任何数学公式确定其面积。

假设我们的湖呈图 B-2 中阴影的形状, 我们已经在图上给出了 x 和 y 的坐标。因为我们计划在第 L 章中重温这个例子, 所以选择了一个形状比较规整的湖, 是一个以 x 轴和方程为 $y = 8x - x^2$ 的抛物线为边界的湖。

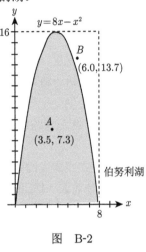

图 B-2

我们将用概率方法估测它的面积。首先, 如图所示在 8×16 的矩形内圈出一个区域。其次, 任由计算机在这个矩形内寻找任意多个 (x, y) 点。例如, 计算机也许能够找出如图所示的两个点 $A = (3.5, 7.3)$, $B = (6.0, 13.7)$。

现在, 我们要问计算机: 这些随机的点是落在这个湖内还是落在了湖外? 在我们的例子中, 这个问题很容易解决。检验点 A, 我们在抛物线方程中令 $x = 3.5$, 于是求得对应的值 $y = 8 \times 3.5 - (3.5)^2 = 15.75$。这表明点 $(3.5, 15.75)$ 在抛物线上。于是比对点 A 来说, 点 A 的第一个坐标相同, 而第二个坐标只有 7.3, 它落在了抛物线的里面, 即在湖内。

类似地, 当考虑点 B 时, 我们在抛物线方程中代入它的第一个坐标, 得到对应值 $y = 8 \times 6 - 6^2 = 12$。因此点 $(6, 12)$ 在抛物线上, 所以点 $B = (6, 13.7)$ 落在抛物线外面, 砸到了干干的地上。计算机只需要几毫秒的时间, 就能选择很多随机的点, 并确定它们是在湖内还是在湖外。

现在看一下根据蒙特卡罗方法的关键观测: 随机选出的点落入湖内的*精确*概率记为 p, 它是湖面占据矩形 8×16 的面积的比例, 即

$$p = \text{Prob}(\text{位于这个湖内的随机点}) = \frac{\text{湖的面积}}{\text{圈出的矩形面积}}$$

$$= \frac{\text{湖的面积}}{8 \times 16} = \frac{\text{湖的面积}}{128}$$

当然，我们只有先知道这个湖的面积（这正是我们要求的未知量）才能计算出这个概率。但是，我们能够根据 x/N 来估测点落入湖中的概率 p，即落入抛物线内部分的比例。利用长期的成功比例来近似真实概率，这本身就是大数定律的直接运用。

对于这个例子，我们的计算机在矩形内选出 500 个点，而且发现其中有 342 个点落入湖内。因此，我们估测

$$\frac{342}{500} \approx p = \frac{\text{湖的面积}}{128}$$

经过交叉相乘之后，这个估测值是

$$\text{湖的面积} \approx 128 \times \frac{342}{500} = 87.552(\text{平方单位})$$

因此，在没有借助其他任何东西，只是利用了伯努利大数定律的情况下，我们就得到了湖的面积的粗略的近似值。

我们如何能够得到一个更精确的估测值呢？我们只简单地让计算机在这个矩形内选出 5000 个点而不是 500 个点。在这个例子中，它发现其中有 3293 个点在这个湖内，因此得到

$$\frac{3293}{5000} \approx p = \frac{\text{湖的面积}}{128}$$

所以也有

$$\text{湖的面积} \approx 128 \times \frac{3293}{5000} = 84.301(\text{平方单位})$$

　　当然，我们还可以让计算机选择 50 000 个随机点，或者 500 000 个点，或者不惜耗电让它选出任意多个点。那么，我们会更加有信心得到这个抛物线形湖的面积的估测值。

　　这是一个初等的模拟实例，现实世界中很多更加奇妙的现象都可以利用蒙特卡罗方法加以研究。另外，正如我们将在后面看到的那样，例子中的抛物线的面积实际上可以用积分方法精确地得到。但是这个例子仍然让我们感受到了概率的威力。

　　自从雅各布·伯努利证明他的伟大定理以来已经过了三个多世纪。他原来的论证已经被更加有效地反映这一事物本质的简化版本所取代，这样的情况在数学中很常见。今天的标准证明是根据俄罗斯数学家切比雪夫的一个结果，此人我们在第 A 章中遇到过。这一方法，以及如期望值、随机变量的标准差等一系列概念使得我们能够把大数定律的证明简化到一页纸上，同时表明伯努利的证明的确很麻烦。然而，以伯努利所不具有的宽容精神，我们将坚决抵制下面这样的念头：仅因为伯努利的证明需要一章篇幅才能讲清，而"我们只需要一页纸就可以完成这项工作"，就把他的工作贴上"无用"的标签。

　　这就是进步的常态。但是，在全人类的奋斗历程中，我们最好要记住这些前辈。正如今天的音响技术播放出的音乐要远远优越于 19 世纪留声机播出的刺耳声音，现代概率论也缩短并简化了伯努利的大数定律的证明。尽管一系列的进步已经说明托马斯·爱迪生的原创是多么陈旧，但是我们仍对他满怀敬仰之情。同样，我们也应该为伯努利自感骄傲的黄金定理而给予他同样的尊敬。

Circle

$C/D = \pi$ 圆

前两章介绍了数论和概率两个领域的内容。下面我们考虑一个几何话题，这是数学的一个重要分支。正如我们将在第 G 章中所看到的那样，几何是古希腊数学家最关注的领域，拥有悠久而光辉的历史。在古典数学世界中，这门学科如此著名，以至于数学家和几何学家二者成了同义词。在很大程度上，几何就是数学家的工作对象。

当然，我们可以从许多不同的角度介绍几何。本章讲述的是圆，这是最重要的几何概念之一。圆简单、端庄、优美，充分展示了二维的完美。在古希腊人的手里，这些圆不仅自身非常重要，而且是展示其他几何思想的主要工具。

圆这一术语已经成为我们的常用词。根据定义，**圆**是到一个固定点距离相同的所有点组成的平面图形。这个固定点称为**圆心**，而所有点到圆心的相同距离称为**半径**。通过圆心穿过圆的线段距离称为**直径**。这个圆形曲线的长度，即做一次完整圆周运动所经过的距离称为**周长**。

第一次认识圆的初学者也会很快认识到这样一个事实：所有圆都

有相同的形状——可能有的大些而有的小些，但是它们"圈"的样子，它们完美的圆形是完全相同的。数学家称所有圆都是**相似的**。不妨做个对比，我们说并不是所有的三角形都有相同的形状，并不是所有的矩形都有相同的形状，并不是所有的人都有相同的体态。我们很容易想象高而细长的矩形，或者高而瘦的人。但是，高而细长的圆根本就不是圆。

所以，圆都有相同的形状。在这些枯燥的观察之后有一个重要的数学定理：对于所有圆来说，周长与直径的比值是相同的。无论是有大圆周和大直径的大圆，还是有小圆周和小直径的小圆，周长与直径的这个相对比值都是相同的。设 C 表示周长，D 表示直径，数学家说，对于所有的圆，比值 C/D 是常数。

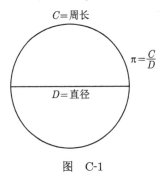

$C=$ 周长

$\pi = \dfrac{C}{D}$

$D=$ 直径

图 C-1

我们把这个常数称作什么呢？数学家从不会错过引入新符号的机会，他们选择了希腊字母表中的第十六个字母 π，从此使它成为一种数学永恒。这一选择非常合适，因为是古希腊人首先对圆进行数学研究的，但是古希腊人自己并不在这种意义之下使用 π。

为了形式化这个概念，我们考虑图 C-1 并引入如下定义。

定义　如果 C 是圆的周长，D 是它的直径，那么 $C/D = \pi$。

交叉相乘后，这个定义产生了一个著名的公式 $C = \pi D$。由于直径是半径 (r) 的两倍，我们利用这个关系得到了一个等价的著名公式 $C = 2\pi r$。

因此，π 提供了周长（一个长度）和半径（另一个长度）之间的关系。这非常重要，因为同样是这个常数提供了圆的面积与其半径之间的关系，尽管这一事实不是十分显然的。讨论一下为什么会这样，还是很值得的。

其重要思想是用一个内接正多边形来近似一个圆, 所谓的正多边形指的是所有边都有相同长度且所有角都有相同大小的多边形。与圆比起来, 多边形是一个更容易接受的图形, 我们对于多边形的了解能引导我们了解它们的外接圆。

在图 C-2 中, 我们看到一个正多边形内接于半径为 r 的圆。为了确定这个多边形的面积, 我们从这个圆的圆心到这个圆上的五个顶点画半径, 于是把这个多边形分成五个三角形。每个三角形都有长度为 b 的底边, 这是这个多边形的边。三角形的高为 h, 这是从这个圆的圆心到这个多边形的边垂直画出的虚线, 我们称其为**边心距**。根据著名的三角形面积公式, 我们看到

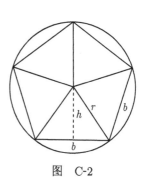

图 C-2

$$每个三角形面积 = \frac{1}{2} \times 底 \times 高 = \frac{1}{2}bh$$

所以

$$内接多边形面积 = 5 \times 每个三角形面积 = 5 \times \left(\frac{1}{2}bh\right) = \left(\frac{1}{2}h\right) \times 5b$$

而 $5b$ 正是这个多边形的边长的 5 倍, 因此它等于这个多边形的周长。总之, 我们已经得到

$$正多边形面积 = \left(\frac{1}{2}h\right) \times 周长$$

经过片刻的沉思, 我们就会明白, 无论我们在一个圆内内接一个正五边形还是正二十边形或者正 1000 边形, 这个公式都成立。对于一般的情况, 即在圆内内接一个正 n 边形, 这个多边形被分成 n 个小三角

形，每个小三角形都有相同的边心距 h（从圆心到多边形的边的垂直距离）和底 b（这个 n 边形的边长）。因此，

$$多边形面积 = n \times 三角形面积 = n \times \left(\frac{1}{2}bh\right) = \left(\frac{1}{2}h\right) \times nb = \left(\frac{1}{2}h\right) \times 周长$$

因为周长是多边形边长 b 的 n 倍。

现在，我们想象连续地内接一个正 10 边形、一个正 10 000 边形、一个正 10 000 000 边形等，这样不停地增加边数。很显然，至少在直观上，以这种方式，多边形将逐渐"填满"（fill up）圆，古希腊人说这是"耗尽"（exhaust）圆，因此内接图形的面积将接近圆面积，以圆面积为其面积的上限。使用记法 lim 表示极限 limit，我们看到

$$圆面积 = \lim[内接正多边形面积] = \lim\left[\left(\frac{1}{2}h\right) \times 周长\right]$$

内接正多边形的面积永远不会与圆的面积**精确地**相等，因为无论内接多边形的边多么小，它们都不会精确地与圆弧重合。但是，这个多边形的面积可以任意接近这个极限面积，即这个圆的面积。

还有两个问题：当多边形的边数无限增加时，边心距和周长有什么变化呢？显然 h 将以这个圆的半径为其极限值。同样内接正 n 边形的周长的极限值是这个圆的周长。这些事实可以用符号表示如下：

$$\lim h = r, \quad \lim(周长) = C$$

因此，

$$圆面积 = \lim\left[\left(\frac{1}{2}h\right) \times 周长\right] = \left(\frac{1}{2}r\right) \times C = \frac{rC}{2}$$

π 终于露面了，因为我们注意到上面的 $C = \pi D = 2\pi r$。因此前面的公式变成：

$$圆面积 = \frac{rC}{2} = \frac{r(2\pi r)}{2} = \frac{2\pi r^2}{2} = \pi r^2$$

毫无疑问, 这是数学中一个关键的公式, 这个公式不仅令数学家感到兴奋, 甚至令报纸漫画家感到兴奋 (见图 C-3)。

FRANK & ERNEST ® by Bob Thaves

图 C-3　(FRANK & ERNEST, 得到 NEA, Inc. 的许可翻印)

所以, 如果求一个给定的圆的周长或者面积, 我们就一定会遇到 π。但是这引发了一个实际问题, 即要确定这个重要的比值。总之, π 是一个真正的、毫不掺假的数的符号, 任何人要做与圆相关的计算时都需要知道这个数 (至少是近似值)。就像只使用 "鸡蛋" 一词不能做蛋糕一样, 只使用符号 π 也无法求圆面积的数值。

近似比值 C/D 的最简单的方法是量出某个圆的周长和直径, 然后由前者除以后者。例如, 绕一辆自行车的轮胎一周的一段绳子量出是 82 英寸①, 而同时拉伸另一段绳子测得这个轮胎的直径是 26 英寸。因此, 我们实际的实验产生的估测是 $π = C/D ≈ 82/26 = 3.15...$, 而 ≈ 表示 "约等于", 和前一章的意思一样。遗憾的是, 当用同样的方法去测量一个咖啡罐的圆形盖子的周长和直径时, 我们得到 $π = C/D ≈ 18/6 = 3.00$, 这个结果并没有非常接近第一次的估测值。像这类物理测量显然要带来一些误差, 无论如何, 现实中的咖啡罐和自行车轮胎都不是完美的数学圆。

为了对周长和直径的比值做一次精确的数学估测, 我们把注意力

---

① 1 英寸等于 2.54 厘米。 ——译者注

转向锡拉库扎的阿基米德（公元前 287—前 212），这是数学史上一位令人尊敬的人物。阿基米德是一个有点古怪的人，经常心不在焉，沉迷于自己的想法。早在他那个时代，他就被认为是一位科学天才。不管怎样，之所以人们至今仍然纪念他，可能是因为他辨别出赫农王的王冠被掺了假。

据传说，这位锡拉库扎的国王命令一名工匠用一定量的黄金制作一顶精致的王冠。当这项计划完成时，有流言说这名工匠用一定量的银取代了等量的黄金，因此这个王冠不值钱，工匠欺骗了国王。这个流言是真的吗？揭示真相的任务被指派给阿基米德。我们引用罗马建筑师维特鲁威（Vitruvius）的一段话来讲述这个故事。

阿基米德脑子里一直想着这件事，他不知不觉来到了浴池。当他跳进浴池里的时候，发现溢出池子外面的水量等于他浸在水中的身体的体积。这一事实明示了破解这个问题的方法，他不再耽搁，兴奋地跳出池子，赤裸地跑回了家，大声地喊他已经找到了要找的东西。他一边跑一边用希腊语喊道："找到了，找到了！"[1]

尽管这个故事的真实性有些可疑，但是它的确是一个著名的故事。也许在整个科学史中，再没有其他传说能把才智与赤裸等要素如此生动地结合在一起。

历史学家说，阿基米德经常在沙地上画图形来研究数学。甚至传说他经常携带一个沙盘，就像当时的一种笔记本电脑。当灵感涌动的时候，他把沙盘放在地上，然后抹平沙子，开始画他的几何图形。在今天看来，这样的方法显然有它的缺陷：一阵大风就可能把他那杰出的证明吞掉；一个恶棍也许会把定理踢到他的脸上；一只猫可能会闯入沙盘，弄得狼藉一片，让他无法静心沉思。

然而，阿基米德成功了，他创造了数学的主体，不仅把它留给了他同时代的人，而且还一代一代地传给后来的学者。我们将在第 S 章接着介绍他, 在那里我们将更仔细地介绍他最伟大的成果, 即确定了球的表面积。但是这里先讲述他对圆周与直径的比值的估测, 换句话说, 他对 π 的估测。

同上面的做法一样, 阿基米德的方法是用正多边形逼近圆。尽管下面的做法启用了现代的符号而且起点稍有不同, 但是整个进程与阿基米德的方法一致。这个过程只需要一点代数知识和毕达哥拉斯定理。而毕达哥拉斯定理是说在一个直角三角形中, 其斜边的平方等于其他两个边的平方和。(毕达哥拉斯定理将在第 H 章讨论。)

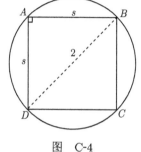

图　C-4

我们利用图 C-4, 有一个圆的内接正方形 $ABCD$。因为周长和直径的比值对于所有圆都是相同的, 所以可以把这个圆的半径选为 $r = 1$, 这使得我们的工作变得相对简单些。因此这个正方形的对角线, 即图中的虚线是这个圆的直径, $2r = 2$。

我们用 s 表示这个正方形的边长, 于是直角三角形 ABD 有两个边的边长是 s, 斜边是 2。根据毕达哥拉斯定理, 它满足 $s^2 + s^2 = 2^2$, 所以 $2s^2 = 4$, $s = \sqrt{2}$。于是这个正方形的周长是 $P = 4s = 4\sqrt{2}$。

这个正方形的周长首先给出了这个圆的周长的一个粗略的估测。用正方形的周长取代圆的周长, 我们得到

$$\pi = \frac{圆周长}{直径} \approx \frac{正方形周长}{直径} = \frac{4\sqrt{2}}{2} = 2\sqrt{2} = 2.828\,427\,125\ldots$$

此时 π 的近似值 2.8284 误差很大, 甚至比上面的自行车的轮胎估测值更糟糕。如果我们不能比这做得更好, 那就真应该回到制图板或者沙盘了。

但是, 根据阿基米德的思想, 我们可以通过加倍这个多边形的边数

来改进第一次估测，因此得到一个内接正八边形并设它的周长是这个圆的周长的下一个估测值。我们再次把边数加倍，得到一个内接正十六边形，然后是正三十二边形，等等。显然每一步，我们的估测值都更精确。同样显然的是，在这一方法中，我们的主要障碍是确定这些多边形中的一个多边形的周长与下一个多边形周长之间的关系。

再次使用毕达哥拉斯定理就可以克服这一障碍。图 C-5 给出了圆心是 O 且半径为 $r = 1$ 的一个圆的一部分。长度为 a 的线段 AB 是内接正 n 边形的一条边。点 D 把线段 AB 二等分，画一条通过 D 点的半径，其与圆相交于 C 点，生成线段 AC，这是内接正 $2n$ 边形的一条边。如果 b 是 AC 的长度，我们希望确定 a 与 b 之间的关系，即一个内接正多边形的边长与边数是其边数 2 倍的正多边形的边长之间的关系。

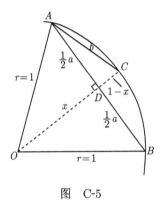

图　C-5

首先注意到 $\triangle ADO$ 是直角三角形，其斜边长为 $r = 1$，直角边 AD 的长为 $(1/2)a$。如果 x 代表直角边 OD 的长，毕达哥拉斯定理保证

$$1^2 = \left(\frac{1}{2}a\right)^2 + x^2 = \frac{a^2}{4} + x^2 \to x^2 = 1 - \frac{a^2}{4} \to x = \sqrt{1 - \frac{a^2}{4}}$$

因为 CD 的长度显然是 OC（半径）的长度和 OD 的长度之差，于是我们得出 CD 的长度是

$$1 - x = 1 - \sqrt{1 - \frac{a^2}{4}}$$

再次对直角三角形 ADC 运用毕达哥拉斯定理，得到

$$b^2 = \left(\frac{1}{2}a\right)^2 + (1-x)^2 = \frac{a^2}{4} + 1 - 2x + x^2$$

$$= \frac{a^2}{4} + 1 - 2\sqrt{1 - \frac{a^2}{4}} + 1 - \frac{a^2}{4} = 2 - 2\sqrt{1 - \frac{a^2}{4}}$$

$a^2/4$ 项消失了。我们把上面表达式中的 2 从根号外面移到根号里面就可以化简这个表达式, 于是得到

$$b^2 = 2 - 2\sqrt{1 - \frac{a^2}{4}} = 2 - \sqrt{4\left(1 - \frac{a^2}{4}\right)} = 2 - \sqrt{4 - a^2}$$

最后得到

$$b = \sqrt{2 - \sqrt{4 - a^2}}$$

现在, 我们要回到对 π 进行估测的问题上来。回想一下我们的内接正方形的边长是 $s = \sqrt{2}$。当我们运用上面的公式计算内接正八边形的边长时, 这个值相当于 a:

$$b = \sqrt{2 - \sqrt{4 - a^2}} = \sqrt{2 - \sqrt{4 - (\sqrt{2})^2}}$$

$$= \sqrt{2 - \sqrt{4 - 2}} = \sqrt{2 - \sqrt{2}}$$

因此八边形的周长是 $8 \times b = 8\sqrt{2 - \sqrt{2}}$, 于是我们估测 π 为

$$\pi = \frac{圆周长}{直径} \approx \frac{正多边形周长}{直径} = \frac{8\sqrt{2 - \sqrt{2}}}{2}$$

$$= 4\sqrt{2 - \sqrt{2}} = 3.061\ 467\ 459\ldots$$

接下来我们要利用十六边形。这一次 $a = \sqrt{2 - \sqrt{2}}$, 这是已经确

定的正八边形的边长, 我们使用它求正十六边形的边长 b:

$$b = \sqrt{2 - \sqrt{4 - a^2}} = \sqrt{2 - \sqrt{4 - (\sqrt{2 - \sqrt{2}})^2}}$$

$$= \sqrt{2 - \sqrt{4 - (2 - \sqrt{2})}} = \sqrt{2 - \sqrt{2 + \sqrt{2}}}$$

所以十六边形的周长是

$$16 \times b = 16\sqrt{2 - \sqrt{2 + \sqrt{2}}}$$

于是我们对 π 的更好的估测值是

$$\pi = \frac{C}{D} \approx \frac{\text{正多边形周长}}{\text{直径}} = \frac{16\sqrt{2 - \sqrt{2 + \sqrt{2}}}}{2}$$

$$= 8\sqrt{2 - \sqrt{2 + \sqrt{2}}} = 3.121\,445\,153\ldots$$

现在我们取得了某种程度的进展。再次把边数加倍, 并运用这一公式得到内接正三十二边形的周长是

$$32\sqrt{2 - \sqrt{2 + \sqrt{2 + \sqrt{2}}}}$$

所以 π 的估测值为

$$\pi \approx \frac{\text{正多边形周长}}{\text{直径}} = 16\sqrt{2 - \sqrt{2 + \sqrt{2 + \sqrt{2}}}} = 3.136\,548\,491\ldots$$

我们可以继续进行。显然我们可以随意重复这一过程。事实上, 这一进展模式使得从一步到下一步的过渡变得非常顺利。

在计算器的帮助下, 我们再进行七次加倍, 得到了正六十四边形、正 128 边形、正 256 边形、正 512 边形、正 1024 边形、正 2048 边形

以及正 4096 边形。显然正 4096 边形已经相当接近圆了，尽管它与自己所内接的圆不完全相同。这次对 π 的估测是：

$$\pi = \frac{C}{D} \approx \frac{\text{多边形周长}}{\text{直径}}$$

$$= 2048\sqrt{2-\sqrt{2+\sqrt{2+\sqrt{2+\sqrt{2+\sqrt{2+\sqrt{2+\sqrt{2+\sqrt{2+\sqrt{2}}}}}}}}}}$$

$$= 3.141\ 594\ 618\dots$$

上面的表达式已经精确到了小数点后第五位，它的特殊外形充分展示了数学的艺术性。更重要的是我们知道了如何得到更精确的估测值：再继续这样的模式一次，或者一激动再做 50 次。以这样的模式，常数 π 可以达到我们希望的精确度。

使用正多边形的这种基本方法要追溯到 22 个世纪之前的阿基米德。但是它有一种缺点：需要计算平方根的平方根的平方根。随着每一次边数的加倍，我们都陷入一次平方根嵌套，因而随之使整个过程变得复杂。阿基米德当时既没有十进制体系也没有计算器，他不得不通过寻求大致等值的小数来渡过平方根造成的难关。他最后用到了正九十六边形。他做到的这一切已经足以证明了他是天才。

然而还有更容易、更有效的途径到达同样的终点吗？答案是肯定的，尽管在 17 世纪微积分和无穷级数出现之前，这一途径还隐于迷雾之中。只有有了微积分和无穷级数，数学家才能真正找到 π 更有效的近似值。尽管这是一个相当精妙的话题，但是我们还是希望至少给出一种冲击这一防线的感觉。

有一个重要的函数，它被称为反正切函数（记为 $\tan^{-1} x$），出身于三角学领域，在这里我们不需要考虑三角学。重要的是，我们可以把

$\tan^{-1}x$ 表示成无穷级数。

$$\tan^{-1} x = x - \frac{x^3}{3} + \frac{x^5}{5} - \frac{x^7}{7} + \frac{x^9}{9} - \frac{x^{11}}{11} + \frac{x^{13}}{13} - \cdots$$

上面这个求和过程以一种显然的模式无限地进行下去。我们越往前进行算术运算，就越接近 $\tan^{-1}x$ 的真实值。

但是这与 π 有什么关系呢？使用三角学我们可以证明下面的事实：

$$\pi = 4\left(\tan^{-1}\frac{1}{2} + \tan^{-1}\frac{1}{5} + \tan^{-1}\frac{1}{8}\right)$$

然后，我们分别把 $x = 1/2$, $x = 1/5$, $x = 1/8$ 代入上面所示的级数中来近似 $\tan^{-1}1/2$, $\tan^{-1}1/5$, $\tan^{-1}1/8$。对每一个级数计算七项得到：

$$\begin{aligned}
\pi &= 4\left(\tan^{-1}\frac{1}{2} + \tan^{-1}\frac{1}{5} + \tan^{-1}\frac{1}{8}\right) \\
&\approx 4\left[\left(\frac{1}{2} - \frac{(1/2)^3}{3} + \frac{(1/2)^5}{5} - \frac{(1/2)^7}{7}\right.\right. \\
&\qquad \left. + \frac{(1/2)^9}{9} - \frac{(1/2)^{11}}{11} + \frac{(1/2)^{13}}{13}\right) \\
&\qquad + \left(\frac{1}{5} - \frac{(1/5)^3}{3} + \frac{(1/5)^5}{5} - \frac{(1/5)^7}{7}\right. \\
&\qquad \left. + \frac{(1/5)^9}{9} - \frac{(1/5)^{11}}{11} + \frac{(1/5)^{13}}{13}\right) \\
&\qquad + \left(\frac{1}{8} - \frac{(1/8)^3}{3} + \frac{(1/8)^5}{5} - \frac{(1/8)^7}{7}\right. \\
&\qquad \left.\left. + \frac{(1/8)^9}{9} - \frac{(1/8)^{11}}{11} + \frac{(1/8)^{13}}{13}\right)\right] \\
&= 4(0.785\ 399\ 829\ldots) = 3.141\ 599\ 318\ldots
\end{aligned}$$

像我们前面的估测一样，这一估测可以精确到小数点后许多位。然而前面的估测导入了很多平方根，其中每一个都需要自己的估测程序，而上面的估测却再也见不到平方根的身影! 通过引入 $\tan^{-1}x$ 的无穷级数, 数学家可以避开平方根这样可怕的事情。

在大约三个世纪前取得的这一成果使得人们在 π 的计算方面有了巨大的进步。1948 年 (计算机出现之前), 人们就已经将 π 精确到小数点后 808 位了。一年后, ENIAC 计算机把这一精度推到了 2037 位 [2]。而按现在的标准, 这样的计算机绝对是太初级了。这一精度的改进说明一个事实: 计算机可以做 π 的任意位数的计算。的确, 位数探索已成为一小部分人热情追逐的事情, 他们致力于一系列数值计算机的研究。不久, 精度就增加到 10 万位、100 万位, 以及令人吃惊的 10 亿位。这样的计算一般在著名大学或大型研究中心内依赖于强大的超级计算机完成。

然而, 戴维 (David) 和乔治·楚德诺夫斯基 (Gregory Chudnovsky) 这一对聪明却有点古怪的兄弟却逆潮流而上, 在曼哈顿岛公寓里, 他们把邮购来的元器件组装成计算机, 计算 π 到小数点后 20 亿位。他们的工程令桌面放满了计算机部件, 走廊上布满了电线, 所有这些电子小部件产生的热量使得公寓的室温急剧升高。尽管如此, 楚德诺夫斯基兄弟俩还是努力完成了这一任务。这兄弟二人的方法与各大学的超级计算机的对比就相当于他们二人与《圣经》故事中的巨人歌利亚的对比, 尽管此时, 这对处于劣势的兄弟拥有许多小硅棒。[3]

如果说纽约的楚德诺夫斯基兄弟是成功攻克了 π 的一对孤独的狼, 那么古德温 (E. J. Goodwin) 医生的孤军奋战则相当失败。他的故事很多数学家都知道, 却常讲常新。

故事发生在 19 世纪末。古德温医生生活在美国印第安纳州的索利图德镇 (Solitude, 意为"孤独、荒僻"), 这是一个偏远且毫无生气的小镇。为了打发业余时间, 这位优秀的医生涉足了数学, 遗憾的是, 他热情有余而能力不足。他相信自己对圆的面积及其周长之间的关系做出了重大发现，事实上这就隐含着关于 π 的重大发现。

伟大的数学进步应该与学术团体一起分享，但是古德温医生却采用了不同的策略。他把他的成果引上了政治舞台而不是学术舞台，他要求印第安纳州众议院的代表引入下面的条款作为 1897 年的 246 号法案："印第安纳州众议院制定如下法律，确定圆的面积等于这个圆的周长的四分之一的平方。"[4] 当然，1897 年的政治领导人并不比现代的政治领导人对数学更内行，只不过他们觉得它完全可以接受。但是这是什么意思呢？

正如图 C-6 所示的那样，古德温的法案说左边圆的面积等于右边正方形的面积，而正方形的每条边长正好等于圆周长的四分之一。如果我们用 r 表示这个圆的半径，周长表示为 $C = 2\pi r$，那么我们知道这个圆的面积等于 πr^2，而正方形的面积等于：

$$\left(\frac{1}{4}C\right)^2 = \left(\frac{1}{4} \times 2\pi r\right)^2 = \left(\frac{1}{2}\pi r\right)^2 = \frac{1}{4}\pi^2 r^2$$

若像古德温所说的那样，这两个面积相等，那么有下式成立：

$$\pi r^2 = 圆面积 = 正方形面积 = \frac{1}{4}\pi^2 r^2$$

交叉相乘后我们得到 $4\pi r^2 = \pi^2 r^2$，消除两边的 πr^2，我们得到最终结果是 $\pi=4$。

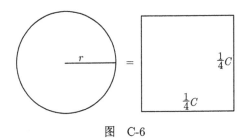

图 C-6

也许阿基米德要在他的坟墓里抗议，但是印第安纳州的立法者们没有一个人因为这样的结论而感到困惑。对于他们来说，这些话听起来太深奥而无法反驳。奇怪的是，这一法案首先由众议院沼泽地事务委员会讨论通过。1897 年 2 月，众议院教育委员会讨论通过。三天后，整个印第安纳州议会代表投票表决赞同古德温的主张：π=4。

其间，这件事引起了新闻界的注意，《印第安纳波利斯哨兵》就表明了对它的支持：

这项法案……不是有意欺骗。古德温医生……和州教育厅长相信它是人们长期寻找的解……它的作者古德温医生是一位著名的数学家。他对此拥有版权，但他提出，如果众议院认可这个解，那么他将允许这个州免费使用这个数。[5]

上段文字除了说明州教育厅长支持这一法案之外，还给出了后面某些奇怪举动的一个合适的理由：这些立法人员非常渴望全美国人民或者全世界人民都使用这个新的 π 值，从而使印第安纳州拥有全国乃至世界性的荣誉。

246 号法案提交到参议院的戒酒委员会，并于 2 月 12 日获得通过，只要再通过参议院全体会议，就能得到法律的身份了。

幸运的是，在最后关头，这一法案没有通过。它的失败很大程度上要归功于普度大学的数学家沃尔多（C. A. Waldo），他当时正在印第安纳波利斯。沃尔多回忆了他在参观州议会大厦时所发生的事情，下面是别人的回忆："一名委员向他出示了这个法案的副本……并问他是否愿意认识一下这位博学的医生。他婉言谢绝了这番好意，并说他已经认识了足够多的疯子。"[6]

由于这位教授的负面评价，通过这个法案的提议被否决了。2 月 12 日下午，参议院无限期推迟了这一议案，维持 π 等于 3.141 59... 的合法性。一位很有见识的反对该议案的参议员哈贝尔抱怨说："参议院还不如立法让水往山上流。"

　　从阿基米德的沙盘到印第安纳州的立法大厅，圆和 π 激起了人们的兴趣。在本书后面的章节中我们还会看到它们两个，因为它们是数学事业的中心。现在，我们给出这一世界性伟大数值的前 30 位小数：

$$\pi = 3.141\ 592\ 653\ 589\ 793\ 238\ 462\ 643\ 383\ 279\ldots$$

微分学
Differential Calculus

　　1684 年, 一篇数学论文发表在《教师学报》上。它的作者是戈特弗里德·威廉·莱布尼茨, 这是一位兴趣广泛且有无限创造力的德国学者和外交家。这篇论文里密密麻麻地挤满了拉丁词语和数学符号, 当时的读者可能会觉得很难理解。今天看来, 理解这篇论文的主题的最好线索就是论文标题末尾出现的一个词: 微积分 (calculi)。

　　这是第一部正式出版的微积分著述。它的题目翻译为《一种求极大值与极小值以及求切线的新方法, 适用于有理量与无理量, 以及这种新方法的奇妙微积分计算》。[1] calculus 一词的本意是"一组规则", 此处指的是适用于有关极大值、极小值以及切线等一类问题的一些规则, 莱布尼茨声称这些规则适用于有理数和无理数。他的发现意义如此重大, 后来这个单词成了不朽的数学名词。事实上, 数学家想要对这门学问给予特殊的关注时就会把它称为"the calculus", 这听起来似乎更令人敬畏。

　　它是令人敬畏的。在传统的大学本科课程中, 微积分是进入高等数学的入口（遗憾的是，对某些人来说是一种障碍）。它已经成为工程师、物理学家、化学家、经济学家等各种专业人士的不可或缺的工具。微积分显然是 17 世纪数学的最高成就，很多人认为它是整个数学发展史上的最高成就。20 世纪最具影响力的数学家之一约翰·冯·诺依曼（John von Neumann, 1903—1957）写道："微积分是现代数学取得的最高成就，对它的重要性怎样强调都不会过分。"[2]（注意，冯·诺依曼此处提到的就是 the calculus。）

莱布尼茨写于 1684 年的论文内容是微分，这是这门学科的两个分支之一。另外一个分支是积分，1686 年，莱布尼茨在同一期刊上介绍了它，它将是我们第 L 章的主题。

在探讨微分之前，我们应该简单介绍一下它的起源。尽管是莱布尼茨首先在 17 世纪 80 年代中期公开描述了微积分，然而，是艾萨克·牛顿在 1664 年到 1666 年首先研究了这个课题。当时还是剑桥大学三一学院的学生的牛顿创造了他所谓的"流数"，这也是一组规则，利用它们也可以求得极大值、极小值和切线，它们也适用于有理数和无理数。总之，牛顿的流数要比莱布尼茨发表的微积分早二十年。

现代学者认为他们二人分别独立发现了微积分。但是当时的数学界怀疑这是一种剽窃，他们对这一荣誉的分配几乎毫无雅量。于是，英国人坚持认为牛顿优先，而欧洲大陆的数学家们则坚信莱布尼茨优先，双方展开了一场激烈的争论。这场争论可以说是数学史上最不幸的一段插曲，我们将在第 K 章给予详细描述。

牛顿和莱布尼茨发现的究竟是什么呢？微分学的核心是斜率和切线的概念，一般高中的代数课会介绍斜率，而切线则是高中几何课程的关键概念。切线出现在莱布尼茨的论文标题中，但是我们先从斜率开始讨论。

假设在坐标平面内有一条直线。我们可以分别研究 x 坐标和 y 坐标, 但是研究 x 和 y 是如何连带变化的通常更有益。例如, 如果 x 增加 4 个单位, 那么相应的 y 的值如何变化呢?

答案与问题中的直线的坡度有关。在图 D-1 中, 左边的直线逐渐上升, 所以 x 坐标值增加 4 个单位（即水平轴上增加 4 个单位）导致 y 坐标值产生较小的变化（即垂直变化非常小）。但是对于右边倾斜较大的直线来说, x 增加 4 个单位则导致 y 的值产生较大的变化。

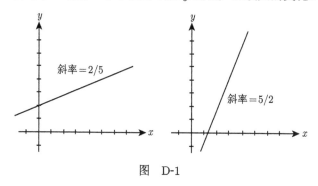

图　D-1

为了用数学语言描述这一概念, 我们定义直线的**斜率**为:

$$\text{斜率} = \frac{y\text{的改变量}}{x\text{的改变量}} = \frac{\text{上升}}{\text{平移}}$$

如果一条直线的斜率是 2/5, 那么当 x 增加 5 个单位时, y 会增加 2 个单位, 缓缓上升。而如果斜率是 5/2, 则表明当 x 增加 2 个单位时, y 整整增加 5 个单位, 此时攀升速度相当快。如果我们要把一架钢琴拉上一个斜坡, 我们希望其斜率是 2/5 而不是 5/2。

表示斜率的符号通常是 k, 如图 D-2 所示的那样, 通过点 (x_1, y_1) 和点 (x_2, y_2) 的直线的斜率定义是

$$k = \frac{y\text{的改变量}}{x\text{的改变量}} = \frac{y_2 - y_1}{x_2 - x_1}$$

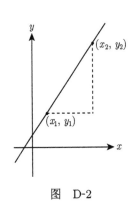

图 D-2

对于一条斜率为 5/2 的直线，水平方向增加 2 个单位导致垂直方向上升 5 个单位。因此，如果 x 增加 $3×2=6$ 个单位，那么 y 则相应地增加 $3×5=15$ 个单位。同样（这是解释斜率的关键），x 向右增加一个单位将导致 y 增加 $5/2=2.5$ 个单位。对于斜率是 2/5 的直线来说，x 增加一个单位则导致 y 增加 $2/5=0.4$ 个单位。因此，我们可以把直线的斜率看成 x 每单位改变量引发的 y 的改变量，即斜率告诉我们当 x 增加 1 时，y 增加多少。

这一切似乎没有什么现实意义，但是事实并非如此。例如，假设我们正在考虑一架飞机的运动，其中 x 代表这架飞机在高空飞行的时间，y 是它在 x 小时内飞行的距离。假设 x-y 关系的图像是一条直线，那么我们把这条直线的斜率解释为单位时间变化（x 的变化）所对应的距离的变化（y 的变化），即这个斜率代表飞机的速率（用每小时的飞行距离来衡量）。这个速率对飞行员来说非常重要，这一点是无可否认的。这一切都与斜率这样一个抽象的数学概念密切相关，说明这种思想在纯数学领域之外是何等重要。

下面再考虑一个经济学问题。我们考虑与某个制造过程相关的两个变量：x 是生产出的产品数量，y 是销售 x 件产品后产生的利润。如果 x-y 关系的图像是一条直线，那么我们把这条直线的斜率解释为对应于单位销售量的变化而产生的利润变化，即每销售一件产品所增加的效益。经济学家对这个概念是如此倾心，他们甚至给它起了一个特殊的名字——边际利润，它的值可以决定大型产业的发展过程。

生活中有很多斜率的例子。像每公里耗油量、每秒前进距离或单位重量价格这样的度量, 表明斜率就在我们的身边。毫无疑问, 一些最重要的数学应用只要涉及一个量相对另一个量的变化比值, 就会体现出斜率的思想。

对于我们刚才的例子, x 增加一个单位导致 y 有一个相应的*增加*。从图 D-2 上看, 这表明当我们向右移动时, 这条直线是向上攀升的。但是并不是所有线性关系都是这一类型。显然我们可能遇到这样的例子, x 增加导致 y 减少。还用飞机的例子, 我们可以设 x 是飞机在空中飞行的时间, y 是飞机与其目的地的距离。于是, 当 x 增加时, y 就会减少。这种情况可以用图 D-3 左图的直线说明, 对于这条直线, 当 x 增加 2 时, y 减少 5。这里

$$k = \frac{y\text{的改变量}}{x\text{的改变量}} = \frac{-5}{2} = -2.5$$

还有最后一种情况, 对于微分学非常重要, 它是如图 D-3 右图所示的水平线。在这里, x 的增加不会导致 y 的增加或者减少, 因为 y 没有变化。于是

$$k = \frac{y\text{的改变量}}{x\text{的改变量}} = \frac{0}{x\text{的改变量}} = 0$$

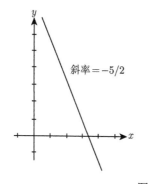
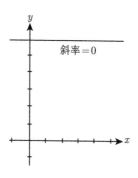

图 D-3

总之，上升直线有正斜率，下降直线有负斜率，水平直线有零斜率（它是上升直线与下降直线的分界线，其斜率也是正负的分界线）。它们步调一致。

遗憾的是，这一理论只适用于直线，因为整条直线显示出相同的倾斜度，即有相同的斜率。在数学中直线当然非常重要，但是显然现实世界的很多现象显现出多变的非线性的性质。飞机不可能以某个固定的速度飞行，生产过程也不可能呈现出不变的边际利润。总之，我们如何确定曲线的斜率呢？要描述这个问题，我们最终要进入微分学领域。

为了说明这一问题，我们考虑图 D-4 所示的抛物线 $y = x^2 - 4x + 7$ 的图像。当 $x = 3$ 时，我们发现 $y = 3^2 - 4 \times 3 + 7 = 4$，并在这条曲线上标出这个点 $(3, 4)$ 为 A。

显然，整个抛物线没有固定的斜率。当我们沿着这条曲线移动时，要不断地改变方向，从左边进入，开始下降，然后在底部趋于水平，之后向右上升。基本原理很显然：曲线不同于直线，它每一点的斜率都不同。

那么如何确定这条曲线在点 A 的斜率呢？从图上看，在点 A 画出这条抛物线的切线，并把抛物线（曲线）的斜率看成在这点的切线（直线）的斜率似乎比较合理。下面的情景给出了这种方法的合理性。

假设我们沿着这条抛物线路径开一辆小车。我们先从左边往下开，再水平移动，然后向右往上爬，越向上越陡。当正好到达点 $(3, 4)$ 时，我们突然飞出这辆车，在车子继续沿着抛物线向上运行的同时，我们则沿直线前进（如图 D-4 所示的箭头方向）。因此，我们的飞行直线是这条曲线在点 $(3, 4)$ 处的切线，这条切线的斜率就是抛物线在点 A 处的斜率。

这就简单多了。但如何求这条切线的斜率还不是很显然。在探讨解决方案之前，我们应该明示其中存在的困难。因为斜率定义为

$$k = \frac{y_2 - y_1}{x_2 - x_1}$$

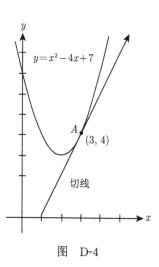

所以需要直线上的两个点来计算。然而在上面的例子中，我们只知道这条切线上的一个点，即点 $A = (3, 4)$。如果我们还知道这条切线上的另一个点，那么很快就可以求得它的斜率。没有这样的信息，我们就好像进入了死胡同，但是微分学给出了绕过这一障碍的方法，那就是间接地逼近这条切线的斜率。这是一条绝妙的进攻路线。

图 D-4

对于我们的问题，我们要求的是这条曲线在 $x = 3$ 处的斜率，首先我们考虑在 $x = 4$ 时的情况。此时，没有办法知道对应于 $x = 4$ 的这条切线上的点，但是我们可以确定 $x = 4$ 时抛物线上的点，此时 $y = 4^2 - 4 \times 4 + 7 = 7$。我们在图 D-5 上标出这个点 $(4, 7)$ 为 B，图 D-5 给出了这条曲线这个关键部分的放大图。于是很容易求得通过点 A 和点 B 的直线的斜率，我们称这条直线为连接 A 和 B 的**割线**：

$$k = \frac{y_2 - y_1}{x_2 - x_1} = \frac{7 - 4}{4 - 3} = \frac{3}{1} = 3$$

这是一个非常简单的计算，遗憾的是，它不是切线自身的斜率，而是那条割线的斜率，只能作为一个粗略的近似。我们如何改进这个估测呢？

为什么不在这条抛物线上选出一个比 B 更靠近 A 的点呢？比如说设 $x = 3.5$。相应的 y 值是 $3.5^2 - 4 \times 3.5 + 7 = 5.25$，所以抛物线上有坐标为 $(3.5, 5.25)$ 的点 C。连接 A 和 C 的割线有斜率

$$k = \frac{y_2 - y_1}{x_2 - x_1} = \frac{5.25 - 4}{3.5 - 3} = \frac{1.25}{0.5} = 2.50$$

如果你想象在图 D-5 上在点 A 和 C 之间画一条直线，它显然比我们第一次尝试的 A 和 B 之间的直线更加接近切线。于是 2.50 的斜率比我们第一个估测值 3.0 更加接近切线的斜率。

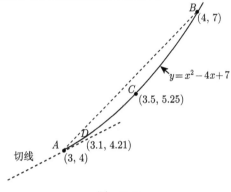

图 D-5

下一步应该是可以预测的：在抛物线上取一个更加接近点 A 的点。例如设 $x = 3.10$，于是 $y = 3.10^2 - 4 \times 3.10 + 7 = 4.21$，令 D 是点 $(3.10, 4.21)$。连接点 A 和 D 的割线显然更加接近要求的切线，它的斜率是

$$k = \frac{y_2 - y_1}{x_2 - x_1} = \frac{4.21 - 4}{3.10 - 3} = \frac{0.21}{0.10} = 2.10$$

继续照这样进行，设我们的点沿着抛物线向 A 移动，并计算我们行驶过程中相应的割线的斜率。这样的一连串计算出现在下面的表格里。

抛物线上的点	该点与点 A 相连所得割线的斜率
(4.0, 7)	3.0
(3.5, 5.25)	2.5
(3.10, 4.21)	2.10
(3.01, 4.0201)	2.01
(3.0001, 4.000 200 01)	2.0001
⋮	⋮

出现了一个明显的模式。当我们的点沿抛物线向 $A = (3, 4)$ 移动时, 对应的割线也旋转着, 不断靠近这条切线, 它们的斜率显然逐渐逼近无法得的切线斜率的更精确的估测值。在我们的例子中, 我们能够很快地猜测出问题中的切线斜率是这些割线斜率无限靠近的那个数: 抛物线 $y = x^2 - 4x + 7$ 在点 $(3, 4)$ 处的切线的斜率显然是 2。

至此, 一切都很完美。但是, 如果我们要求同一抛物线在点 $(1, 4)$ 处的斜率又如何是好呢? 我们或许不得不进行类似的计算并准备一张类似的表格。如果给我们另外十多个点, 需要求得在这些点处的切线斜率, 那又如何是好呢? 我们可能要面对十多张表格, 而且整个操作将变得非常乏味。能够改善这种计算斜率的过程吗?

答案是肯定的。事实上, 这就是莱布尼茨在 1684 年发表的那篇论文中描述的规则所实现的目标。这种改善要求我们稍微采用更抽象的观点, 也就是说更代数的观点。现在我们不再关注特定的点 $(3, 4)$, 而是要创造一个求抛物线 $y = ax^2 + bx + c$ 上任意点 P 处的切线的斜率公式。

设 P 有坐标 (x, y), 且 $y = ax^2 + bx + c$。同上, 选择一个靠近点 (x, y) 的点, 使用割线的斜率近似切线的斜率。

如图 D-6 所示, 习惯上把这个"邻近"点的第一坐标记为 $x + h$。这样一来, 我们就能认为 h 是非常小的一般量, 是一个只超出 x 一点点的小增量。抛物线上相应的点被标为图中的 Q 点。为了求它的第二坐标, 我们只需把 $x + h$ 代入抛物线的方程, 即用 $x + h$ 代替 x。这样的代入给出 Q 的第二坐标是

$$a(x+h)^2 + b(x+h) + c = a(x^2 + 2xh + h^2) + b(x+h) + c$$
$$= ax^2 + 2axh + ah^2 + bx + bh + c$$

所以 Q 点是 $(x+h, ax^2 + 2axh + ah^2 + bx + bh + c)$。读者可能注意

到，这个问题的代数强度已经上升了一两个等级，但是为了寻找一个一般公式，这样的努力还是值得的。

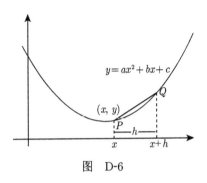

图　D-6

下一步是使用求 k 的公式确定过点 P 和 Q 的割线的斜率：

$$k = \frac{y_2 - y_1}{x_2 - x_1}$$

$$= \frac{(ax^2 + 2axh + ah^2 + bx + bh + c) - (ax^2 + bx + c)}{(x + h) - x}$$

$$= \frac{ax^2 + 2axh + ah^2 + bx + bh + c - ax^2 - bx - c}{x + h - x}$$

$$= \frac{2axh + ah^2 + bh}{h} \quad \text{（合并分子分母的同类项后）}$$

$$= \frac{h(2ax + ah + b)}{h} \quad \text{（提出分子的公因数 } h\text{）}$$

$$= 2ax + ah + b \quad \text{（消掉 } h\text{）}$$

总之，对于任意的小增量 h，过点 P 和 Q 的割线的斜率是 $2ax + ah + b$。但是沿着抛物线向 P 点"滑动" Q 的想法只是相当于让 h 更加接近零。换句话说，在确定这条切线的准确斜率时，我们只需要取当

h 趋近于零时这条割线斜率的极限就可以了。因此, 对于我们的例子, 切线的斜率是由下面的极限给出的:

$$\lim_{h \to 0}(2ax + ah + b) = 2ax + a(0) + b = 2ax + b$$

因为当 h 向零靠近时, a, b, x 都保持不变。(符号 $\lim\limits_{h \to 0}$ 读作 "当 h 趋近于零时的极限"。)

顺便提醒读者注意, 我们可以对前面例子中引用的抛物线 $y = x^2 - 4x + 7$ 运用这个一般公式。此时 $a = 1$, $b = -4$, $c = 7$。因此, 在点 A (其中 $x = 3$) 处切线的斜率是 $2ax + b = 2 \times 1 \times 3 + (-4) = 2$, 这和前面表格给出的答案相同。如果我们要求点 $(1, 4)$ 处的切线的斜率, 那么只需设 $x = 1$, 于是斜率是 $2 \times 1 \times 1 - 4 = -2$。图像证实了这条抛物线在这一点处是下降的, 与负斜率吻合。

重述: 曲线的切线斜率是当 h 趋近于零时相应割线斜率的**极限**。这个极限称为**导数**, 求导数的过程称为**微分**, 研究这些相关问题的数学分支称为**微分学**。

微分学的目标之一就是发展更一般的公式。我们肯定不想局限于处理抛物线。使用与上述过程类似的过程, 数学家从一般函数 $y = f(x)$ 开始, 求其上任意点 (x, y) 处的切线的斜率。同上, 我们在这条曲线上选择一个邻近点, 它的第一坐标是 $x + h$, 第二坐标则相应地是 $f(x + h)$; 接下来, 确定割线的斜率:

$$m = \frac{y_2 - y_1}{x_2 - x_1} = \frac{f(x + h) - f(x)}{(x + h) - x} = \frac{f(x + h) - f(x)}{h}$$

最后求当 $h \to 0$ 时, 上面这个商的极限值。

莱布尼茨把导数记为 $\mathrm{d}y/\mathrm{d}x$。后来约瑟夫–路易·拉格朗日(Joseph-Louis Lagrange, 1736—1813) 引入了更强大的记法, 他使用符号 $f'(x)$

表示 $f(x)$ 的导数。利用这一记法，我们可以得到一个在所有微分学书籍中都可以找到的基本公式：

$$f'(x) = \lim_{h \to 0} \frac{f(x+h) - f(x)}{h}$$

从这个一般定义开始，我们可以给出许多函数的导数。当微分 x 的幂函数，即求形如 x^n 的函数的导数时，一个非常优美的模式出现了，即

$$若 f(x) = x^n, \quad 则 f'(x) = nx^{n-1}$$

用语言描述的话，它说的是求 x^n 的导数只需要把指数拿下来放在前面当系数，然后把幂降低一次。因此，x^5 的导数是 $5x^4$，而 x^{19} 的导数是 $19x^{18}$。这是一个奇特又美妙的规则。曲线的性质及其切线的性质就蕴藏在数学中，它们可以被阐述成如此简单的东西，真是奇妙！

在此我们要说明关于导数定义的几点注意事项。首先，尽管有些函数的导数很容易从相关代数获得，但是有很多函数的导数公式却导致数学上的混乱。更糟糕的是，对于某些函数来说，它在一个点或几个点处甚至没有导数。对于这样的函数来说，我们无法对有问题的点指定任意数作为这条曲线在该点处的切线的斜率。

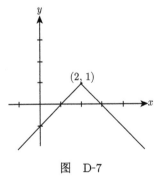

图 D-7

图 D-7 给出了这样一个例子。在点 $(2, 1)$ 处，这个图像有一个尖角。没有办法画出这条曲线在点 $(2, 1)$ 处的唯一一条切线，因为在这里它突然改变了方向。但是，如果我们不能画出一条切线，那么当然也就无法确定切线的斜率，而斜率才是它的导数的意义。这个函数以及其他有锯齿状图像的函数在尖角处都没有导数。

上面的例子说明，伴随导数可能会出现不好处理的难题。这些通常涉及"极限"这个概念，从古时候起，数学家就以不同形式与这种思想纠缠。极限的理论意义非常重大，我们借它定义了导数。在此我们没有必要谈及和深究这个概念的哲学意义。其实，莱布尼茨也没有这样做。他很高兴地从"求极大值和极小值以及求切线的新方法"中寻求更直接的效益，而不过度担心它们的理论基础。

我们已经花了很长时间讨论切线。在本章的最后，我们讨论一下微分在极大值和极小值中的应用。

首先要强调，知道一个函数能达到多大或多小，换句话说，知道一个函数的极大值或极小值，在数学理论和应用两方面都是非常重要的。在什么样的条件下，我们可以极大化利润，极小化汽油的消耗？极值问题是在现实世界中左右我们做出各种决定的关键。微分学为回答这些问题提供了工具，这一事实充分说明了它的威力。

来看一下它是如何工作的。考虑图 D-8 所示的一般函数 $y = f(x)$ 的图像。这个例子显然不是线性的，因为当 x 向右移动时，它时而上升时而下降，而且对于其上的两个点要格外注意。这两个点是 M 和 N，其中 M 是这条曲线能够达到的极大值，而 N 是这条曲线达到的极小值。确定 M 和 N 的坐标当然是非常有意义的。

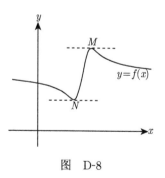

图　D-8

但是如何确定呢？求极大值和极小值的关键是我们前面讨论的斜率：在小山的顶部或峡谷的底部，曲线的切线是水平的，即是一条水平直线，正如我们前面所说的那样，它的斜率是零。因此求极大值和极小值就促使我们去寻找一些特殊点，满足曲线在这些点处的切线的斜率是零，即在这些点导数等于零。用代数语言表示，我们的任务就是求解方程 $f'(x) = 0$，然后就可以求函数的极值。

作为一个例子，看一下意大利数学家吉罗拉莫·卡尔达诺（Girolamo Cardano, 1501—1576）的一个论断，我们将在第 Z 章中从不同的角度再次讨论此人。在考虑一个代数问题时，卡尔达诺断言不存在两个实数满足其和等于 10 且其积等于 40。利用微分学，我们很容易证明他的结论。

那就是，设这两个实数之一是 x，另一个是 z。它们的和等于 10 可以表示成方程 $x + z = 10$，根据这个方程，我们很快就可以得到 $z = 10 - x$。我们希望确定积 xz 如何变大。显然 $xz = x(10 - x)$，所以我们引入乘积函数

$$f(x) = xz = x(10 - x) = -x^2 + 10x$$

并且运用微积分来求极大值。

我们已经求得一般二次函数 $f(x) = ax^2 + bx + c$ 的导数是 $f'(x) = 2ax + b$，因此，函数 $f(x) = -x^2 + 10x$ 的导数是 $f'(x) = -2x + 10$（因为 $a = -1$，$b = 10$，$c = 0$）。为了求极大积，我们只求曲线有水平切线的那些 x 值。因此我们设 $f'(x) = 0$。求解相应的导数方程得 x：

$$0 = 切线的斜率 = f'(x) = -2x + 10 \rightarrow 2x = 10, \quad 故 \ x = 5$$

图 D-9 所示的这个乘积函数 $f(x) = -x^2 + 10x$ 的图像支持这个结论，因为这条抛物线的顶点是 $x = 5$。此时 x 和 z 的乘积是 $f(x) = xz = 5(10 - 5) = 25$，这就是这个积所能取到的极大值。换句话说，和等于 10 的两个实数有极大积 25。卡尔达诺说不存在和等于 10 的两个实数，它们的乘积等于 40，显然他是正确的。

前面这几个例子已使我们领略了微分学的风范,而这只是微分学的表面。这门学科能够解决很多令人困惑的问题,因此在后面的章节中我们会屡次遇到它,也不会令人惊讶。但是现在我们要暂时告别这个话题,离开这个非常重要的数学概念,离开莱布尼茨在三个世纪之前热情描述的"一种奇妙的微积分"。

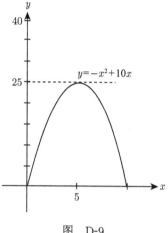

图　D-9

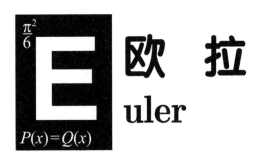

在前面几章中，我们已经遇到了几位数学"超级明星"：欧几里得、伯努利和阿基米德。本章介绍历史上最伟大的数学家之一莱昂哈德·欧拉（他的名字的韵脚是 boiler，而不是 ruler）。欧拉是一名非常多产的数学家，他构建了数学的主体，他那厚厚的手稿简直令人难以置信。但是他令后人仰慕不只是因为他的著作如此之多，更是因为它们不仅丰富、优美，而且展现了敏锐的洞察力。

短短的一个章节甚至无法展示欧拉的遗产的一斑。现代数学家只需要发表几篇中等（或更低）水平的文章就能够赢得相当的名声，而欧拉写作了几乎 900 种专著、图书和论文。当欧拉的生命终结时，他的作品在数量上和质量上都远远超过许多数学家几生几世的作品的总和。有人估测在他在世的六十年间，欧拉每年平均发表新数学内容 800 多页。[1] 在整个历史中，没有哪位数学家能够如此之快地思考，即便能够如此，很多人也无法如此之快地把它们写出来。毫无疑问，欧拉所拥有的智慧、敏锐和创造力是古往今来只有少数几名数学家可以比拟的。像米开朗琪罗或者爱因斯坦一样，他是绝对的大师。

从 1911 年开始，学者们开始把欧拉的著作汇集成册，标题是《全集》。这一极具野心的出版计划竟然启动了。到目前为止，总计有 70 多卷上架（可谁在计数呢？），而且等到 21 世纪，还会不断有新卷集陆续出现。一本典型的著作有 500 多页，大约重 4 磅（1 磅约等于 0.45 千克），欧拉的《全集》的总重量超过 300 磅！没有哪位数学家的作品重量能比得上这个磅数。

所以，欧拉是一位多产的数学家，而且兴趣极其广泛。除了在已经建立起来的科目，如数论、微积分、代数和几何等领域有建树之外，他还几乎独立创立了新的数学分支，如图论、变分法、组合拓扑。他在确立复数的合法地位以及如今几近统一整个数学的函数思想的合法地位的过程中都起到了非常重要的作用，关于复数我们将在第 Z 章中讨论。

在应用数学领域欧拉也非常出色。他利用他强大的数学武器处理力学问题、光学问题、电学问题以及声学问题，并因此解释了许多自然现象，从月球的运动、热量的流动到基本的音乐结构（说到音乐，据说欧拉的著作"给音乐家过多的几何学，又给几何学家过多的音乐"。）。[2]《全集》的多半部分涉及的都是应用。

欧拉还是一位技艺高超的解说员，这一点很重要，因为他对某些记法或术语的选择不久都成为该科目的标准。他的数学著作"看起来"很时髦，因为所有追随欧拉的人都像他那样书写数学。在他的著作中，最受人推崇的是 1748 年的《无穷分析引论》。数学史学家卡尔·博耶（Carl Boyer）写道：

这本书可能是最具影响力的现代教科书。正是这一著作使函数概念成为数学的基础。它普及了对数的指数定义以及三角函数的比值定义。它明确了代数函数和超越函数之间的差异以及初等函数和高等函数之间的差异。它开发了极坐标的使用和曲线的参数表示的使用。现在很多我们习以为常的记法都来自它。一句话，《无穷分析引论》为初等分析所做的一切就如同欧几里得的《几何原本》为几何所做的一切一样。[3]

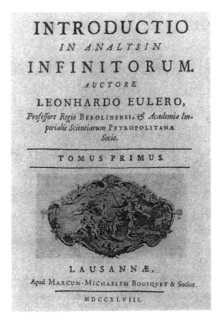

《无穷分析引论》封面
（理海大学图书馆惠允）

正如数学家高斯在描述他第一次接触欧拉著作时回忆的那样，它使他变得"带着饱满的激情而跃跃欲试""备受鼓舞，立志一定要把这门广泛的学科向前推进"。[4]

这里所展示的欧拉肖像值得记住。如果有人要雕刻数学的拉什莫尔山，那么欧拉肖像应当占据非常显眼的位置。

莱昂哈德·欧拉
（理海大学图书馆惠允）

1707 年欧拉出生于瑞士的巴塞尔。在青少年时期，他曾经跟随约翰·伯努利学习，当时伯努利被认为是世界上最伟大的数学家之一。毫无疑问，这对欧拉是非常有利的，即使他不得不应付伯努利那令人讨厌的个性。（你可以想象，这位脾气暴躁的老师与欧拉相处了一个学期后，就开始没完没了地唠叨着老师们的口头禅："这些学生真不如过去的好。"）

但是约翰·伯努利没有理由抱怨，因为几乎没有老师曾经有过这样的学生。欧拉在 15 岁的时候就完成了本科的学习。四年后，他因获得法兰西科学院颁发的奖项而首次赢得了国际声誉。这个科学院公布了一个挑战性问题，即确定帆船上桅杆的最佳位置，欧拉的解决方案得到了充分的肯定。人们常说，尽管大家都知道瑞士航海业不算强大，但是瑞士人欧拉得了奖。因此，这种强大是数学的强大而不是航海的强大。

1727 年，年仅 20 岁的欧拉到俄罗斯旅行，继而在刚刚建立的圣彼得堡科学院谋得了一个席位。他在那里一直生活到 1741 年，当时腓特烈大帝的柏林科学院提供了一个更加诱人的机会。大约有四分之一个世纪，欧拉都在德国的这所科学院工作，在那里他遇到了像达朗贝尔（d'Alembert）、莫佩尔蒂（Maupertuis）、伏尔泰（Voltaire）等名人。从 1766 年起，他永居于圣彼得堡。在 1783 年于那里去世前，76 岁高龄的欧拉在科学领域依然很活跃。

人们都说，欧拉是一个温和且谦逊的人，一个重视家庭生活并很容易交朋友的人。尽管从 1735 年初开始，他的视力渐失，并在 1771 年最终完全失明，但是他仍然保持着好脾气。更了不起的是，这些困难既没有侵蚀他的精神也没有阻止他的研究。他仍然坚持着，即使这意味着他只能通过口述把他大脑中的"眼睛"所能看到的公式或者方程讲述给笔记员。他的数学发现的记录表明，失明没有成为他生产力的障碍，直到今天，他在逆境中取得的成就依然是一笔不朽的遗产。

想用几页纸概括欧拉的数学发现是非常荒谬的。我们只能描述他对几个数学分支的贡献，希望读者能够从这不到万一的成果领略到他工作领域之广。

我们一开始在第 A 章就讨论了高级算术，所以我们首先谈一下欧拉对数论的贡献。这是当时欧拉没有立即投入的数学分支，但是他一旦冒险尝试就入迷了。他的《全集》中有四卷大约 1700 页是关于数论的文章。

他的发现之一是亲和数, 这是可以追溯到古代的一个概念。古希腊人定义了亲和数: 对于两个整数, 如果任意一个整数是另一个整数的真因子之和, 那么这两个整数就是亲和的。例如 220 和 284 就是亲和的。也就是说, 220 的因子是 1, 2, 4, 5, 10, 11, 20, 22, 44, 55, 110, 220。去掉最后一个因子, 我们发现 220 的真因子的和是

$$1 + 2 + 4 + 5 + 10 + 11 + 20 + 22 + 44 + 55 + 110 = 284$$

然后, 把 284 的真因子加起来, 我们得到

$$1 + 2 + 4 + 71 + 142 = 220$$

因此, 220 和 284 是一对亲和数。

很多世纪以来, 这是已知的唯一一对亲和数的例子。下一个突破是由 13 世纪的阿拉伯数学家伊本·阿尔–巴纳 (Ibn al-Banna) 完成的, 他发现了一对相当复杂的亲和数, 即 17 296 和 18 416。[5] 1636 年, 法国数学家皮埃尔·德·费马 (下一章的话题) 重新发现了阿–巴纳数, 而且他本人对此成就感到相当满意。但在 1638 年, 费马似乎感觉到某种"不亲和", 他可怕的对手勒内·笛卡儿 (René Descartes, 1596—1650) 夸耀说他已经发现了更大的一对亲和数 9 363 584 和 9 437 056。用今天的话说, 笛卡儿向费马传递的信息是: "你行吗?"

此后, 直到 18 世纪莱昂哈德·欧拉出现之前, 这一研究都没有什么进展。到此, 人们只知道三组亲和数: 古希腊人亲和数、巴纳亲和数和笛卡儿亲和数。欧拉憋足了气, 开始工作, 一下子拿下另外将近 60 对的亲和数。你行吗, 笛卡儿?

显然, 欧拉发现了至此从未被发现的某种模式, 这使得他能够生成如此之多的亲和数。莱昂哈德·欧拉能够审视一个陈年老问题, 并能够看到前几代最智慧的大脑所没有看到的某种东西。

在初等几何领域，情况也是如此，这是一个已经得到较充分开发的领域，因此人们不再期望有什么惊喜。但是欧拉还是发现了某种新东西。事实上，欧拉的《全集》有四大卷大约 1600 页都奉献给了几何学。

为了了解欧拉在几何方面的工作，我们从如图 E-1 所示的任意三角形 ABC 开始。二等分每条边，并且画出这个三角形的三条高，即从每一个顶点向对边作垂线。在这张图形中，我们用 M 标记每条边的中点，用 P 标记每条垂线的垂足。这六个貌似不相关的点有什么值得注意的东西吗？

欧拉证明了一个非常好的结果：这六个点在同一个圆上！[6] 这个圆的圆心如图 E-2 所示。设 D 是这个三角形三条高的交点（通常称其为这个三角形的**垂心**），而 E 是这个三角形三条边的垂直平分线的交点（称其为**外心**）。画出连接 D 和 E 的线段，点 O 平分这条线段。于是点 O 是上述所做出的六个点所在圆的圆心。[7] 几千年来，欧几里得、阿基米德、托勒密（Ptolemy）和其他人都没有注意到这个极其特殊的定理，这表明了在几何学研究方面，欧拉能够比他们任何人做得都好。

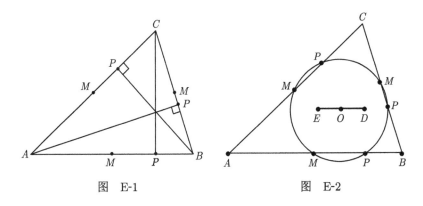

图　E-1　　　　　　　图　E-2

那么微积分呢？欧拉对这门学科有贡献吗？这个问题的答案显然

是肯定的。首先，他撰写了微分学和积分学教程，大约占据《全集》的 10~13 卷约 2200 页。这些讲解把微积分教给了几代数学家，至今仍对这门学科产生着深远的影响。今天，那些抱怨自己 6 磅重的微积分课本又大又重的学生，应该庆幸不必去学习欧拉的这本教科书，这本教科书共有四大卷，足足可以装满一个小型旅行箱。

在这一舞台上，欧拉的早期成果之一是特殊无穷级数求和。一个世纪前的一个未解问题是估算级数

$$1 + \frac{1}{4} + \frac{1}{9} + \frac{1}{16} + \frac{1}{25} + \frac{1}{36} + \frac{1}{49} + \cdots + \frac{1}{k^2} + \cdots$$

即求所有整数的平方的倒数之和。

有一段时间，数学家们知道这个级数能够累加到（数学家称为"收敛到"）一个有限的和。但是，这是一个什么样的和呢？甚至微积分的创始人莱布尼茨也没有计算出来。伯努利兄弟也没有计算出来。雅各布·伯努利和约翰·伯努利研究过这个问题，不仅因为这个问题本身很有意思，而且也可能因为他们要增加吹牛的资本。想象一下，假如能解决如此困难的著名问题，雅各布会怎样羞辱约翰，反之亦然。

但是，在 1734 年莱昂哈德·欧拉开始关注这个级数之前，问题都没有取得什么进展。最初，他也被难住了。他做了一个非常烦琐的计算证明这个级数的和的近似值是 1.6449，但这显然不是一个令人认可的数。欧拉险些加入伯努利和莱布尼茨的"杰出"队伍——接受失败。但是，用他自己的话说："根据求圆面积的方法……我不小心发现了一个美妙绝伦的公式。"[8]

他的意思是他的解决方案转向了三角学和微积分，需要圆常数 π。凭借才智和大胆，欧拉证明了

$$1 + \frac{1}{4} + \frac{1}{9} + \frac{1}{16} + \frac{1}{25} + \frac{1}{36} + \frac{1}{49} + \cdots = \frac{\pi^2}{6}$$

尽管我们建议读者看一下本章注释提到的文献来了解它的详细证明，但是说这个级数的和是 $\dfrac{\pi^2}{6}$，仍然足以吓到每一个人。[9] 因为解决了一度难倒许多先辈的一道难题，欧拉让欧洲数学界注意到：一颗新星已经升起。

关于欧拉的数学成就还有很多可说的。但是在本章剩余部分，我们只想较详细地给出 1740 年诞生的一个定理。这个例子就如同巨大的欧拉数学表中的一粒面包屑，我们以它为代表说明他典型的研究能力。

法国数学家菲利普·诺德（Philippe Naudé）在一封信中向欧拉提出了这个问题。在 1740 年的秋天，诺德开始探究有多少种方法可以把一个正整数写成不同正整数之和。这件事引起了欧拉的兴趣。几天内他寄出了答案，并附带因"几周以来一直遭受视力不好的困扰"而耽搁的道歉。[10]

在研究欧拉的证明之前，我们应该先快速了解一下把整数转化成整数之和的分解。比如考虑 $n=6$，下面有四种方法把 6 写成不同整数之和：

$$6,\ 5+1,\ 4+2,\ 3+2+1$$

（这里我们认为 6 本身也是 6 的和的一种表示。）当然，分解 $6 = 3 + 3$ 是不允许的，因为加数必须是不同的。还要注意，我们没有限制加数的个数：我们可以有一个、两个或者更多个加数，只要它们不同且加起来等于 6 就可以。引入一个记法，用 $D(n)$ 表示把 n 写成不同整数之和的方法数，我们已说明 $D(6)=4$。

现在我们考虑把 6 写成奇数之和的方法，此时不再要求这些加数是不同的。稍稍尝试一下，我们就可以得到下面的结果：

$$5+1,\ 3+3,\ 3+1+1+1,\ 1+1+1+1+1+1$$

注意这里允许有重复, 但是此时我们限定加数为奇数。设 $O(n)$ 是把整数 n 写成奇数（不一定是不同的）之和的方法数, 我们看到 $O(6)=4$。

把 6 写成不同整数之和的方法数与把它写成奇数之和的方法数相等, 这只是一种偶然吗？显然下一步的做法就是对不同的整数重复上面的过程。类似于这样的实践在数学家中是非常普遍的, 他们就像化学家一样, 在尝试着给出一般公式并证明一般规律之前, 通过一些特殊情况做实验而得到某种有价值的预见。当然与化学家不同, 数学家不必担心他们的实验会引发爆炸。

取 $n=13$ 看一下。有 18 种方法把 13 写成不同的整数之和：

13	$8+4+1$
$12+1$	$8+3+2$
$11+2$	$7+5+1$
$10+3$	$7+4+2$
$9+4$	$7+3+2+1$
$8+5$	$6+5+2$
$7+6$	$6+4+3$
$10+2+1$	$6+4+2+1$
$9+3+1$	$5+4+3+1$

用我们的记法, $D(13)=18$。类似地, 下面是把 13 写成奇数之和的方法：

13	$5+5+1+1+1$
$11+1+1$	$5+3+3+1+1$
$9+3+1$	$5+3+1+1+1+1+1$
$9+1+1+1+1$	$5+1+1+1+1+1+1+1+1$
$7+5+1$	$3+3+3+3+1$

7+3+3	3+3+3+1+1+1+1
7+3+1+1+1	3+3+1+1+1+1+1+1
7+1+1+1+1+1+1	3+1+1+1+1+1+1+1+1+1
5+5+3	1+1+1+1+1+1+1+1+1+1+1+1+1

于是有 $O(13)=18$。这提示我们可能发现了某些东西。

不难想象拥有天才计算能力的欧拉会做更多的尝试。每一次实验都产生令人吃惊的相同结果：能够用完全相同数量的方法把一个整数分解成不同整数之和和分解成奇数之和。

欧拉注意到了这种现象，而且他注意到了更多的东西：只用了一个巧妙的方法，欧拉证明了 $D(n)$ 和 $O(n)$ 相等。他的处理方法涉及一点代数知识和大量的技巧，可以分成三个步骤。下面我们开始温习欧拉的做法。

步骤 1 引入无限乘积。

$$P(x) = (1+x)(1+x^2)(1+x^3)(1+x^4)(1+x^5)(1+x^6)\cdots$$

其中项的构成模式是显然的。欧拉从不胆怯，他把这些项展开并且合并 x 的幂相同的项。产生的表达式的常数项显然是 1，是由无穷多个 1 相乘得到的。根据这种乘积，只有一种方法得到 x，也就说第一个因子中的 x 与其后的 1 相乘后得到 x。类似地，x^2 也只有一个。但是有两种方法得到 x^3：第一种方法是第三个因子的 x^3 与所有 1 相乘，第二种方法是第一项中的 x 与第二项中的 x^2 相乘。我们把 x^3 项写成 (x^3+x^{2+1}) 不仅可以表示有两个 x^3 项，而且还可以表明它们的生成方法。按照这样的规定，两个 x^4 项表示成 (x^4+x^{3+1})，三个 x^5 项写成 $(x^5+x^{4+1}+x^{3+2})$，四个 x^6 项写成 $(x^6+x^{5+1}+x^{4+2}+x^{3+2+1})$，以此类推。

这一过程可以一直持续下去, 直到我们厌烦为止, 但是其模式是显然的: $P(x)$ 的展开式中 x^n 项的数量等于把 n 写成不同整数之和的方法数。在这一点上, 注意到四个 x^6 项的指数就是上面我们发现的 6 的不同的整数分解形式。$P(x)$ 的展开式中的每个因子都含有 x 的不同次幂, 从而保证了这种不同性。

因此, $P(x)$ 的展开式中 x^n 的系数正好是 $D(n)$, 即把 n 分解成不同因子之和的方法数。换句话说

$$P(x) = 1 + D(1)x + D(2)x^2 + D(3)x^3 + D(4)x^4$$
$$+ D(5)x^5 + \cdots + D(n)x^n + \cdots$$

步骤 2 暂时把 $P(x)$ 放到一边, 引入表达式

$$Q(x) = \left(\frac{1}{1-x}\right)\left(\frac{1}{1-x^3}\right)\left(\frac{1}{1-x^5}\right)\left(\frac{1}{1-x^7}\right)\cdots$$

其中分母的特征是所有不断增加的 x 的奇数幂。欧拉首先不得不把每一个这样的分数转化成非分数表达式。

但是如何做呢？先不考虑这个无穷级数的微妙, 我们观察到

$$1 = 1 - a + a - a^2 + a^2 - a^3 + a^3 - a^4 + a^4 - \cdots$$

因为右边除了第一项之外, 所有项都消掉了。把右边的项如下配对, 并提取因子后上式变成

$$1 = (1-a) + (a-a^2) + (a^2-a^3) + (a^3-a^4) + (a^4-a^5) + \cdots$$
$$= (1-a) + a(1-a) + a^2(1-a) + a^3(1-a) + a^4(1-a) + \cdots$$

然后把上式两边同时除以 $1-a$, 得到

$$\frac{1}{1-a} = \frac{1-a}{1-a} + \frac{a(1-a)}{1-a} + \frac{a^2(1-a)}{1-a} + \frac{a^3(1-a)}{1-a} + \frac{a^4(1-a)}{1-a} + \cdots$$

$$= 1 + a + a^2 + a^3 + a^4 + \cdots$$

消掉上式分子与分母中的 $1-a$, 得到结论

$$\frac{1}{1-a} = 1 + a + a^2 + a^3 + a^4 + \cdots \tag{$*$}$$

此时在上面的公式中用 x 取代 a, 得到

$$\frac{1}{1-x} = 1 + x + x^2 + x^3 + x^4 + \cdots$$

我们还可以把上面这个表达式写成

$$\frac{1}{1-x} = 1 + x^1 + x^{1+1} + x^{1+1+1} + x^{1+1+1+1} + \cdots$$

接下来在公式 (*) 中用 x^3 取代 a, 得到

$$\frac{1}{1-x^3} = 1 + (x^3) + (x^3)^2 + (x^3)^3 + (x^3)^4 + \cdots$$

$$= 1 + x^3 + x^{3+3} + x^{3+3+3} + x^{3+3+3+3} + \cdots$$

类似地, 用 x^5 取代 (*) 中的 a, 得到

$$\frac{1}{1-x^5} = 1 + (x^5) + (x^5)^2 + (x^5)^3 + (x^5)^4 + \cdots$$

$$= 1 + x^5 + x^{5+5} + x^{5+5+5} + x^{5+5+5+5} + \cdots$$

以此类推。

利用这些表达式, 欧拉把 $Q(x)$ 转化成如下形式:

$$Q(x) = \left(\frac{1}{1-x}\right)\left(\frac{1}{1-x^3}\right)\left(\frac{1}{1-x^5}\right)\left(\frac{1}{1-x^7}\right)\cdots$$

$$=(1 + x^1 + x^{1+1} + x^{1+1+1} + x^{1+1+1+1} + \cdots)$$
$$(1 + x^3 + x^{3+3} + x^{3+3+3} + \cdots)(1 + x^5 + x^{5+5} + \cdots) \cdots$$

在此, 他把上面的乘积展开。同样, 出现了一个常数项 1, 其后是单个 $x^1 = x$ 和单个 $x^{1+1} = x^2$。有两个 x^3 项出现: x^3 和 x^{1+1+1}。我们得到的一个 x^4 是通过把第二个括号里的 x^3 与第一个括号 (而其余括号只提供一个 1) 的 x^1 相乘而得到的, 而另外一个 x^4 是通过把第一个括号里的 $x^{1+1+1+1}$ 乘以其他的 1 得到的。类似地, x^5 出现三次 (x^5, x^{3+1+1}, $x^{1+1+1+1+1}$)。x^6 出现四次 (x^{5+1}, x^{3+3}, $x^{3+1+1+1}$, $x^{1+1+1+1+1+1}$)。

继续下去。出现在 $Q(x)$ 展开式中 x^n 的项数显然正好等于把 n 写成奇数之和的方法数, 因为 $Q(x)$ 中作为指数只出现奇数幂。注意到 x^6 的四个指数的排列方式就是我们早前看到的把 6 写成奇数之和的方法数, 这可以作为这一事实的一个附加验证。因此, 当 $Q(x)$ 被展开成无限和时, x^n 的系数就是上面定义的 $O(n)$, 即有

$$Q(x) = 1 + O(1)x + O(2)x^2 + O(3)x^3$$
$$+ O(4)x^4 + O(5)x^5 + \cdots + O(n)x^n + \cdots$$

步骤 3 重写步骤 1 和步骤 2 中的 $P(x)$ 和 $Q(x)$, 我们最终将证明下面这样一个相当出乎意料的结论: 这二者是相同的。为了证明这一点, 从原来的 $Q(x)$ 的表达式开始, 把它的分子和分母乘以 $(1 - x^2)$, $(1 - x^4)$ 以及其他所有偶数幂的项, 于是有

$$Q(x) = \left(\frac{1}{1-x}\right)\left(\frac{1}{1-x^3}\right)\left(\frac{1}{1-x^5}\right)\left(\frac{1}{1-x^7}\right) \cdots$$
$$= \frac{(1-x^2)(1-x^4)(1-x^6)(1-x^8) \cdots}{(1-x)(1-x^2)(1-x^3)(1-x^4)(1-x^5)(1-x^6)(1-x^7) \cdots}$$

接下来, 回想一下表达式 $(1-x^2)$ 可以被因式分解成 $(1-x)$ 和 $(1+x)$ 的乘积, 而 $(1-x^4)=(1-x^2)(1+x^2)$, $(1-x^6)=(1-x^3)(1+x^3)$, 等等。把上式的分子用这些表达式取代, 得到

$$Q(x) = \frac{(1-x)(1+x)(1-x^2)(1+x^2)(1-x^3)(1+x^3)(1-x^4)(1+x^4)\cdots}{(1-x)(1-x^2)(1-x^3)(1-x^4)(1-x^5)(1-x^6)(1-x^7)\cdots}$$

我们从这个表达式立即可以看到分母中的每一项都与分子中的相同项消掉。当所有这些消除工作完成后, 就剩余

$$Q(x) = (1+x)(1+x^2)(1+x^3)(1+x^4)\cdots$$

就如同变魔术一样, 这个表达式正是我们最初给出的 $P(x)$ 公式。总之, $Q(x)$ 和 $P(x)$ 的确相同。

但是现在, 我们要紧紧跟随欧拉得出他的结论。因为我们前面已建立表达式

$$P(x) = 1 + D(1)x + D(2)x^2 + D(3)x^3 + D(4)x^4$$
$$+ D(5)x^5 + \cdots + D(n)x^n + \cdots$$
$$Q(x) = 1 + O(1)x + O(2)x^2 + O(3)x^3 + O(4)x^4$$
$$+ O(5)x^5 + \cdots + O(n)x^n + \cdots$$

而且因为在步骤 3 中, 我们已证明了 $P(x)$ 和 $Q(x)$ 相等, 所以显然每个 x^n 的系数必定是相等的。因此 $D(1) = O(1)$, $D(2) = O(2)$, 一般地, 对于任意的整数 n, 有 $D(n) = O(n)$。换句话说, 这表明把 n 写成不同整数之和的方法数的确等于把它写成奇数（不必是不同的）之和的方法数。这就是欧拉寻求的结论, 他的证明完毕。■

这个论证是一个杰作, 它证明了关于整数分解的一个巧妙却又不是那样显然的事实。它展现了欧拉数学的典型特征：

(1) 他非常熟练于处理符号表达式。这种能力在上面的证明中表现得淋漓尽致，并为他赢得了整个时代最伟大的符号操纵者的声誉。

(2) 欧拉在操纵代数表达式方面的才能与对这样的处理能够带来正确结论的信念相得益彰。后来的数学家证明，不加区分地处理符号，特别是那些涉及无限过程的符号，会带来麻烦。但是欧拉似乎虔诚地相信，如果我们能够追随符号，它们就会通向真理。

(3) 欧拉最为硕果累累的数学策略之一，是用两种不同的方法写同一个表达式，使这些不同的表达相等，并从它们得出强大的结论。上述的例子就是这种情况，其中 $P(x)$ 和 $Q(x)$ 给出表示同一种事情的不同方法。这种从两个根本不同的角度审视一个对象的能力是欧拉最具影响力、最完美的众多论证的一大特点。

(4) 最后，除去代数处理的能力和超群的技术，剩下的就是令人震撼的智慧。在上面的证明中，是什么样的洞察力使他为了收集整数分解的信息而去展开代数表达式呢？是什么样的洞察力把他引导到表达式 $P(x)$ 和 $Q(x)$ 呢？又是什么样的洞察力向他暗示这两个表达式是相同的呢？当你理解了欧拉的证明之后，就会产生一种断言它显然成立的冲动。这是后见之明。但是在未知领域开辟出一条新路需要极高的智慧。

最后我们应该再说几句。莱昂哈德·欧拉是一名一流的数学家，然而他在一般公众当中几乎不为人知，人们甚至不能正确地说出他的名字。从来没有听说过欧拉的人们也许不难确认皮埃尔–奥古斯特·雷诺阿（Pierre-Auguste Renoir）是一名艺术家，约翰内斯·勃拉姆斯（Johannes Brahms）是一名音乐家，而沃尔特·斯科特爵士（Sir Walter Scott）是一名作家。

但糟糕的是，欧拉不是画家中的雷诺阿，而是伦勃朗（Rembrandt）；他不是音乐家中的布拉姆斯，而是巴赫（Bach）；他不是作家中的沃尔特·斯科特，而是威廉·莎士比亚（William Shakespeare）。有如此身份的这样一位数学家——数学界的莎士比亚——却几乎没有得到公众的认可，是一个极大的悲剧。

所以，我奉劝读者放下这本书，去创建粉丝俱乐部，拉出横幅，采用一切方法宣传一个最具洞察力、最具影响力和最有智慧的数学家：瑞士人莱昂哈德·欧拉。

费　马

Fermat

$x^n+y^n\neq z^n$

皮埃尔·德·费马（Pierre de Fermat, 1601—1665）的任何传记一定都很短。他的一生跨越了 17 世纪的前三分之二，但说实话，他的一生相当乏味。他从没有在大学执教，也没有在某家皇家科学院占据一席位置。因为身兼律师和地方法官的职位，所以费马在有生之年没有发表过什么东西，而是通过信件以及没有发表的手稿来传达他的想法。因为不是职业数学家，所以费马被誉为"业余数学家之王"。但是说到"业余"，如果我们的意思是"没什么才能的新手"，那么这个绰号完全不准确。

"数学业余爱好者"这一词条有一个怪圈。我们好像一定要把人分成职业数学家和业余数学家，然而事实上，历史上的每一个人也许都会落入业余数学家的行列。你在支票簿上的加法错误会理所当然地被分类为"业余数学成果"。至于棒球手约吉·贝拉（Yogi Berra）所说："棒球是 90％ 的脑力运动，剩下的一半是体力运动。"这计算水平就更业余了。

许多年前，这样的评述就从这位"业余数学家"费马的数学成果中被拿掉了。即使他不如同时代的两位法国伟人勒内·笛卡儿和布莱斯·帕斯卡有名，但是在数学家的心中，他却占据着更令人尊敬的地位。本章的宗旨就是解释这是为什么。

17 世纪初，皮埃尔·德·费马出生于法国南部的博蒙–德–洛马涅（Beaumont de Lomagne）。他的父亲是一名富裕的商人和城镇执政官，在这样相当安适的环境下，年幼的皮埃尔度过了他的童年。他接受了良好的教育，开始主要是学习古典语言和古典文学，随后进入大学专心学习法律。经过这样的教育，他在图卢兹城的最高法院当上了一名文职官员，这一职位除了收入稳定之外，还使得费马有权在他的姓前加一个"de"以显示低等法国贵族的身份。

作为一名杰出人物，费马婚后与他的妻子生下了五个孩子。他在天主教教会担任很多重要的职位，他是一名虔诚的教徒。据我们所知，他的一生都是在他的出生地方圆一百英里（约 161 千米）以内度过的。[1]这位法国人从来没有去过巴黎。

总之，费马的生活圈子相当有限，而且他的生活相当安定——事实上非常安定，因此他不必做很多事。这就暗示他的工作强度不是很大，因此为他写拉丁诗或者古希腊文献的学术评论提供了时间。同时拥有充裕的时间和超凡的智慧，费马的经历使人想起了大约两个半世纪之后的一位名叫爱因斯坦的年轻人，后者在瑞士专利局的乏味工作也给了他充足的时间去发明他的相对论。

费马真正喜欢且更有热情的不是古典诗和教堂的事务，也不是法律，而是数学，他对数学的贡献影响深远。在很多课题的发展中，他都起着重要的作用，远不只本书中描述的那有限的几个课题：数论、概率和微分。正如前面所提到的那样，他没有发表他的数学发现，他下面的言论可能表明了其理由："我非常不善于书写我的证明，因此我满足于发现真理，等将来我有机会去证明它们时，我能知道证明它们的方法就足够了。"[2]

　　还好，费马能与欧洲的其他学者通过书信交流他的想法。就这样，这位来自图卢兹的法官成了一位不知疲倦的通信者，他的信件为我们提供了了解其数学研究工作的最佳信息。这些信件的收信人包括笛卡儿、帕斯卡、克里斯蒂安·惠更斯、约翰·沃利斯和马林·梅森等，读起来就如同看到了跨越 17 世纪前 50 年的一本科学"名人录"一样。从这些人那里，费马了解了在巴黎、阿姆斯特丹和牛津发生的事情；他也向众人传达了自己了不起的数学发现。

皮埃尔·德·费马
（拉法耶特学院图书馆惠允）

他最引人注目的成果是如今被称为解析几何的公式及其对概率论基础所做出的贡献，解析几何的公式出现在 1636 年的一篇名为《平面与立体的轨迹引论》的论文之中，而他对概率论的贡献则都包含在 1654 年以来的书信中。由于这一贡献，费马的名字和他的合作者布莱斯·帕斯卡（1623—1662）的名字写到了一起。在这种广泛的书信来往中，他们总结想法，提出批评，促使到那时为止没有引起人们注意的概率论成为数学的焦点。很多他们的共同研究成果直接或间接地进入我们在第 B 章中所说的雅各布·伯努利的《猜度术》中。

说到解析几何，费马的名字还与另一位数学家联系在一起，尽管这一次这位数学家不是合作者。这个人就是勒内·笛卡儿，他独立设计了自己的解析几何体系。他们二人都抓住了把当时流行的两大数学思想——几何和代数——结合起来这一极具想象力的想法。（第 XY 章将对此话题做进一步的讨论。）

很遗憾，如往常一样，费马从来不发表他的论文，而笛卡儿已于 1637 年在其具有影响的《几何》一书中告知全世界他的发现。由于最先发表成果，所以笛卡儿接受了公众的赞美，并且他的名字从此以后永远嵌入术语笛卡儿平面之中。如果我们这位法国地方法官能够早一点发表研究成果，也许今天数学家们谈论的就是费马平面了。

笛卡儿赢得了这场战役，但是肯定没有打赢整场战争。事实上，笛卡儿对数学的热情不及费马，费马对他协同创造的解析几何还做出了很多其他很有意义的贡献，但常常不被人们注意。贡献之一就是费马找到了特定曲线的极大值和极小值，这也是他战胜笛卡儿的一个例子。

这个问题听起来很熟悉。这是我们在第 D 章中所讨论的微分学的重要目标之一。我们把确定极值所必要的公式化过程归功于莱布尼茨和牛顿，但是我们忘了提到，早在几十年前费马就已经设计了非常类似的方法。这些方法出现在他的《求极大值和极小值的方法》之中，这是另一个非常杰出但同样没有出版的成果。

17 世纪 30 年代末，费马对极大值、极小值和切线的处理方式使他与笛卡儿发生了冲突。笛卡儿发明了自己的处理切线问题的技术，并断言："这不仅是我所知道的几何中最有用、最一般的问题，而且是我一直以来想要知道的。"[3] 然而事实证明，甚至对初级的例子，笛卡儿的方法也很笨拙。费马几乎毫不费力就能做到的一切，笛卡儿却需要一页一页地进行令人崩溃的代数计算。

这件事曾一度引发了一场竞争，因为笛卡儿声称他的方法更好。然而不久，就连笛卡儿本人也明白了费马采用了更好的途径。笛卡儿承认了自己的失败，这对他来说是极其少见的事情。这场竞争在那个时代两位最伟大的数学家之间留下了抹不去的伤疤。

因为费马非常简单地解决了极大值和极小值问题，所以皮埃尔-西蒙·德·拉普拉斯（Pierre-Simon de Laplace, 1749—1827）称他是"微分学的真正发明人"。[4] 一位法国数学家对另一位法国数学家的评价如此夸张，显然拉普拉斯是被一股失控的民族情节冲昏了头脑。尽管费马有如此的远见，但是我们能引证几条理由说明为什么他不应该享有如此大的荣誉。

其一，费马的技术只适用于某些特定的曲线族：它们的形式是 $f(x) = x^n$ 和 $g(x) = 1/x^n$，有时候，前者称为"费马抛物线"，后者称为"费马双曲线"。微积分的真正缔造者应能处理更复杂的函数，正如莱布尼茨说的那样，"不受分数或者无理量的限制"。

更重要的是，费马没有发掘到所谓的微积分基本定理，这是我们将在第 L 章中探讨的这一学科伟大的大一统思想。这一定理如此重要，甚至让没有发现它的人都自动失去了声称自己"发明"了微积分的资格。应该提及的是，牛顿和莱布尼茨显然非常清楚地看到了这个基本定理。

因此，现代数学史学家通常不把微积分缔造者的称号授予皮埃尔·

德·费马，但是几乎所有人都承认他离成功不远了。

所以我们承认费马在分析几何、微分学和概率论中有很多重要的发现，并承认这些杰出的贡献属于这位"业余数学家"。但是这一切只是一个序幕，费马的声望赖于他对数论的研究，其成就远远超越上面所述的任何成就。

正如我们在第 A 章中提到的那样，欧几里得和其他一流的数学家已经对这门学科做过研究，但是可以毫不夸张地说，现代数论源于费马。对这位研究过希腊古典著作的法国学生来说，古代文献点燃了他对数论的兴趣。公元前 250 年丢番图的《算术》就是最佳例证，这本著作的 1621 年译本引起了费马的注意。他认认真真地通读了这本著作，并在他经常翻阅的书页的空白处写下了自己的评述。

对费马来说，这门学科有着无限的魅力。他沉迷于整数，或者说他与整数的关系无比亲密，而且，费马有着不可思议的能力，能够认出它们的特性，就如一个人认出老朋友一样。表面上他是图卢兹的一位受人尊敬的法官，但是私下，他是一位卓越的数论学家。

这里我们只能触及他的少数发现。当然，这名数学家处于不利的境地，因为他留下的东西几乎没有证明。边页注释、诱人的提示，等等，这就是我们拥有的一切。后来的学者，特别是欧拉，试图重建费马的思维过程或者可能的推理路线。但是用 20 世纪数学家安德烈·韦伊（André Weil）的话说："当费马断言他有了某个论断的证明时，我们对这样的声明必须格外小心。"[5]

他最惊人的断言之一是关于将质数分解成两个完全平方之和。要了解这个发现的实质，还需要一点预备知识。

首先，显然，如果一个整数被 4 除，那么余数可能是 0, 1, 2, 3。总之，余数必须小于除数。数学家说任意整数都属于下面四类整数之一：

$n = 4k$ （这个数恰好是 4 的倍数）

$$n = 4k + 1 \qquad \text{(这个数比 4 的倍数大 1)}$$
$$n = 4k + 2 \qquad \text{(这个数比 4 的倍数大 2)}$$
$$n = 4k + 3 \qquad \text{(这个数比 4 的倍数大 3)}$$

显然形如 $4k$ 和 $4k + 2$ 的数是偶数, 因此除了 2 之外, 它们不是质数。奇数以及更重要的任意奇质数, 必须是形如 $4k + 1$ 或 $4k + 3$ 的数。

不必说, 这两种类型的质数有很多很多例子。在前面的范畴中, 例如有质数 $5 = 4 \times 1 + 1, 13 = 4 \times 3 + 1, 37 = 4 \times 9 + 1$; 在后面的范畴中, $7 = 4 \times 1 + 3, 19 = 4 \times 4 + 3, 43 = 4 \times 10 + 3$。所有奇质数要么落入一个范畴中, 要么落入另一个范畴中。

除了这些定义特性之外, 这两种奇质数的类型似乎大致相同。但事实上, 在一个非常重要且令人惊讶的方面, 它们不一样, 这种差异就是费马论断的核心。

这一年是 1640 年。在给他父亲的圣诞节贺信中, 费马说:"一个比 4 的倍数大 1 的质数是唯一一个直角三角形的斜边的平方。"[6] 这是他描述第一范畴中质数的非常奇怪的几何方法, 即形如 $4k + 1$ 的质数可以被分解成两个完全平方的和, 而且有且只有一种可能的分解方法。另外, 他发现形如 $4k + 3$ 的质数不能用任意方法表示成两个完全平方的和。在这样的见解下, 奇质数的两种范畴显示出完全不同的特点。一种是完全平方和的类型, 而另一种不是。

看一些例子会有助于理解。对于质数 $13 = 4 \times 3 + 1$, 我们有分解 $13 = 4 + 9 = 2^2 + 3^2$。对于 $37 = 4 \times 9 + 1$, 我们有分解 $37 = 1 + 36 = 1^2 + 6^2$; 对于质数的更具挑战性的例子 $193 = 4 \times 48 + 1$, 我们有 $193 = 49 + 144 = 7^2 + 12^2$。相反, 例如质数 $19 = 4 \times 4 + 3$ 或者 $199 = 4 \times 49 + 3$ 却不能分解成两个完全平方的和。

证明后面的事实并不太困难。我们只需看一下当偶数和奇数是完全平方的和时发生了什么事。

定理　形如 $n = 4k+3$ 的奇数不能写成两个完全平方的和 a^2+b^2。

证明　我们考虑下面三种情况。

情况 1　如果 a 和 b 是偶数，那么 a^2 和 b^2 也是偶数。因此两个偶数的和 $a^2 + b^2$ 本身也是偶数，它不可能等于奇数 $n = 4k + 3$。

情况 2　如果 a 和 b 是奇数，它们的平方 a^2 和 b^2 也是奇数。因此两个奇数的和 $a^2 + b^2$ 是偶数，也不能等于 $n = 4k + 3$。

情况 3　唯一剩余的可能情况是我们把一个偶数的平方和一个奇数的平方加起来。假设 a 是偶数，这表明它是 2 的倍数，我们可以写成 $a = 2m$，其中 m 是某个整数。假设 b 是奇数，它比 2 的倍数大 1，所以我们可以写成 $b = 2r + 1$，其中 r 也是某个整数。从而当把一个偶数的平方和一个奇数的平方加起来时，我们得到

$$
\begin{aligned}
a^2 + b^2 &= (2m)^2 + (2r + 1)^2 \\
&= 4m^2 + (4r^2 + 4r + 1) \quad \text{根据代数法则} \\
&= 4(m^2 + r^2 + r) + 1 \quad \text{提取公因子 4}
\end{aligned}
$$

因此 $a^2 + b^2$ 比 $4(m^2 + r^2 + r)$ 大 1，即它比 4 的倍数大 1。尽管这的确使 $a^2 + b^2$ 是一个奇数，但是它不可能是 $n = 4k + 3$，这是一个比 4 的倍数大 3 的数。

总之，如果 a 和 b 都是偶数或都是奇数，那么表达式 $a^2 + b^2$ 是偶数；如果 a 是偶数且 b 是奇数（或反过来），那么表达式 $a^2 + b^2$ 是一个比 4 的倍数大 1 的数。无论哪种情况，$a^2 + b^2$ 都不可能是一个比 4 的倍数大 3 的数。因此形如 $4k + 3$ 的奇数和奇质数不可能写成两个完全平方的和。证明完毕。　■

这就是费马的结果的一半。而另一半结果，即形如 $4k + 1$ 的质数可以用一种且仅用一种方法写成两个完全平方的和，却很难证明。如往常一样，费马只会留下含混且诱人的证明的提示。正是欧拉首先在一个

多世纪之后给出了这个证明。[7]

这种处于数论核心的质数的分解是迷人但非直观的。为了领略一下它的威力，考虑下面的问题：确定数 $n = 53\,461$ 是否是质数。（回想一下第 A 章，高斯称确定一个数是否是质数这一类问题为"算术中最重要且最有用的"。）稍加验算就可以证明，对每一个简单的质因的候选者，如 2, 3, 5, 7, 11, 13 等，都不可行。我们也许很快就开始讨厌寻找因子。

但是请观察下面三个生动的事实：

(a) $n = 53\,461 = 4 \times 13\,365 + 1$，所以 n 有 $4k + 1$ 的形式；

(b) $n = 53\,461 = 100 + 53\,361 = 10^2 + 231^2$，所以 n 可以用一种方法写成两个完全平方的和；

(c) $n = 53\,461 = 11\,025 + 42\,436 = 105^2 + 206^2$，所以 n 可以用第二种方法写成两个完全平方的和。

从这三条线索，我们推断出 n 是合数。否则，它应该是一个形如 $4k + 1$ 的质数，却有如事实 (b) 和 (c) 所展示的两个不同的完全平方的和的分解。根据刚才陈述的费马定理，这种情况是不可能的。因此 n 不可能是质数。

这一推断有两个特性可能会令读者烦恼。首先，读者很自然会问如何像 (b) 和 (c) 这样分解成两个平方之和；表面上，确定两个这样的平方和与把原来的数分解因数一样困难。在回应"这个例子是精巧设计出来的"的指责时，我们承认：它确实是精巧设计出来的。

更重要的是另一个令人震惊的特性，即我们的意愿：不用展示任何一个因子就能断定 $n = 53\,461$ 不是质数。好像为了证明某个数是合数，我们就必须明确给出其因子似的。利用上面的方法只能证明 $53\,461$ 不符合质数所具备的条件，这个方法显然不是非质数的直接证明。但是我们的结论听起来仍然很合理。在我们的推理中没有不合理的地方，而且有人告知我们，在数论学家的"军火库"里有很多"武器"，其中有些还相当地精妙。

为了抚平这些躁动不安的情绪，现在我们来确定 53 461 的素因子。其间，我们还要说明费马的另一个发现，即他独创的因数分解方案。

假设我们希望分解一个整数 n。为了把 n 分成加法的两个部分，我们当然可以使用 $n/2$，因为 $n/2 + n/2 = n$。但是把 n 分成乘法的两个部分，我们可以用 $\sqrt{n}$，因为 $\sqrt{n} \times \sqrt{n} = n$。

这就是费马开始寻找因子的地方。当然 $\sqrt{n}$ 很少是整数，所以我们设 m 是等于或大于 $\sqrt{n}$ 的最小整数。例如，当要因数分解 $n = 187$ 时，我们注意 $\sqrt{n} = \sqrt{187} \approx 13.67$，所以我们取 $m = 14$。

现在考虑这样的数列 $m^2 - n, (m+1)^2 - n, (m+2)^2 - n, \cdots$，并假设这些数当中一定有一个是完全平方，即假设我们最终可以寻找到一个数 b 使得 $b^2 - n = a^2$。

简单的重排列把这一等式转化为 $n = b^2 - a^2$，这是被称为"平方差"的重要模式。对其进行因式分解，得

$$n = b^2 - a^2 = (b-a)(b+a)$$

由此，给出把 n 分解成两个因子 $b-a$ 和 $b+a$ 的窍门。

下面给出费马分解方案的一个简单例子，我们要分解 187。开始取 $m = 14$，并看到 $14^2 - 187 = 9 = 3^2$。在第一次尝试后，我们得到一个完全平方。因此取 $b = 14$，$a = 3$，我们有

$$187 = 14^2 - 9 = 14^2 - 3^2 = (14-3) \times (14+3) = 11 \times 17$$

于是 187 被分解。

充分热身之后，我们现在分解 $n = 53\ 461$。注意 $\sqrt{n} = \sqrt{53\ 461} \approx 231.216$，所以开始我们取 $m = 232$，并着手寻找一个完全平方：

$232^2 - 53\ 461 = 363$，不是一个完全平方；

$233^2 - 53\ 461 = 828$，不是一个完全平方；

$234^2 - 53\ 461 = 1295$，不是一个完全平方（尽管 $1296 = 36^2$）；

$235^2 - 53\ 461 = 1764 = 42^2$，成功！

因此 $53\ 461 = 235^2 - 42^2 = (235 - 42) \times (235 + 42) = 193 \times 277$，在费马的帮助下，我们的数已经被分解成质数了。总而言之，这是一个相当容易的过程，当与试错搜索相比时更是如此。这表明稍做一点创新就会带来很大的帮助。

在本章的最后，我们提一下出自费马之笔的最著名的数论陈述，不论好坏。但也很可能正是因为实在太难，它才赢得了这样的声誉。下面我们要陈述所谓的"费马最后定理"。

这个故事是从费马研究古希腊文献丢番图的《算术》开始的，其中的课题还是两个完全平方的和。在某些情况下，这样的和本身可能就是一个平方。我们脑子里能够想到的例子可能是 $3^2 + 4^2 = 5^2$ 或者 $420^2 + 851^2 = 949^2$（诚然，较之后面的例子，我们会更快地想到前面的例子）。但是费马沉思着，两个完全立方的和也能够是另一个完全立方吗？

此时，在《算术》的页边上，他写道："把一个立方分成另外两个立方，或者一个四次幂，或者一般地任意高于二次的幂分成两个相同次幂是不可能的。"[8] 用符号表示的话，费马说的是，不存在正整数 x, y, z，使得 $x^3 + y^3 = z^3$，$x^4 + y^4 = z^4$，$x^5 + y^5 = z^5$，等等。他的一般结论是：如果 $n \geqslant 3$，方程 $x^n + y^n = z^n$ 没有正整数解 x, y, z。

就好像是在作弄后代的学者似的，费马附加了可能是整个数学史中最著名的陈述："我确实已经找到它的极好的证明，但是页边太窄了，写不下。"[9]

这就是他的完全叫错了名字的"最后的定理"（last theorem）。首先"最后"不是指费马生命中最后的猜测，而是表示在费马的其他猜测都得到证明之后，这个猜测仍然没有得到证明。另外，把这个猜测称为费马的"定理"也不妥当，因为他没有给出证明。

我们发现证明费马的猜测不成立所需要的是指数 $n \geqslant 3$ 且满足 $x^n + y^n = z^n$ 的三个特殊数 x, y, z。

为了证明这个猜测，必须构思一个对于所有的指数 $n \geqslant 3$ 都适合的推理，这本身就给我们提出了问题。有一些情况已经得到处理。我们认为费马自己已经证明了不存在满足 $x^4 + y^4 = z^4$ 的正整数。18 世纪，欧拉给出一个非常充分的正确证明，证明了 $x^3 + y^3 = z^3$ 同样不成立。然而，他预测说，对三次幂和四次幂的单独证明并没有从根本上给出证明一般定理的线索。

很多年过去了，其他数学家也参与到这一证明之中。索菲·热尔曼（Sophie Germain, 1776—1831）做出了重要贡献，她在非常特殊的方向上付出了一系列开拓性的努力，但证明太复杂，这里不给出描述了。1825 年，年轻的勒琼·狄利克雷（P. G. Lejeune Dirichlet, 1805—1859）和他的祖父辈数学家勒让德（A. M. Legendre, 1752—1833）证明了两个五次幂的和不可能等于一个五次幂。1832 年，狄利克雷排除了 $x^{14} + y^{14} = z^{14}$ 的可能性，几年后加布里埃尔·拉梅（Gabriel Lamé, 1795—1870）排除了 $x^7 + y^7 = z^7$ 的可能性。1847 年，厄恩斯特·库默尔（Ernst Kummer, 1810—1893）开发了一个强大的策略，从而证明了对于一大类的指数，费马的猜测是正确的。当然，还是没有办法排除这种可能性，即这个猜测对于一大类指数是不成立的。[10] 事态进展得很缓慢。

人们对这个问题的兴趣一直持续到 20 世纪。到了 1909 年，人们的热情又被点燃，原因是正确解将获得 100 000 德国马克的奖金。对经济利益的向往引发了最糟糕的结果，众多贪婪的冒牌数学家跳了出来，错误的推理如洪流一般席卷了整个学术界。在贝尔（E. T. Bell）的《最后的问题》的尾注中讲述了一个有趣的数学家的轶事，这位数学家对大量错误证明的回应堪称一封模板信件，它是这样开始的：

亲爱的先生或女士：

您对费马最后定理的证明已经收到了。第一个错误出现在第＿＿页第＿＿行。[11]

第一次世界大战后德国通货膨胀惊人，因此这份奖金贬值到了荒谬的程度，所以出资这份 100 000 德国马克的奖金不是一件困难的事情。

有幸的是，数学家不会永远被经济利益驱使。一位带着高尚动机的数学家就是格尔德·法尔廷斯（Gerd Faltings, 1954— ）。1983 年，法尔廷斯证明了，对于任意的 $n \geqslant 3$，费马方程 $x^n + y^n = z^n$ 至多有有限个不同解（排除一组解是另外一组解的倍数这类情况）。乍看起来，这个证明几乎没有什么了不起的帮助。法尔廷斯没有排除这样的可能性，即对某些指数来说，这个方程有 100 000 个解，这距离费马的没有解的断言还太遥远。尽管如此，法尔廷斯还是封死了一般情况下有无限解的可能性。因为这一证明，1986 年在加利福尼亚州伯克利举行的国际数学家大会上，法尔廷斯获得了菲尔兹奖，这是数学界的诺贝尔奖。

在这本书首次付印的时候，数学家正在热议一个非常有希望的新的费马最后定理的证明，这是英国人安德鲁·怀尔斯（Andrew Wiles）博士的证明。当时人们的热情非常高涨，以至于这个故事已登载到《纽约时报》的头版，而且被认为有充分的新闻价值，因而获批在《纽约时报》上登载整版文章（在《纽约时报》上面登载的数学故事少得就如《新闻周刊》上的广告）。[12] 如果怀尔斯的证明经得起来自数学团体的审查，这将是一个伟大的胜利，那么他的名字将被大大地写在以后的数学历史书中。如果他的证明有错误，它将被扔入数以千计的未如愿的证明之中。请继续关注。①

---

① 数学界已经认可了怀尔斯博士的证明，费马最后定理最终获得证明。——译者注

到这里，也许我们应该离开这位谦逊的法官——皮埃尔·德·费马。在数学家中，他是一位令人敬畏的人物，他因研究古代大师的著作而开发出现代数学如此众多的关键思想。在 1659 年给朋友的一封信中，老年的费马还表达了这样的愿望："也许子孙后代会感谢我向他们表明了，古人并非知道每一件事。"[13]

我们可以毫不犹豫地断言：后人已经很感谢他了。

古希腊几何
reek Geometry

我们已经在第 C 章中介绍了曾一度是数学基石的几何。在本章以及接下来的两章，我们要深入研究一下这个古老而优美的学科。从几何最优秀的实践者——古希腊数学家开始是最好的选择。

不论是从数学角度还是从历史角度，也不论是从实践角度还是从审美角度，希腊几何都被认为是人类智慧的一项重要成就。它的黄金时代是从公元前 600 年的米利都的泰勒斯到公元前 2 世纪的埃拉托斯特尼、阿波洛尼乌斯和无人能比的锡拉库扎的阿基米德。此后是稍稍逊色的"银色时代"，持续到公元 300 年的帕普斯时代。这些人把几何从测量土地（geo=earth, metria=measure）的实际方法发展成由坚实的逻辑法则编织起来的抽象定理和结构的庞大体系。古希腊几何堪称西方文明最重大的知识与艺术活动之一，因此它与伊丽莎白一世时代的戏剧艺术和法国印象主义有许多共同之处。同印象派艺术家类似，古希腊几何学家有共同的哲学和风格，虽然说有各种各样的法国艺术家，也有各种各样的希腊人，但是印象派油画或古希腊定理的深层的一贯特征却总是一目了然的。

这些特征是什么呢？历史学家艾弗·托马斯（Ivor Thomas）在他全面的《古希腊数学著作》中提炼出了这样的特征：(1) 古希腊人证明定理逻辑严密，令人印象深刻；(2) 纯粹几何而非数字几何是他们的数学之本；(3) 在提出和发展数学命题上，古希腊人拥有娴熟的组织能力。[1]

除这些特征之外，我们再添加两个特征。首先，他们把几何看成最优秀的纯思维训练，一度是理想的、精神的和永恒的课题。在《理想国》中，柏拉图说，尽管几何学家画出实实在在的几何图形用来帮助他们观察，但

> 他们不是考虑这些图形，而是考虑这些图形所代表的那些东西；因此，他们论证的关键是正方形或直径本身，而不是他们画出的东西；同样，当他们模拟或画出一个物体时，这可能是它们自己在阴影中或在水中的像，于是他们把它们当作像，努力弄明白那些只能想象而看不到的抽象物体。[2]

当然，这样的观点与柏拉图远离人类经验的理想存在的思想相吻合，而且几何思想在他的哲学形成中一定起着作用。不断寻求完美、符合逻辑和完全合理的古希腊思想家也许把几何看成这种理想的化身。

虽然谈不上意义极其重大，但是依赖圆规和直尺作几何构造绝对是几乎整个古希腊数学的中心。这是柏拉图提及的画出真实图形的实用工具。而在更抽象的意义下，这些工具把直线（通过直尺）和圆（通过圆规）祭奉为几何实体的核心。利用理想直线的绝对精准和理想圆的完美对称，古希腊人创造了他们的几何图形，并由此创造了他们的几何定理。今天，虽然我们拓展开来的数学已经超越了直线和圆，但是它们在古希腊数学家心中至高无上的地位是名副其实的。

毫无疑问，几何思想在古希腊人之前就存在。例如，古埃及和美索

不达米亚的文明就曾利用几何学来分割田地以及建造金字塔，我们将在第 O 章中回到这一话题。但是，正是从古希腊人那里我们才找到了经严格逻辑证明了的最早的命题，即最早的几何定理。

据记载，古希腊最早的数学家是泰勒斯，他生长在鲸出没的东爱琴海岸，同时也是古希腊最早的天文学家和哲学家。据后来的哲学家普罗克洛斯说，"泰勒斯是前往埃及并把这门学问带回希腊的第一人，他发明了很多命题并为后人揭示了很多其他的基本原理"。[3]

据传说，正是泰勒斯首先证明了等腰三角形的两个底角相等以及内接于半圆内的任意角等于 90 度（后面这个定理有一个饶舌的英文名字：Thales' theorem，即泰勒斯定理）。可惜的是，这个传说就是我们所有的历史依据，因为泰勒斯实际的证明很久之前就已经消失了。但是，古人对他的评价非常之高，把他尊奉为"古代七贤"之一。（没有证据表明下面这个谣言是真的：另外六位是暴躁、幸福、愚笨、喷嚏、文案、害羞。）

从泰勒斯开始，古希腊几何开始起步。追寻它的发展足迹，其成功和失败，那是无论多少章节也说不完的。所以，我们在此只能局限于两个特殊的几何问题：欧几里得是如何用一支破圆规做几何的？为什么伊壁鸠鲁学派的学者指责他还没有一头驴聪明？尽管这两个主题的选择有点古怪，但是它们能让你领略当时的数学家们的性情。

我们从大约公元前 300 年的亚历山大的欧几里得开始。尽管他写了大量的数学论文，但正是《几何原本》使人们牢牢记住他的名字。《几何原本》是到那时为止几乎整个古希腊数学的系统展示。这本著作分成 13 卷，包含 465 个关于平面几何、立体几何和数论的命题。把它称作整个时代最伟大的数学教科书绝不为过。自它出现在古希腊那一日直到今天，这本著作一直在被研究、编辑和敬重。

《几何原本》如此重要，是因为它从基本的原理出发，经过逻辑展开, 得到精妙的结论。欧几里得《几何原本》的第一卷一开始就列出了 23 个定义, 这样做让读者非常精确地知道他的术语的意思。比如, 他定义**点**是"不能再分的东西"（这是其说明较少的定义之一）, **等边三角形**是"三条边相等的"三角形, **等腰三角形**是"有两条边相等的"三角形。

有了这些定义好的术语之后, 欧几里得提出了五个公设, 作为他的几何基础, 这是随后展开一切的起点。这五个公设没有证明, 你只需简单地认可它们。幸运的是, 这样的认可并不困难, 因为这些公设无论在欧几里得的同代人还是在今天大部分人的眼中都是显而易见的。在本章中, 我们只需要前三个公设：

(1) (可以) 从任意一点到任意一点画一条直线；

(2) 一条有限直线 (可以) 连续地沿一条直线延长；

(3) (可以) 以任意点为圆心和任意距离作一个圆。

这些内容看起来非常简单, 不证自明。前两个公设让无刻度直尺的使用在几何画图中变得合法, 因为它们允许我们用一条直线连接两个点（公设 1）或者取一条已存在的直线并延长它（公设 2）。这就是直尺的作用。第三条公设允许我们使用圆规：以一个定点为圆心和一个事先确定的长度为半径画出圆。因此, 显然前三条公设为使用几何工具提供了逻辑支持。

但是, 你可能回想起在几何课上, 使用圆规进行的另一种操作：把一个长度从平面的一部分移动到另一部分上。这很容易做。我们把圆规的两个点放置在要移动的这条线段的两个端点上, 锁定圆规, 再把它拿起来, 直挺挺地移动它, 然后在想要的地方放下它。在很多几何画图中, 这是既简单又必要的过程。

然而, 欧几里得却没有引入这样的一个公设来表明用这种方式移动长度是合法的。我们希望某个地方有一个自明的特权允许我们这样

做，但是我们什么也没有找到。尽管他的圆规能够画圆，但是他没有明确允许它被锁定在某个位置然后移动。因此人们有时候开玩笑说，欧几里得的圆规是一个"可折叠的圆规"，在它被从纸上拿起来的瞬间它就合上了它的腿。

这引发一个非常严重的逻辑问题：难道这位受人尊敬的古希腊几何学家忘记引入一个"移动长度"的公设了吗？难道我们发现了欧几里得的漏洞了吗？

完全不是。正如我们马上就会看到的那样，欧几里得没有引入这样的一个公设，是有他的理由的，不仅在逻辑上合理，而且非常具有古希腊的特性。我们没有发现欧几里得的漏洞，而这一省略恰好显示了他在几何上的敏锐和组织才能。

取代公设，欧几里得引入了几个"常识"——一些更一般而且没有几何特性的自明陈述。例如，这里我们无须证明地接受"和同一个事物相等的事物彼此相等"，还有"如果相等的事物加上相等的事物，那么整体还相等"，以及"整体大于部分"。很少有人会挑这些陈述的毛病。[4]

一切就绪，他准备开工了。从少数几个定义、公设和常识的小集合演绎出一个庞大的几何躯干，你要从哪里开始呢？这是一种令数学家（和作家）举步维艰的最初挑战。但是，正如中国人所说的那样，"千里之行，始于足下"，而欧几里得从等边三角形开始了他穿越几何的征程。《几何原本》的第一个命题是在给定一条线段之下构造出这样一个图形。

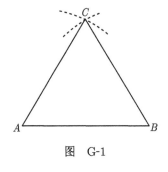

图 G-1

这个推理很简单。从图 G-1 给定的线段 AB 开始，在公设 3 的允许下，我们以 A 为圆心，以 AB 长为半径构造一个圆。然后，用相同的公设，以 B 为圆心，以 AB 长为半径构造另一个圆。设 C 是两个圆弧的交点（对于这样的交点的存在性，参考本章注释给出的参考文献）。[5] 根据公设 1 我们画线 AC 和 BC，形成 △ABC。在这个三角形中，AB 和 AC 有相同的长度，因为它们是第一个圆的半径；而 AB 和 BC 也有相同的长度，因为它们是第二个圆的半径。因为同时等于相同事物的事物彼此相等，所以这三条边相等。根据欧几里得的定义，这个三角形是等边三角形，证明完毕。

这里，重要的是观察利用圆规这样画图时，欧几里得根本不需要直挺挺地移动它。当画出每条弧后，圆规即使坏掉也丝毫不会影响证明。

但是在第一卷接下来的两个命题中，欧几里得展示了如何使用一支折叠起来的圆规来移动一个长度。这表明已有的公设已经暗含了长度移动。以此为目的的新公设已经成为不需要的包袱，欧几里得足够聪明，他认识到了这一点。

他的证明相当巧妙，在这里我们把他的两个命题的推理合成一个。假设我们有如图 G-2 所示的线段 AB，希望把它的长度移动到发自 C 点的线段 CD 上。①

首先，使用直尺并运用公设 1 画出连接 B 和 C 的线段。然后在线段 BC 上画等边三角形 BCE；当然，这种作图的合法性正是前面的命题所确立的东西。

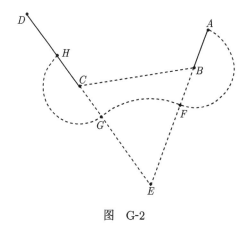

图 G-2

① 图 G-2 画得比较特别，看起来 AB 和 BF 以及 CD 和 CE 在一条直线上，这对之后证明的理解可能会产生不必要的误解。建议读者重新绘制该图，让 AB 更偏右而 CD 更偏左一些，或者把点 E 画在 B 和 C 的上方。——译者注

　　然后, 我们开始画一系列圆。以 B 为圆心, 以 AB 为半径构造一个圆, 并在 F 点与 BE 相交（假设当我们把圆规拿离纸面时, 它可以折叠起来）。以 E 为圆心, 以 EF 为半径作圆, 并在 G 点与 CE 相交（同样, 当我们把圆规从纸上拿起来的时候, 它可以折叠起来）。以 C 为圆心, 以 CG 为半径作最后一个圆, 并在 H 点与 CD 相交。欧几里得的公设 3 允许画这些图形, 不需要不能折叠的圆规。

　　现在, 我们只是生成一系列等式（为了方便, 我们把线段 XY 的长度记为 $\overline{XY}$）：

$$\overline{AB} = \overline{BF} \qquad \text{因为它们是同一个圆的半径}$$
$$= \overline{BE} - \overline{EF}$$
$$= \overline{BE} - \overline{EG} \qquad \text{因为 } EF \text{ 和 } EG \text{ 是同一个圆的半径}$$
$$= \overline{CE} - \overline{EG} \qquad \text{因为 } \triangle BCE \text{ 的三条边有相同的长度}$$
$$= \overline{CG}$$
$$= \overline{CH} \qquad \text{还是因为是同一个圆的半径}$$

这条等式链的头部和尾部表明 $\overline{AB} = \overline{CH}$。因此, AB 的最初长度已如所需那样移到线段 CD 上, 我们还是不必拿起圆规, 然后直挺挺地移动它。

　　从这个证明我们可以得到一个令人惊讶的结论, 那就是一个似乎需要不能折叠的圆规来作的图, 实际上也可以用一支能折叠的圆规来实现。当欧几里得随后展开他的几何时, 他能够合理地把一个长度从一个地方移动到另一个地方, 就像用了一个不能折叠的圆规一样, 而他的理论基础就是刚刚证明的定理。因为他如此早、如此简单地得到它, 他才能从此自由地使用它。

　　此时, 某些读者也许沉闷地打了个哈欠, 觉得整个事件太乱, 没有太大意义。毕竟, 每个人都知道, 文具店里卖的廉价金属圆规都可以保持张开, 不会给欧几里得引入一个能够达到该效果的公设造成太大的打击。

如果你这么想，那说明你还是没有真正领会正规的古希腊几何的精髓。第一，现实中不能折叠的圆规并没有对理想概念的发展产生影响。第二，当时文具店还没有发明出来。第三，也是最关键的，欧几里得也许不想把这个不必要的公设加入他的公设列表。为什么还要假设可以从其他假设得到的东西呢？这会令他的公设不够纯净、不够简化、不够完美，因此触犯了美学而非数学的基本原则。对古希腊数学家来说，美学上的各种思考至关重要，这一点是显而易见的。在上面的欧几里得的证明中，我们就能体会到艾弗·托马斯写下的这段话的意思了：

（一个）特征不可能不给现代数学家留下深刻印象，那就是这位伟大的古希腊几何学家的著作形式是如此完美。在各个命题的证明中以及在各卷的命题分布中，都可以发现这样的完美形式，它是帕台农神庙和索福克勒斯的戏剧展现给我们的同样天才的另一种表现；在欧几里得的《几何原本》中，这种形式上的完美也许达到了极致。[6]

现在，我们再深入看一看第一卷，去寻找一下欧几里得是个天才的进一步证据。在关于那支可折叠的圆规的命题 2 和命题 3 之后，欧几里得设置命题 4 来证明所谓的边–角–边（或 SAS）全等法则。如图 G-3，如果我们有 $\triangle ABC$ 和 $\triangle DEF$，且 $\overline{AB} = \overline{DE}$，$\overline{AC} = \overline{DF}$，且夹角 $\alpha = \delta$，那么这两个三角形全等，也就是说它们有完全相同的大小和形状。换句话说，如果拿起 $\triangle DEF$ 放在 $\triangle ABC$ 上，则这两个三角形将完全吻合——线对线，角对角，点对点。

在欧几里得的手中，三角形全等是证明几何命题的关键。后来，他在命题 8 和命题 26 中又分别给出了三角形全等模式边–边–边（或 SSS）、角–边–角（或 ASA）以及角–角–边（或 AAS）。

第一卷的命题 5 证明了等腰三角形的底角相等。正如前面提到的，

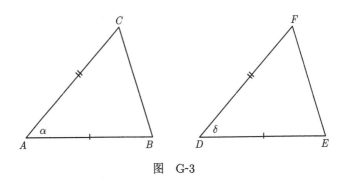

图 G-3

这个结果应该归功于泰勒斯，但是在《几何原本》中的证明却可能是欧几里得自己的。[7] 虽然在这里我们不给出这个证明，但是要说明它是借助图 G-4 中的图示完成的。这张图像一座桥梁式结构（至少对那些想象力丰富的人来说），可能这就是把命题 5 称为笨人难过的桥或者驴桥定理的原因。据传说，愚人，或者说驴，觉得自己无法理解这个证明，因此他们无法跨过这座逻辑桥而进入《几何原本》所带来的几何。

欧几里得把智力弱的学生比作驴，但他自己也因为命题 20 的证明在伊壁鸠鲁派的面前遭到了相同的嘲讽。想知道这是为什么，我们必须首先描述一下第一卷中几个中间的定理。

跨过了这座笨人难过的桥之后，欧几里得展示了如何二分角以及利用圆规和直尺画垂线的方法，这之后就是第一卷的一个关键定理，通常称其为外角定理。这一结果就是命题 16，它保证任意三角形的一个外角一定大于内对角，即（参见图 G-5）如果我们从 △ABC 开始，向右延长 BC 到 D，那么角 α 和 β 都小于 ∠ACD。

这个外角定理是《几何原本》中出现的第一个几何不等式。之前欧几里得证明了某些边或角是相等的（如在笨人难过的桥中），这里他证明了某些角是不相等的。在第一卷的后半部分，这个定理担任非常重要的角色。

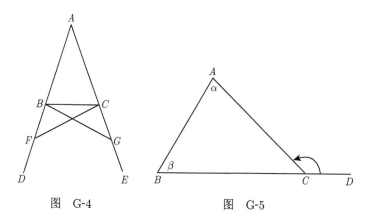

图 G-4   图 G-5

它还给我们带来了另一个不等式, 即命题 19, 如图 G-6 所示。欧几里得的陈述是"在任意三角形中, 大角一定对着大边", 用现代记法描述就是下面的命题。

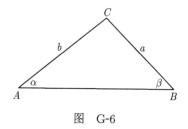

图 G-6

命题 19 在 $\triangle ABC$ 中, 如果 $\beta > \alpha$, 则 $\overline{AC} > \overline{BC}$ (即 $b > a$)。

证明 这里, 我们假设 $\beta > \alpha$。我们的工作是证明 $\angle ABC$ 的对边 AC 大于 $\angle BAC$ 的对边 BC。

欧几里得分别考虑了三种情况: $b = a$、$b < a$ 及 $b > a$。他的策略是证明前两种情况不可能, 从而得出第三种情况一定成立的结论——正如定理所断言的那样。这样的技巧称为双归谬法, 或者双否定证明。

这种强大的逻辑策略在古希腊数学中应用得最好，无处可比。下面就给出欧几里得的具体证明。

情况 1 假设 $b = a$。

根据图 G-6，我们有 $\overline{BC} = a = b = \overline{AC}$。这表明 $\triangle ABC$ 是等腰三角形，所以引用笨人难过的桥定理，我们得到这个三角形的底角是相等的，即 $\angle BAC = \angle ABC$，或者等价地有 $\alpha = \beta$。但是这与最初的假设 $\beta > \alpha$ 矛盾。因此我们舍去不可能的情况 1。

情况 2 假设 $b < a$。

这里，我们在图 G-7 中描绘了这种情况。因为假设 AC 比 BC 短，所以我们可以画出长度为 b 的线段 CD，其中 D 落在长边 BC 上。然后画出 AD 形成 $\triangle ADC$。这个三角形有两条边的长度等于 b，因此它是等腰三角形，从而有相等的底角 $\angle DAC$ 和 $\angle ADC$。对狭长 $\triangle ABD$ 运用外角定理，我们得到

$$\beta = \text{内角 } \angle ABD$$
$$< \text{外角 } \angle ADC \qquad \text{根据外角定理}$$
$$= \angle DAC \qquad\qquad \text{因为 } \triangle DAC \text{ 是等腰三角形}$$
$$< \angle BAC \qquad\qquad \text{因为整体大于部分}$$
$$= \alpha$$

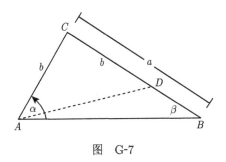

图 G-7

换句话说, $\beta < \alpha$, 这与命题最初的条件 $\beta > \alpha$ 矛盾。情况 2 导出一个矛盾, 因此也失败。我们只有情况 3 了。

情况 3 $b > a$。

它一定是真的, 因为没有其他的选择, 定理证毕。 ∎

现在, 我们已经触及令伊壁鸠鲁学派的哲学家们感到无比困扰的这个命题。表面上, 它看起来没有什么可恶之处。

命题 20 在任意三角形中, 任意选取的两条边合在一起大于剩余的一条边。

为什么争论? 为什么嘲笑? 我们引用哲学家普罗克洛斯的话:

> 伊壁鸠鲁学派常常嘲笑这个定理, 说甚至对驴来说它都是显然的, 无须证明; 他们说, 这就是无知的人的标志, 非要解释显而易见的真理, 却死心塌地相信那些深奥难懂的东西……驴是通过观察得到现在这个定理的: 如果把草料放在这条边的一个末端, 要吃草的驴会沿着这条边走而不会取道那两条边。[8]

总之, 甚至连不会说话的动物都知道在图 G-8 中取从 C 到 B 的直线路径, 而不是绕过 A 走一条长路径。因此伊壁鸠鲁学派问: 为什么欧几里得要费事地去证明如此明显的事情? 普罗克洛斯给出了答案:

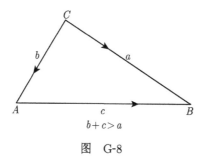

图 G-8

应该说，虽然从感觉上这个定理是显然正确的，但是对于科学思考来说它还不清楚。很多事情都有这样的特征，例如，火能加热。感觉到这点很简单，但是弄明白它是怎么加热的，正是科学的任务。[9]

本着欧几里得的精神，也就是典型的古希腊几何的精神，我们必须利用推理才能论证驴通过本能所知道的东西。甚至一个表面看似自明的命题也需要证明，这是欧几里得乐意为之的事情。以前面的结果为基础，他进行如下推理。

命题 21 在 $\triangle ABC$ 中，$\overline{AC} + \overline{AB} > \overline{BC}$（即 $b + c > a$）。

证明 在图 G-9 中，延长边 BA 到 D 使得 $\overline{AD} = \overline{AC} = b$，因此 $\overline{BD} = b + c$。这种构造产生 $\triangle DAC$，这是一个等腰三角形，因为它有两条长度为 b 的边。考虑大三角形 $\triangle BDC$，我们注意到

$\angle BCD > \angle ACD$ 因为整体大于部分

            $= \angle BDC$ 因为二者是等腰三角形 $\triangle DAC$ 的底角

所以 $\angle BCD$ 大于 $\angle BDC$。正如欧几里得刚证明的那样，较大的边对应着较大的角，这导致 $\overline{BD} > \overline{BC}$；换句话说，$b + c > a$，这显然就是要证明的。∎

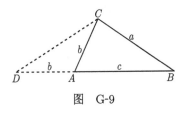

图 G-9

这是一个了不起的小证明：巧妙地运用不等式，相当简练。

在柯南·道尔（Arthur Conan Doyle）所著的《血字研究》中，华生医生用下面这段话描述了福尔摩斯的推理威力："他的结论就如欧几里得的很多命题一样可靠。"[10] 华生不是唯一高度评价古希腊几何学

家的人。多个世纪之前，阿拉伯学者阿尔–基夫提（al-Qiftī）就这样评价欧几里得："没有人，将来也不会有人能够超越他。"[11] 举世无双的阿尔伯特·爱因斯坦也说出了他的赞美之词："如果欧几里得没有点燃你那年轻的热情，那么你天生就不是一个科学思想家。"[12]

当然，我们上面所讨论的只是冰山一角，只是历史学家莫里斯·克兰（Morris Kline）所说古希腊人"丰盛的逻辑训练"的一个样例。[13] 现在，我们必须离开它们。但是在某种意义上，没有哪位后世数学家的成就能够超越古典几何学家所留下的遗产。他们开辟描述式数学，磨快逻辑工具，把它用于数学历史进程的各个方面。我们以 20 世纪英国数学家哈代（G. H. Hardy, 1877—1947）的话结束本章："古希腊人……讲的是现代数学家能够理解的语言，正如利特尔伍德（Littlewood）曾经对我说的那样，他们不是聪明的学生或者'奖学金候选人'，而是'另一所学院的院士'。"[14]

当哈代说"古希腊数学是极品"时，没有人与他争执。

斜边

Hypotenuse

$c^2=a^2+b^2$

本章只有一个目标：证明毕达哥拉斯定理，一个关于直角三角形的非常重要的结果，它使得数学家少走了好几个世纪的弯路。这个定理肯定是整个数学中最伟大的定理之一。如果我们把"伟大"的标准定为一个定理引以为傲的不同的证明方法的数量，那么毕达哥拉斯定理会毫不费力地取胜，因为已经有几百个证明方法证明它是正确的。20世纪初，一位名叫伊利沙·斯科特·卢米斯（Elisha Scott Loomis）的教授在一本稍显怪异的书《毕达哥拉斯命题》[1]中收集并发表了367个证明。卢米斯把这些证明分为代数的、几何的、动态的、四元数的等类别。诚然，其中有些证明只是略有不同，甚至有凑数的嫌疑，但是这些证明的存在明确了一点：从古到今，这个定理一直萦绕在数学家们的脑海之中。

我们既没有篇幅也没有意愿展示这几百个证明，但还是要讨论几个毕达哥拉斯定理证明。我们要讨论三个证明：一个是古代中国人给出的论证，一个是17世纪英国数学家约翰·沃利斯（John Wallis）推广的证明, 还有一个是美国政治家和后来的总统詹姆斯·加菲尔德于 1876 年发现的证明。我们希望这些证明可以展示数学家们从不同角度处理相同问题时所表现出的机智。

首先, 我们应该陈述一下这个定理。用现代的形式说, 它是: 如果 ABC 是如图 H-1 所示的直角三角形, 那么 $c^2 = a^2 + b^2$, 其中 a, b, c 是三条边的长度。在这一三角形中, AC 和 BC 称为**直角边**, 而 AB 是直角的对边, 称为**斜边**。

如刚才所说的, 是现代版本的毕达哥拉斯定理。对于那些不熟悉古希腊数学的人来说, 当他们了解到古代人认识它的方式完全不同时, 会非常惊讶。古希腊人没有代数符号, 没有公式, 没有指数。他们也许根本就不知道等式 $c^2 = a^2 + b^2$。

是的, 对于古希腊人, 毕达哥拉斯定理是关于正方形面积的描述, 而这里, 正方形是用文字描述的二维四边形。如图 H-2 所示, 他们从直角三角形 ABC 开始, 在斜边和直角边上画出正方形。这个定理描述的是斜边上正方形的面积正好等于直角边上两个正方形面积的和。这个定理相当了不起, 而且把一个正方形的面积出人意料地转换成两个小正方形的面积。

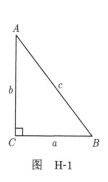

图 H-1

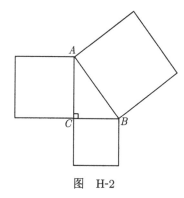

图 H-2

无论从代数上看，还是从几何上看，这个定理都是数学中最重要的定理。但是如何证明它呢？我们先从中国人的证明开始。

中国人的证明

这是证明这个定理的最自然的方法之一。事实上，很多人认为这是毕达哥拉斯本人在公元前 6 世纪证明这个结果的方法。坦白地说，有人怀疑毕达哥拉斯就是这样证明这个定理的，也有人怀疑毕达哥拉斯是否真的证明过这个定理，还有人怀疑毕达哥拉斯这个人是否存在。这属于对遥远过去的半神话式人物的研究问题。

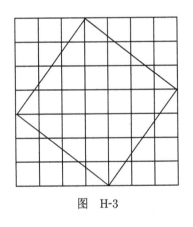

图 H-3

毕达哥拉斯没有留下什么著作，中国人却实实在在地留下了他们的推理明证。这一证明出现在《周髀算经》之中，这是一本可以追溯到 2000 多年前的汉代的教科书。显然，中国人从边长为 3, 4, 5 的直角三角形中获知这个定理，因为他们有一幅名叫弦图的图，该图描绘了一个正方形，其内有一个斜着的正方形，如图 H-3 所示。[2]

这幅图的确没有附带欧几里得可能给出的公理式证明，也没有附带针对所有直角三角形所陈述的毕达哥拉斯关系的一般论证。我们的确没有找到任何证明。但是，弦图所蕴含的思想却足以建立毕达哥拉斯定理。

还需要两个先决条件。一是我们在第 G 章中提到的边-角-边（SAS）全等法则。二是一个著名定理，即三角形三个角的大小之和等于两个直角, 按照现在的说法就是 180°。因此, 通过简单的观察就可以知道直角三角形两个锐角之和一定等于 90°。

有了这些适当的基本条件之后, 我们开始论证。设 $\triangle ABC$ 是如图 H-4 所示的直角三角形, 模仿中国人的图, 画出一个边长为 $a+b$ 的正方形 (数一下图内的小方格, 你会看到对于 3-4-5 的直角三角形, 中国人的正方形的每一条边的长度是 $3+4=7$)。然后, 在大正方形中画出 BD、DE 和 EA, 构成一个有四条倾斜边的图形。这是弦图的一般化版本。

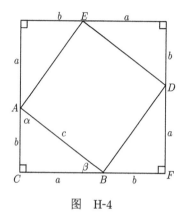

图 H-4

在这个大正方形每一个角处的图形都是直角三角形, 这些直角三角形都有由长度为 a 和 b 的边所夹的直角, 根据 SAS, 它们全等。因此它们所有部分都是相等的, 所以它们的四个斜边相等, 即 $\overline{BD} = \overline{DE} = \overline{EA} = \overline{AB} = c$, 其余两个锐角的大小为 α 和 β。

现在, 我们要断定四边形 $BDEA$ 是正方形。我们刚才已经发现其四条边的长度都是 c, 所以余下的就是确定它的角。例如, 考虑 $\angle ABD$。因为 CF 是一条直线, 通过标识的直角三角形的锐角, 我们知道

$$180° = \angle CBA + \angle ABD + \angle DBF = \beta + \angle ABD + \alpha = 90° + \angle ABD$$

于是有

$$\angle ABD = 180° - 90° = 90°$$

因此, 这个内部图形的这个角是一个直角。我们可以对其他三个角利用同样的推理, 所以四边形 $BDEA$ 的四条边相等且四个内角是直角, 所以它是正方形。如同任意正方形一样, 它的面积是它的底和高的积:

$c \times c = c^2$。

从这里出发容易得出下面的结论。外面边长为 $a+b$ 的大正方形的面积是 $(a+b)^2 = a^2 + 2ab + b^2$。但是，外面这个正方形可以分解成五个部分，即四个全等的直角三角形和内部倾斜着的正方形，所以它的面积是

$$4 \times S_{\triangle ABC} + S_{\text{正方形}BDEA} = 4 \times \left(\frac{1}{2}ab\right) + c^2 = 2ab + c^2$$

由于大正方形的这两个面积表达式相等，得到

$$a^2 + 2ab + b^2 = 2ab + c^2$$

消掉两边的 $2ab$ 得到下面所需的结果：

$$a^2 + b^2 = c^2$$

中国人的证明展示了我们曾在欧拉那章见到的数学智慧的珍宝：从两个不同的方向同时逼近相同目标，在上面的证明中就是从两个不同方向逼近大正方形的面积。这种方法威力十足，它呈现出的卓见是单一视点所无法比拟的。对中国人的证明融会贯通的人不久又会对知识如饥似渴。

相似证明

下面这个对毕达哥拉斯定理的证明被认为是最短、最简单的证明之一，人们将之归功于英国数学家约翰·沃利斯（John Wallis, 1616—1703），但是它肯定更古老些。表面上看，刚才的评价是准确的，因为这一推理从开始到结束只用了几行。但是，这一证明依赖于相似三角形的概念，要全面展开这个概念还需要大量的基础工作。直到《几何原本》第五卷，欧几里得才引入相似的概念，所以在此之前它不可能包含一个"沃利斯类型"的证明。事实上，他在第一卷的末尾就给出了毕达哥拉

斯定理的证明。从这个角度上讲, 欧几里得的证明比沃利斯的证明更短, 离公设更近。真正度量一个证明长短的标准不仅要计入书写推理本身所需的行数, 还要计入在此之前所需的数学的"行数"。

还需注意的是, 与前面的证明不同, 这个证明不是用面积的方法处理毕达哥拉斯定理的。没有正方形的分割和组合。结论 $a^2 + b^2 = c^2$ 是关于长度的结果的代数推理, 而不是关于面积的结果的几何推理。

但是, 这个相似证明是一个好证明。我们首先回想一下, 如果一个三角形的三个角等于另一个三角形的三个角, 那么这两个三角形**相似**。因此, 相似是有造诣的垂钓人的完美武器。通俗地说, 相似三角形是形状相同但大小不必相同的三角形, 因此一个三角形看上去像另一个三角形的缩放。显然, 相似的条件比全等弱, 后者要求三角形有相同的形状和相同的大小。在图 H-5 中, △ABC 和 △DEF 相似, 而 △ABC 与 △GHI 全等。

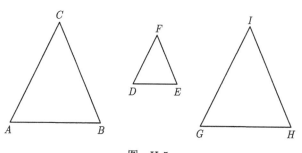

图 H-5

相似三角形的关键特征是它们的对应边成比例。例如, 在图 H-5 中, 如果边 AB 的长度是边 AC 的长度的三分之二, 那么边 DE 的长度也是边 DF 的长度的三分之二。这种对应边成比例的性质就是我们所说的"相同形状"的含义。

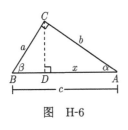

图 H-6

现在，我们开始毕达哥拉斯定理的相似证明。同前面一样，设 ABC 是直角边为 a 和 b、斜边为 c 的直角三角形，两个锐角的大小分别为 α 和 β，且 $\alpha + \beta = 90°$。从点 C 作 CD 垂直于 AB，如图 H-6 所示，设 $x = \overline{AD}$。

现在，考虑 $\triangle ADC$ 的角。其中有一个角的大小为 α，有一个是直角，因此余下的 $\angle ACD$ 的大小是 $180° - \alpha - 90° = 90° - \alpha = \beta$，所以 $\alpha + \beta = 90°$。于是，$\triangle ADC$ 有一个角的大小为 α，有一个角的大小为 β，有一个是直角，所以它与原来的 $\triangle ACB$ 相似。同样，$\triangle CDB$ 也与原来的 $\triangle ACB$ 相似，因为 $\angle DCB = \angle ACB - \angle ACD = 90° - \beta = \alpha$。总之，垂线 CD 把直角三角形 ABC 分成两部分，即 $\triangle ADC$ 和 $\triangle CDB$，它们较小，但都与原来的三角形相似。

现在，我们要引用相似图形的比例。在 $\triangle ADC$ 和 $\triangle ACB$ 中，斜边的比例等于较长的直角边的比例，我们得出结论

$$\overline{AC}/\overline{AD} = \overline{AB}/\overline{AC}, \text{ 或 } \frac{b}{x} = \frac{c}{b}$$

通过交叉相乘，从上面的结果得到 $b^2 = cx$。

接下来，利用 $\triangle CDB$ 和 $\triangle ACB$ 的相似性，以及显然的事实 $\overline{DB} = \overline{AB} - \overline{AD} = c - x$，斜边的比例等于较短的直角边的比例，得到：

$$\overline{CB}/\overline{DB} = \overline{AB}/\overline{CB} \text{ 或 } \frac{a}{c-x} = \frac{c}{a}$$

交叉相乘得到 $a^2 = c(c - x) = c^2 - cx$。

最后，把这两个交叉相乘的结果加起来，并化简得到

$$a^2 + b^2 = (c^2 - cx) + cx = c^2$$

毕达哥拉斯定理再一次得到证明，简短而且很可爱。

加菲尔德的梯形证明（1876 年）

历届美国总统, 无论他们在其他领域展示了什么样的才能, 都很少因为其数学能力而知名。没有哪位专业数学家曾入主白宫, 甚至有总统无视天文数字的预算赤字, 似乎连加法都无法正确计算。

然而, 历史上确实有一些美国总统拥有数学才能。乔治·华盛顿就是一个, 他是一位多才多艺的土地测量员, 他用下面这段话表示对数学的认同：

数学真理的研究使大脑习惯于接受推理的方法和正确性, 它是无愧于理性的独特使用……以数学和哲学证明为高级基础, 我们能够不知不觉地导出更高级的推断和卓越的思考。[3]

这样的陈述帮助华盛顿在战争中获胜, 在和平中获胜, 在数学家的心中获胜。

亚伯拉罕·林肯也是一位热情的数学倡导者。在学习法律的青年时代, 亚伯拉罕就认识到增强他的推理技巧的重要性, 以及学习通过合理的逻辑推理进行证明的意义。正如后来他在自传中回忆时说的那样：

我说："林肯, 如果你不能明白论证的意义, 那么你就不会成为律师。"我抛开了斯普林菲尔德的一切, 回到父亲的家中, 一直待在那里, 直到我能给出手边欧几里得的六本书中的所有命题的证明。于是, 我明白了"论证"的含义, 然后回去学我的法律。[4]

如果林肯确实掌握了《几何原本》第一至第六卷中的 173 个命题, 那这是个不小的成就。有谁会指控诚实的亚伯在说谎呢？

我们不能漏掉尤利西斯·格兰特（Ulysses S. Grant）, 他在还是美国西点军校的学员并梦想在此取得教师的席位时, 曾展示了一定的数学天赋。后来他回忆年轻时的职业目标："我的理想是通过所有课程, 然后脚踏实地地在这个学校当几年数学副教授, 再在某个有声望的学院取得终身数学教授的职位。"[5] 但是，当时格兰特发现"周围的环境总是事与愿违"。最后他进入了白宫而不是象牙塔。

尽管有这样的故事，但是没有哪位总统是真正的数学家。因此，假如为美国总统设置的数学成就奖，那该奖就会毫无悬念地落到了来自俄亥俄州的詹姆斯·加菲尔德的头上，1876 年，他发表了毕达哥拉斯定理的一个原创证明。

1831 年，加菲尔德生于克利夫兰市附近，在少年时代，他除了在学校学习之外，还必须做一些零工来帮助他的寡母养家。年轻的詹姆斯一直是一名优秀的学生，他在进入马萨诸塞州的威廉姆斯学院之前，先后在俄亥俄州的西储中学和希拉姆学院学习。1856 年，他从威廉姆斯学院毕业。带着新得到的学位，加菲尔德回到希拉姆学院教数学，这似乎预示着一个静静的学术人生。

但是，当时在美国没有安静的日子，因为这个国家已处在内战的边缘。在围绕脱离联邦和奴隶制的激烈论战中，1859 年詹姆斯·加菲尔德被选入俄亥俄州参议院。出于政治上的激进和强烈的爱国心，他离开了学校，在战争爆发的 1861 年加入了联邦军队。有趣的是，事实证明这位数学老师是一位好士兵。加菲尔德晋级很快，最后被任命担任约翰·罗斯克兰斯将军的参谋长。

1863 年，加菲尔德离开美国陆军来到了美国众议院，在接下来的 17 年间作为共和党的激进派下决心对南方实施改革。正是在这段时间里，众议院议员加菲尔德"在某些数学娱乐以及与其他数学团体的讨论过程"中发现了他的毕达哥拉斯定理的证明，并在为"教育、科学和文学"[6] 而创办的《新英格兰教育日志》期刊上发表了这一证明。

1880 年，詹姆斯·加菲尔德获得了共和党的总统提名，并且在那年秋天的竞选中勉强击败了另一名内战英雄，即民主党人温菲尔德·斯科特·汉考克。在 1881 年 3 月就职的时候，这位数学家总统承诺扩大全美的教育机会，因为"为了使其后代有能力继承前辈的遗产，现在活着的人应以智慧和美德教育他们，这是一种特权，也是一种神圣的义务"。[7]

詹姆斯·加菲尔德
（穆伦堡学院图书馆惠允）

但是这句承诺却成了他任期的全部，在任职不到四个月的 1881 年 7 月 2 日，正当他在华盛顿搭乘火车时，遭到一位因谋求不到官职而心怀不满的人枪杀。尽管当时的医疗技术暂时挽救了加菲尔德的生命，但是这次枪伤始终威胁着这位总统的生命，一直拖到 9 月中旬，死神才降临到他的头上。

在举国哀悼的日子里，很多城镇、街道、学校和新生儿都以这位倒下的领袖的名字命名。克利夫兰建起了一座令人印象深刻的坟墓，有数以千计的游客前来表达他们的敬意。在政治上，加菲尔德最终没有实现他最伟大的梦想。但是在数学上，他却留下了印记。

为了理解加菲尔德的证明, 需要两个必要的预备知识。其一是著名的角–边–角（ASA）全等法则, 即如果一个三角形的两个角以及这两个角所夹的边分别等于另一个三角形的两个角和这两个角所夹的边, 那么这两个三角形全等。其二是梯形的面积公式。当然, 所谓**梯形**, 就是有一组对边平行的四边形。求它的面积也不难, 因为一条对角线把这个梯形分成有相同高度的一对三角形。

因此, 在图 H-7 中我们有梯形 $ACDE$, 两条边 AC 和 DE 相互平行且它们的长度分别为 b_1 和 b_2, 高为 h, 高是这两条平行边之间的垂直距离。对角线 CE 把这个图形分成两个三角形, 于是有

$$S_{梯形} = S_{\triangle ACE} + S_{\triangle CED}$$
$$= \frac{1}{2}b_1 h + \frac{1}{2}b_2 h = \frac{1}{2}h(b_1 + b_2)$$

换句话说, 梯形面积是它的高与两底之和的积的一半。

现在我们考虑加菲尔德的证明（在图 H-8 中, 我们改变了方向并重新标号）。如往常一样, 从直角三角形 ABC 开始, 角 C 为直角, 直角边是 a 和 b, 斜边是 c。从 B 点作 BE 垂直于 AB, 且 BE 的长度为 c, 从 E 点向下垂直地作 ED, 其中 D 点是垂线与边 CB 向右延长线的交点。最后, 作 AE。

跟随加菲尔德, 我们看一下这些图示的结果。首先, 因为 $\alpha + \beta = 90°$, 显然有

$$\angle DBE = 180° - \angle ABE - \angle CBA = 180° - 90° - \beta = 90° - \beta = \alpha$$

因为 $\angle DBE = \alpha$ 且 $\angle BDE$ 是直角, 因此有 $\angle BED = \beta$。因此, 根据 ASA 全等法则, $\triangle BED$ 和 $\triangle ABC$ 全等, 其中相等的边是 BE 和 AB。从全等关系, 我们得出对应边是相等的: $\overline{BD} = \overline{AC} = b$ 及

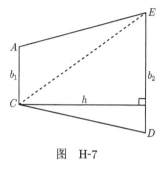

图 H-7

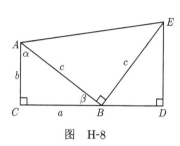

图 H-8

$\overline{DE} = \overline{BC} = a$。

进而可知四边形 $ACDE$ 是梯形, 因为它的对边 AC 和 DE 相互平行, 且它们垂直于 CD。因此, 加菲尔德要做的事情就变得显而易见了, 我们可以用两种不同的方法求梯形 $ACDE$ 的面积。根据上面给出的梯形面积公式, 我们知道

$$S_{梯形 ACDE} = \frac{1}{2}h(b_1 + b_2) = \frac{1}{2}(b + a)(b + a)$$

因为相互平行的底边长度分别是 $b_1 = \overline{AC} = b$, $b_2 = \overline{DE} = a$, 这两条平行边之间的垂直距离 $h = \overline{CD} = \overline{BD} + \overline{BC} = b + a$。

而梯形 $ACDE$ 的面积是组成它的三个直角三角形的面积之和:

$$S_{梯形 ACDE} = S_{\triangle ACB} + S_{\triangle ABE} + S_{\triangle BDE}$$
$$= \frac{1}{2}ab + \frac{1}{2}c^2 + \frac{1}{2}ab = ab + \frac{1}{2}c^2$$

最后, 把梯形面积的这两个表达式等同起来, 并做一些代数处理:

$$\frac{1}{2}(b + a)(b + a) = ab + \frac{1}{2}c^2 \rightarrow \frac{1}{2}(b^2 + 2ab + a^2) = ab + \frac{1}{2}c^2$$

把上式两边乘 2, 我们得到 $b^2 + 2ab + a^2 = 2ab + c^2$, 等式两边消掉 $2ab$ 就得到想要的结果:

$$a^2 + b^2 = c^2$$

加菲尔德的证明的确非常巧妙。在这里，我们再一次看到从不同视点看整个梯形面积所带来的好处。正如《新英格兰教育日志》的一篇文章幽默地评论："我们觉得它有点像两位议员能够毫无党派分歧地统一起来。"[8]

然而，加菲尔德的图示中也有一些眼熟的东西。读者也许注意到了，如果我们以线段 *AE* 为轴做加菲尔德图示的镜像来把这张图放大，就会发现眼前出现的正是中国人的证明中的弦图（参见图 H-9）。加菲尔德偶然发现了这个古代证明的一个变形。

到此，我们给出了毕达哥拉斯定理的三种证明，（我们希望）这足以使最顽固的怀疑者都能相信它。当然，你也许会质疑用不同方式证明同一个结果的必要性。这些额外的证明不多余吗？

从实际的意义上看，它们是多余的。多次证实同一个定理没有逻辑必要性。但是重复揭示同一个主题有一种美学上的动力。正像不应该因为有人曾经写过一首情歌而阻止其他歌曲作者做同样的事情一样，因为曲调变了，歌词也变了，而且节奏也调整了。同样，毕达哥拉斯定理的这些证明揭示了不同的数学曲调和节奏，并不会因为它们描述的是一个老话题就失去美感。

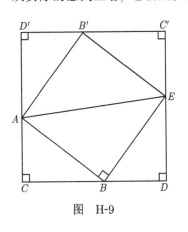

图 H-9

也许还应该就毕达哥拉斯定理的逆命题说几句话。逆命题是一个有精确含义的逻辑术语。如果我们开始的陈述是"如果 A，那么 B"，交换条件和结论后, 我们会得到一个相关的命题"如果 B, 那么 A"。
后面这个命题是原命题的逆命题; 原来的假设变成逆命题的结论, 反之
亦然。

　　稍加思索后就会明白, 一个命题可以为真, 它的逆命题也同样可以
为真。例如, 这样的一个陈述:"如果一个三角形三条边相等, 那么它的
三个角也相等。"它的逆命题是:"如果一个三角形的三个角相等, 那么
它的三条边也相等。"显然这二者都是成立的几何定理。

　　然而, 一个命题可能是真的, 但它的逆命题却是假的。命题"如果
雷克斯是一条狗, 那么雷克斯是一个哺乳动物"是成立的, 正如所有动
物学家都认可的那样。但是, 它的逆命题"如果雷克斯是一个哺乳动物,
那么雷克斯是一条狗"显然是错误的, 就连我的雷克斯叔叔也会立刻指
出这一点。

　　毕达哥拉斯定理的逆命题是:

$$如果 \ c^2 = a^2 + b^2, \ 那么 \ \triangle ABC \ 是直角三角形。$$

这个逆命题是成立的, 欧几里得已经在《几何原本》第一卷作为最后
一个命题给出了证明。他的证明是古希腊几何辉煌成就的另一个例证。
它确立了一个三角形是直角三角形, 当且仅当斜边上的正方形是其他
两个边上的正方形之和。这给出了直角三角形的一个完备的特性, 几何
学家再没有发挥的余地了。

　　我们对毕达哥拉斯定理的讨论就要结束了 (有强烈好奇心的人可
以去卢米斯的书中找到另外 364 个证明)。然而, 这如同潮水般的大量
的不同证明也无法淹没这个伟大定理的重要性, 因为, 无论人们如何反
复地证明它, 毕达哥拉斯定理总是保持着它的优美, 它的清新, 还有它
那种永恒不灭的神秘感。

等周问题
soperimetric Problem

circle=max

在古代神话中, 迦太基女王狄多的兄弟皮格马利翁杀害了她的丈夫并独霸了泰尔的王位, 这位女王只得逃离了她的家乡, 在随从的陪同下航行到了地中海, 并在非洲北岸登陆。在《埃涅伊德》中, 维吉尔告诉我们:

> 他们在这里买了土地, 并把它叫作毕尔萨山,
>
> 这个词的意思是公牛皮; 他们只是买了
>
> 一张公牛皮能覆盖的土地。[1]

也就是说, 狄多为建造新城而要求得到的土地被局限在用一张公牛皮所能围起来的一块区域。

狄多非常聪明, 她首先把这张牛皮剪成许多长而窄的带子。然后, 她把这些生牛皮带弄成一个大大的半圆形状, 它的直径有整个海岸那么长。她就在这样大的区域上建造起了迦太基城。

在这个虚幻的故事中出现了两个完全是现实的神话式源头。其一是迦太基的创建，这座城邦曾威风凛凛地操纵着整个地中海地区，在公元前 264 年到公元前 146 年，与同样强大的罗马发生了三次迦太基战争。在向罗马发起的一次几乎不可思议的侧翼攻击中，迦太基将领汉尼拔的大象军团翻越了阿尔卑斯山，成为军事史上的传奇故事。沿突尼斯海岸的众多遗迹是迦太基城保留到今天的所有东西，这是它的敌人罗马最终毁灭它的见证。

而狄多的故事还提供了一个著名数学问题的神秘源头。如何配置固定的周长（牛皮带）使得沿海岸围出的面积最大？狄多提出半圆就可以做到，因此留给我们的这个问题有时被称为狄多问题。

当然，数学家不愿意把结果归结于神话，而且他们也不喜欢用公牛皮解决问题。所以，今天人们习惯于把这个问题称为等周问题（isoperimetric, iso=same, perimetric=boundary），其形式陈述如下：

在有相同周长的所有曲线中，确定能围出最大面积的一条曲线。

这是一个绝妙的挑战。它给古希腊几何学家带来了一场严峻的考验，并在 2000 年后再次浮出水面，考验了微积分这一新兴学科。

用相同的周长围出不同的面积似乎有点荒谬。普罗克洛斯观察到他的很多同时代人对此知之甚少。我们已经在第 G 章遇到过这个人，他反驳伊壁鸠鲁学派的嘲笑而替欧几里得辩护。普罗克洛斯说，他们认为图形的周长越大，围在里面的面积就越大。当然，有时候这是正确的，例如图 I-1 中的两个正方形：左边的正方形的周长是 4，面积是 1，而右边的正方形有更大的周长（12），且有更大的面积（9）。

但是，正如普罗克洛斯观察的那样，这样的关系不是必然的。图 I-2 中左边的四边形由两个边长为 3-4-5 的相邻直角三角形构成，其中每一个直角三角形的面积是 $bh/2=(4\times3)/2=6$。它的周长是 18，而面积是 $6+6=12$。右边的正方形有更小的周长（16），却有更大的面积（16）。

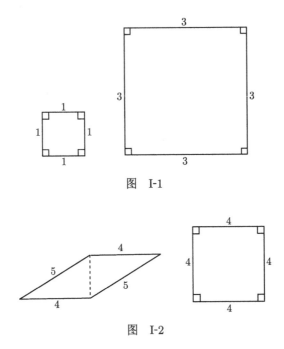

图 I-1

图 I-2

因此，我们不能通过比较周长来比较面积，普罗克洛斯在嘲笑"提出根据围墙的长度计算城市面积大小的地理学家"时已经清楚地解释了这一点。还有，当他描述那些肆无忌惮的土地投机商把有更大周长（但有更小的面积）与有更小周长（但有更大面积）的土地交换，却"因非常诚实而赢得了声望"的时候，也清楚地解释了这一点。[2]

增大一个图形的周长不一定能增大其内部的面积。但是，如果有一个固定的周长，我们如何知道图形所围起来的面积是多少呢？

为了使这个问题具体化，想象我们有一条指定长度的绳子，比如说600英尺①，我们希望用某种方法用它围出一个图形使其面积最大。显

① 1 英尺 ≈ 0.3048 米。

然, 摆置这条绳子可以围出很多不同的面积。一个大小为 1×299 的长而窄的矩形的周长是 600 英尺, 面积为 299 平方英尺, 而一个更 "胖" 的 100×200 的矩形同样有 600 英尺的周长, 但围成了更大的面积, 即 20 000 平方英尺 (参见图 I-3)。

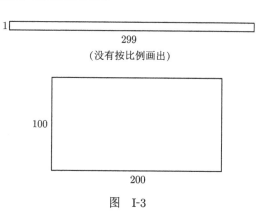

图 I-3

在所有有相同周长的矩形中, 围成面积最大者是正方形。利用第 D 章的微分学的取极大值技巧很容易证明这个结论, 但在此我们要给出一个更初等的推理。

假设有一个固定周长, 根据这个周长作一个边长为 x 的正方形, 如图 I-4 所示, 它围成的面积显然是 x^2。如果我们通过把水平边加长到 $x + a$ 从而把这个正方形变成长方形, 必须同时把垂直边减少到 $x - a$, 才能保证这个周长不变。因此, 这个长方形的面积将是

$$(x + a)(x - a) = x^2 - a^2$$

这个值显然小于 x^2。换句话说, 一个有固定周长的矩形所围成的面积比有相同周长的正方形所围成的面积少 a^2。

大约公元前 200 年, 古希腊数学家芝诺多罗斯 (Zenodorus) 利用

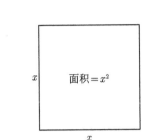
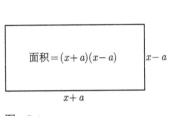

图 I-4

纯几何思想证明了这个原理。他的原创著作都没有保存下来，所以我们对他的了解都是通过其他作者对他的引用所获得的。后来的这些评论家记录说，芝诺多罗斯写了一篇《论等周图形》，在这篇论文中出现了很多重要的结果。

例如，芝诺多罗斯证明，在有相同边数的多边形（如第 C 章介绍的那样）当中，正多边形围起来的面积最大。[3] 因此，等边三角形围起来的面积比与其有相同周长的任何其他三角形围起来的面积大，正方形的面积比与其有相同周长的其他四边形的面积都大。这个一般定理的证明却不是很简单。

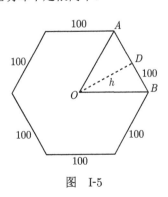

图 I-5

但是，等周的挑战不局限于三角形和矩形。事实上，如果我们把 600 英尺长的绳子弯成一个正六边形，每一条边是 100 英尺长，它的面积甚至比正方形的面积还大（参见图 I-5）。这个事实的证明如下。

设 O 是边长为 100 英尺的正六边形的中心，h 是从 O 点向这个六边形的边所作的垂线的长度（正如我们在第 C 章中提到的那样, h 称为这个正多边形的边心距)。初等几何显示, 边心距垂直于且平分边 AB, 使得 $\overline{AD} = 50$ 英尺, $\overline{OA} = \overline{OB} = \overline{AB} = 100$ 英尺。对直角三角形 ODA 应用毕达哥拉斯定理, 我们得到 $100^2 = 50^2 + h^2$, 所以

$$h = \sqrt{100^2 - 50^2} = \sqrt{7500} \ (英尺)$$

因此 $\triangle OAB$ 的面积是

$$\frac{1}{2}bh = \frac{1}{2} \times 100 \times \sqrt{7500} = 50\sqrt{7500} \ (平方英尺)$$

因此整个正六边形的面积是这个面积的 6 倍, 即 $300\sqrt{7500} \approx 25\,980.76$ 平方英尺。这个值显然超过了有相同周长的正方形的面积 $22\,500$ 平方英尺。

然而, 如果这条 600 英尺长的绳子重新变形为一个正八边形 (每一条边长是 75 英尺), 它围起来的面积约是 27 159.90 平方英尺; 一个正十二边形 (每条边有 50 英尺长) 围起来的面积约是 27 990.38 平方英尺 (参见图 I-6)。

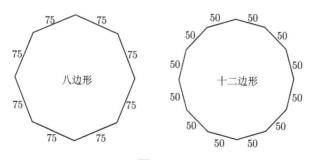

图 I-6

这一连串的例子显示，如果周长不变但正多边形的边数增加，那么围起来的面积也同时增大。据后来的评论家说，芝诺多罗斯把这个原理陈述为：

有相同周长的所有直线图形中——我意指等边和等角的图形——面积最大者就是有最多角的图形。[4]

他对此给出了一个证明。

此刻请允许我们一下子跳到几个世纪之后的后古典时期数学家帕普斯，他活跃于公元 300 年左右。帕普斯写了一篇论文，描述了芝诺多罗斯的工作并给出了前面的等周原理的一个例子。当时，帕普斯突然中断他的学术研究，转而去研究蜜蜂的数学才能，他显然格外尊重这种昆虫。这真是一件奇事。在一个前所未见的拟人化描述中，帕普斯主张蜜蜂"相信自己无疑是受上帝的委托，把一份美食从上帝那里带给更文明的人类"。[5] 帕普斯暗示蜜蜂主要是为人类的消费而制造蜂蜜，并提到它们很自然地想把蜂蜜储存起来以免浪费，做法就是把蜂蜜存入设置好的巢室里，防止"其他东西落入这些小洞的缝隙之中"让蜂蜜变质。换句话说，蜜蜂必须在蜂房中构造没有缝隙的巢室。

假设蜂房被造成全等的正多边形（我们也许和帕普斯一样，相信蜜蜂有这样的要求），我们要证明下面的命题。

命题 只有三种方法摆放有共同顶点的全等正多边形而不留"缝隙"。

证明 作为证明这个推断的第一步，我们确定有 3 条边、4 条边，或更一般地，有 n 条边的正多边形的每个角的度数。

幸运的是，这个问题不难。假设我们有一个正 n 边形，它的每个角的大小为 α。（当然，$n \geqslant 3$，因为多边形不能有两条或更少的边。）从它的中心 O 开始，我们画到顶点的线，如图 I-7 所示，这样把这个正多边形分成 n 个全等的三角形。现在要用点技巧，用两种不同的方法计算这些三角形的角度总和。

一方面, 因为有 n 个三角形, 内角和都是 $180°$, 所以这个正多边形内的三角形的角的总度数是 $n \times 180°$。另一方面, 这几个三角形的顶点都是点 O, 所以它们的顶角总度数就是围绕这个点 O 旋转一圈得到的总度数, 即 $360°$。同样, 它们的底角总数是 $2n$ 个, 每一个的度数是 $\alpha/2$。因此, 组成这个多边形的这

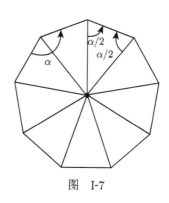

图 I-7

些三角形的角的总度数是 $360° + 2n(\alpha/2) = 360° + n\alpha$。这些三角形的角的总度数的两个不同表达式相等, 可借此求得 α:

$$360° + n\alpha = n \times 180°$$

$$n\alpha = n \times 180° - 360°$$

$$\alpha = \frac{n \times 180° - 360°}{n} = 180° - \frac{360°}{n}$$

这个公式给出了正 n 边形每个内角的度数。

我们对若干特定情况运用这个公式。如果 $n=3$, 这个正三角形 (即等边三角形) 的每个内角是

$$\alpha = 180° - \frac{360°}{3} = 180° - 120° = 60°$$

正如我们所知道的那样。正方形 ($n=4$) 的每一个角的度数是 $180° - 360°/4 = 180° - 90° = 90°$, 即直角; 正五边形 ($n=5$) 的每个内角的度数是 $180° - 360°/5 = 180° - 72° = 108°$; 正六边形 ($n=6$) 的每个角的度数是 $180° - 360°/6 = 120°$。

好了。现在接着考虑我们的命题, 我们尝试去分配有共同顶点的正

多边形且不留缝隙。地板砖的铺放就属于这种布局, 它们严丝合缝地铺在一起, 这样洒在地上的牛奶就不会从地板缝中流下去。

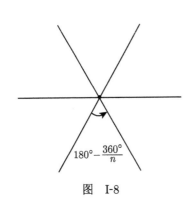

图 I-8

在正多边形之间没有缝隙这一要求之下, 我们必须确定每个顶点处有多少个正多边形相遇。因此, 我们设 k 是在某个顶点处相遇的全等正多边形的数量, 如图 I-8 所示。显然 $k \geqslant 3$, 因为我们不可能有两个或更少的正多边形在某个顶点相遇。

用 n 表示每个正多边形的边数。我们刚才已经确定每个多边形的角的大小是 $180° - 360°/n$。因为有 k 个正多边形在某个点相遇, 所以在这个顶点处的角的总度数是 $k \times (180° - 360°/n)$。但是在每个顶点处的角的总度数总是等于 $360°$。令这两个表达式相等, 得

$$360° = k \times \left(180° - \frac{360°}{n}\right)$$

上面的等式两边同时除以 $360°$, 得

$$1 = k\left(\frac{1}{2} - \frac{1}{n}\right)$$

最后, 因为我们知道 $k \geqslant 3$, 于是可以生成下面这个重要的不等式:

$$1 = k\left(\frac{1}{2} - \frac{1}{n}\right) \geqslant 3\left(\frac{1}{2} - \frac{1}{n}\right) = \frac{3}{2} - \frac{3}{n}$$

因此

$$\frac{3}{n} \geqslant \frac{3}{2} - 1 = \frac{1}{2}$$

交叉相乘得到 $3 \times 2 \geqslant n \times 1$, 化简得 $n \leqslant 6$。

上面这个不等式限定了在某个共同顶点处分布的正多边形的种类, 它显示了每个多边形最多只能有 6 条边。下面我们分别研究一下可能的情况, 如图 Ⅰ-9 所示。

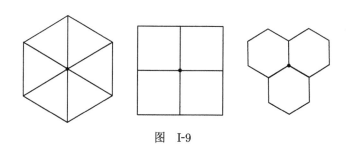

图　Ⅰ-9

(a) 如果 $n=3$, 那么每个多边形都是等边三角形, 每个内角都是 60°。于是我们可以把 360°/60° = 6 个等边三角形放置在顶点处而使它们之间没有缝隙。因此, 对于地砖或者蜂房来说, 这是一个可能的布局。

(b) 如果 $n=4$, 那么每个多边形是每个内角都为 90° 的正方形。我们显然能够把 360°/90° = 4 个正方形聚集到顶点处。蜜蜂和铺砖工也要注意这种布局。

(c) 如果 $n=5$, 此时正多边形的每个角是 108°。但是 108° 不能整除 360°, 因为 $360°/108° = 3\frac{1}{3}$。因此在某个顶点处, 正五边形不能充满整个空间, 而总会留下缝隙。必须丢弃这种情况。

(d) 如果 $n=6$, 我们得到一个正六边形。每个内角是 120°, 所以我们可以在每个顶点处摆放 360°/120° = 3 个正六边形。

因为 $3 \leqslant n \leqslant 6$, 不存在其他可能情况, 所以, 如上面所说明的那样, 能够不留空隙的全等正多边形的布局方法就是六个等边三角形、四个正方形或者三个正六边形。

哈哈！这个证明是帕普斯的蜜蜂相当了不起的成就，这也许令它们的小触角颤抖了好几个星期。但是，展示如此高超的数学敏锐度后，这些小昆虫要面对最后一个问题：在这三个可能的布局方案中，哪一个用来造蜂房最好呢？

最后，蜜蜂展示了它们对等周原理的深刻理解：在有相同数量的蜂房（周长相同）的条件下，为了储存最多的蜂蜜（即有一个最大的横切面积），它们选择了边数最多的正多边形，即正六边形！毫无疑问，正如所有昆虫学家所肯定的那样，蜜蜂的确做的是六边形的蜂房。帕普斯写道："蜜蜂的确知道正六边形比正方形和三角形都大，这个对它们有用，因此，在构造每个蜂房付出相同材料的情况下，正六边形能够储存最多的蜂蜜。"[6] 帕普斯把这一成就归因于蜜蜂的数学才智，这种才智也许超出了当今大多数大学的毕业要求。在他看来，蜜蜂是微型的几何学家，自己甚至能和它们心意相通。

芝诺多罗斯的等周原理，即对于固定的周长，正多边形的边数越多，则围出的面积越大，直接导致一个著名的推论：随着正多边形边数增加而得到的极限图形，即圆，所围出的面积大于任何有相同周长的正多边形围出的面积。据说这个推论是芝诺多罗斯证明的。

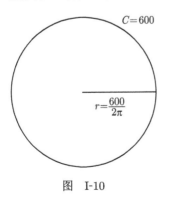

$$C = 600$$

$$r = \frac{600}{2\pi}$$

图 I-10

关于这个结论，古希腊数学有更令人惊讶的故事。回想一下，甚至在欧几里得之前，古希腊人就已经把直线和圆作为两个不可缺少的几何图形，这是两个利用几何工具可以构造出来的图形。当然，直线是两点之间的最短距离。芝诺多罗斯证明了圆是围出最大面积的图形。由欧几里得的圆规扫出的这个图形在给定周长的情况下围出的面积最大。这难道不是进一步表明了古希腊人为何如此欣赏这一理想图形的原因吗?

为了说明等周原理,我们再回到那条 600 英尺长的绳子,把它弯曲成如图 I-10 所示的圆。因为圆周长是 $2\pi r$,所以 $600=2\pi r$,这表明 $r = 600/(2\pi)$。正如第 C 章中所说明的那样,圆面积 $A = \pi r^2$,所以这个圆的面积等于

$$A = \pi \left(\frac{600}{2\pi}\right)^2 = \frac{360\,000}{4\pi} = \frac{90\,000}{\pi} \approx 28\,647.89 (\text{平方英尺})$$

这个面积甚至大于之前所考虑的正十二边形。正如芝诺多罗斯所说的,圆比任何有相同周长的正多边形的面积更大。

那么,为什么狄多把她的牛皮带弄成一个半圆形呢?答案是她利用海岸线作为她的土地的一个边界,因此无须额外的牛皮构造出另一部分。在这样的条件下,半圆的确是最好的选择。如果迦太基城没有沿海构建,而是在内陆,比如说在堪萨斯的什么地方,那么狄多肯定会把她的土地圈在圆内。

但是甚至这些著名的定理也不能完全解决等周问题,因为我们完全可以不用正多边形来围出比圆更大的面积(这是芝诺多罗斯考虑的),而是利用抛物线、椭圆或者其他非正则曲线(这是芝诺多罗斯没有考虑到的)。因为这涉及曲线的一般性,所以最终的解决方法不是由古希腊数学家完成的。正如在第 B 章中所提到的那样,约翰·伯努利和雅各布·伯努利开始了他们一如既往的争论,并借此创立了现在称为变分学的一个奇妙的数学分支,到此等周问题才得以圆满解决。

但是,甚至对于更一般的等周问题,事实证明这个古老的答案仍然是一个正确的答案。在有固定周长的所有图形当中,如多边形、椭圆和抛物线等,圆围出的面积最大。这是一个令人惊奇的性质。

历经几个世纪，仍有几个重要问题令数学家们兴奋，令数学家们苦恼。例如，第 A 章中的梅森数的性质仍然是一个未解问题。正如我们将在第 T 章看到的那样，其他一些问题，像用圆规和直尺三等分角等，经过了几个世纪的努力才得以解决。等周问题也有类似特性：其描述是如此简单，但证明却如此困难。由于狄多和芝诺多罗斯，以及伯努利兄弟和蜜蜂的贡献，等周问题已经在数学的经典著作中赢得了属于它的位置。

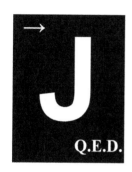

论 证

ustification

Q.E.D.

"证明，"数学家迈克尔·阿蒂亚（Michael Atiyah, 1929—2019）曾说，"它是胶水，把数学粘到了一起。"[1] 显然，这一观点想说的是，证明或者说论证是数学的化身。

这样的观点可能会引起争议。数学这个学科涉及的范围如此广泛，它可以包含各种活动，如估值、构造反例、测试特殊案例以及解决日常问题等。数学家也不必每天 24 小时都在证明定理。

然而，即便理论命题的逻辑论证不是数学的全部活动，它也肯定是这个学科的特征。数学离不开其他各个方面的学术努力，就像它离不开证明、推理以及逻辑演绎一样。在比较数学与逻辑的关系时，伯特兰·罗素断言："已经无法在二者之间划出界线了；事实上，二者是一体的。"[2]

本书已经分析了很多数学论证。在第 A 章中，我们证明了质数的无穷性；在第 H 章中，我们证明了毕达哥拉斯定理。就一般数学论证而言，这些证明相当简单。其他论证却需要很多页、很多章节，甚至很多卷才能得出它们的最终结论。相应的智力要求不见得适合每一个人，正如谦逊的查尔斯·达尔文表明的那样："我跟随漫长而纯粹抽象的思维轨迹的能力极其有限，因此我从来不可能在形而上学或者数学上取得成功。"[3] 或者，用约翰·洛克（John Locke）更简短的话说："数学证明像钻石一样既坚硬又清透。"[4]

数学定理的证明到底是什么呢？这个问题并不像它看起来那样一目了然，因为它涉及哲学、心理学和数学各方面的因素。亚里士多德对此有深刻的理解，他把证明描述为"不是表面上的陈述而是内心的冥想"。[5]

罗素也做出了令人信服的评论：数学家永远不可能把"完整的推理过程"写到纸上，而一定会放置"足以使训练有素的大脑信服的证明摘要"[6]。他想要说的就是，任何数学陈述都是建立在另一些陈述和定义的基础之上的，这些陈述和定义又是建立在更多的陈述和定义的基础之上的，因此要求证明沿着每一个逻辑步骤追踪回来，也许有点鲁莽。

然而在 20 世纪初，当罗素与艾尔弗雷德·诺思·怀特海（Alfred North Whitehead, 1861—1947）一起合著巨著《数学原理》时，他似乎忘记了自己给世人的忠告。在这本著作中，他们尝试着把整个数学回推到基础的逻辑原理，并在这一过程中保留了细节。其结果是非常折磨人的。他们的展开如此周密，在他们最终证明了 1+1=2 之前，此书已达 362 页，这一证明在"基数算术导言"一章的 54.43 节（参见图 J-1）。《数学原理》使论证变得疯狂。

在本章，我们要试着保持头脑清醒。按照我们的意思，证明就是在逻辑法则的范围内精心制作的推理，对于一个论断的正确性，它无懈可击，令人信服。像"说服谁？"或者"按照谁的标准无懈可击？"等一类问题留作以后再议。

当然，我们也可以选择考虑什么不是证明。借助直观、常识，或者

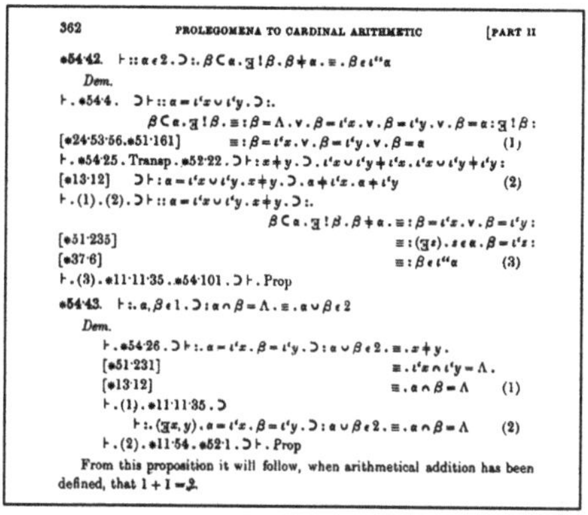

362 PROLEGOMENA TO CARDINAL ARITHMETIC [PART II

∗54·42. ⊢ :: α ε 2 . ⊃ :. β ⊂ α . ∃ ! β . β ≠ α . ≡ . β ε ι"α

Dem.

⊢ . ∗54·4 . ⊃ ⊢ :: α = ι'x ∪ ι'y . ⊃ :.

β ⊂ α . ∃ ! β . ≡ : β = Λ . v . β = ι'x . v . β = ι'y . v . β = α : ∃ ! β :

[∗24·53·56 . ∗51·161] ≡ : β = ι'x . v . β = ι'y . v . β = α (1)

⊢ . ∗54·25 . Transp . ∗52·22 . ⊃ ⊢ : x ≠ y . ⊃ . ι'x ∪ ι'y ≠ ι'x . ι'x ∪ ι'y ≠ ι'y :

[∗13·12] ⊃ ⊢ : α = ι'x ∪ ι'y . x ≠ y . ⊃ . α ≠ ι'x . α ≠ ι'y (2)

⊢ . (1) . (2) . ⊃ ⊢ :: α = ι'x ∪ ι'y . x ≠ y . ⊃ :.

β ⊂ α . ∃ ! β . β ≠ α . ≡ : β = ι'x . v . β = ι'y :

[∗51·235] ≡ : (∃z) . z ε α . β = ι'z :

[∗37·6] ≡ : β ε ι"α (3)

⊢ . (3) . ∗11·11·35 . ∗54·101 . ⊃ ⊢ . Prop

∗54·43. ⊢ :. α, β ε 1 . ⊃ : α ∩ β = Λ . ≡ . α ∪ β ε 2

Dem.

⊢ . ∗54·26 . ⊃ ⊢ :. α = ι'x . β = ι'y . ⊃ : α ∪ β ε 2 . ≡ . x ≠ y .

[∗51·231] ≡ . ι'x ∩ ι'y = Λ .

[∗13·12] ≡ . α ∩ β = Λ (1)

⊢ . (1) . ∗11·11·35 . ⊃

⊢ :. (∃x, y) . α = ι'x . β = ι'y . ⊃ : α ∪ β ε 2 . ≡ . α ∩ β = Λ (2)

⊢ . (2) . ∗11·54 . ∗52·1 . ⊃ ⊢ . Prop

From this proposition it will follow, when arithmetical addition has been defined, that 1 + 1 = 2.

图 J-1 罗素和怀特海证明 $1+1=2$

（摘自艾尔弗雷德·诺思·怀特海和伯特兰·罗素于 1910 年合写的《数学原理》的第 1 卷。剑桥大学出版社惠允）

更糟, 借助暗示的陈述都不是论证。刑事诉讼中作为有罪证明的“排除一切怀疑”的证明, 也不是我们所说的论证。数学家认为, 证明不仅能排除合理的疑问, 而且能够排除所有疑问。

我们可以从许多不同的方向展开关于数学论证的讨论。这里, 我们给出四个重要的基本原则, 并逐个阐述涉及数学证明本质的非常有意义的问题。

基本原则 #1：个案不充分

无论在科学中, 还是在日常生活中, 当实验反复肯定某个原则之后, 我们就倾向于接受它的真实性。如果肯定的案例数量足够大, 我们就说有了一个“被证实的法则”。

但是, 对于数学家来说, 几个案例的结果尽管可能给出一些提示, 但绝不是证明。下面给出这种现象的一个例子, 考虑

猜想 把一个正整数代入多项式 $f(n) = n^7 - 28n^6 + 322n^5 - 1960n^4 + 6769n^3 - 13\,132n^2 + 13\,069n - 5040$, 我们总可以得到原来的正整数。用符号表示就是断言：对于任意正整数 n 都有 $f(n) = n$。

这是真的吗？显然，我们可以代入几个正整数看一看有什么结果。当 $n=1$ 时，我们得到

$$f(1) = 1 - 28 + 322 - 1960 + 6769 - 13\,132 + 13\,069 - 5040 = 1$$

显然断言成立。如果我们代入 $n=2$, 计算结果为

$$f(2) = 2^7 - 28 \times 2^6 + 322 \times 2^5 - 1960 \times 2^4 + 6769 \times 2^3$$
$$- 13\,132 \times 2^2 + 13\,069 \times 2 - 5040 = 2$$

这一次断言仍然成立。我们希望读者拿出计算器，验证一下 $f(3)=3$, $f(4) = 4$, $f(5) = 5$, $f(6) = 6$, 甚至

$$f(7) = 7^7 - 28 \times 7^6 + 322 \times 7^5 - 1960 \times 7^4 + 6769 \times 7^3$$
$$- 13\,132 \times 7^2 + 13\,069 \times 7 - 5040 = 7$$

这个论断的证据似乎建立起来了。有些人，特别是那些对这样机械式的计算没有热情的人也许已经宣布这个陈述是真的。

但是，它不是真的。代入 $n=8$ 时，我们得到

$$f(8) = 8^7 - 28 \times 8^6 + 322 \times 8^5 - 1960 \times 8^4 + 6769 \times 8^3$$
$$- 13\,132 \times 8^2 + 13\,069 \times 8 - 5040 = 5048$$

结果不是我们期望的 8。进一步的计算表明 $f(9) = 40\,329$, $f(10) = 181\,450$, $f(11) = 640\,811$, 所以此断言不仅失败了，而且错得惊人。对于由 $n=1, 2, 3, 4, 5, 6, 7$ 时都为真得出 n 为任意正整数时都为真的猜测实际上是不正确的。

我们把下面这个表达式展开并合并同类项，就可以得到刚才讨论的多项式

$$f(n) = n + [(n-1)(n-2)(n-3)(n-4)(n-5)(n-6)(n-7)]$$

显然, 对于 $n=1$, 项 $(n-1)$ 为零, 因此方括号中的所有乘积都为零; 因此 $f(1) = 1+0 = 1$。如果 $n=2$, 那么 $n-2 = 0$, 所以 $f(2) = 2+0 = 2$。类似地, $f(3) = 3+0 = 3$, 一直到 $f(7) = 7+0 = 7$。但是这之后括号里的项不再是零, 例如 $f(8) = 8 + 7! = 5048$。

这引出下面这样一个富有挑战性的扩展命题。假设我们引入

$$g(n) = n + [(n-1)(n-2)(n-3) \cdots (n-1\,000\,000)]$$

并猜测对于所有正整数 n, 有 $g(n) = n$。

我们做乘法且合并 $g(n)$ 的项, 就得到一个一百万次的惊人方程。通过与上面完全相同的推理, 我们将发现 $g(1) = 1$, $g(2) = 2$, 一直到 $g(1\,000\,000) = 1\,000\,000$。

在发现了一百万个连续正确的证据之后, 任何思维正常的人都会怀疑 $g(n)$ 是否总是产生 n。对于任何人——除了数学家之外, 一百万次连续成功都等同于排除了所有值得怀疑的证明。然而, 再接下来验证一下, $g(1\,000\,001)$ 实际上等于 $1\,000\,001+1\,000\,000!$, 这个数非常大, 显然超过 $1\,000\,001$。

上面这个例子强调了关于数学证明的第一个基本原则: 我们必须对所有可能的情况进行证明, 而不仅是对几百万个情况进行证明。

基本原则 #2: 越简单越好

数学家赞美那些巧妙的证明。但是, 数学家更赞美那些既巧妙又经济的证明, 即那些直击要害、直达目标的没有多余之处的简洁推理。这样的证明被认为是优雅的。

数学的优雅与其他创意作品的优雅没有什么不同。它与莫奈的油画艺术的优雅有很多共同之处, 仅用寥寥几笔勾勒或几行诗描绘的法

国乡村风景，胜过长篇大论。优雅在本质上属于美学范畴，而不是数学的特性。

同任何理想一样，优雅不是总能够实现的。数学家们为简短、清晰明了的证明而奋斗，但是经常必须忍受令人讨厌的烦琐事物。例如，抽象代数中有限单群分类的证明用了 5000 多页纸（最终检验通过时）。寻求优雅的人请另寻出路。

相比之下，数学家达到的终极优雅是所谓的"无言的证明"，在这样的证明中一个极好的令人信服的图示就传达了证明，甚至不需要任何解释。很难比它更优雅了。

例如，考虑下面的例子。

定理 如果 n 是正整数，那么 $1 + 2 + 3 + \cdots + n = \dfrac{1}{2}n(n+1)$。

这个定理说的是，当我们把前 n 个正整数相加时，和总是 n 与 $n+1$ 的积的一半。我们可以用几个特殊的数验证一下，例如，$n=6$，

$$1 + 2 + 3 + 4 + 5 + 6 = 21 = \frac{1}{2}(6 \times 7)$$

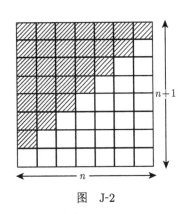

图 J-2

但是第一个基本原则警告说，只有傻子才会依据一个案例就匆匆得出结论。我们要利用图 J-2 去证明这个命题。

这里我们采用由一块加上两块再加上三块等这样阶梯式的结构，如图 J-2 阴影部分所示；用方块摆出 $n \times (n+1)$ 的矩形排列。这个矩形是由两个完全相同的阶梯组成的，矩形的面积等于它的长和宽的积，即 $n \times (n+1)$，因此这个阶梯的面积一定是矩形面

积的一半, 即

$$1 + 2 + 3 + \cdots + n = \frac{1}{2}n(n + 1)$$

证毕。 ■

读者也许观察到这个"无言的证明"仍然伴随着一段文字解释。但是, 语言的解释的确没有必要, 这个图示值千言万语。①

下面是另一个不可否认的优雅证明。假设我们从 1 开始把正奇数依次相加:

$$1 + 3 + 5 + 7 + 9 + 11 + 13 + \cdots$$

一些经验提示我们, 无论把这个加法进行到什么时候, 其结果总是完全平方数。例如,

$$1+3+5=9 = 3^2$$
$$1+3+5 + 7+9 = 25 = 5^2$$
$$1+3+5 + 7 + 9 + 11 + 13 + 15+17+19+21 + 23 + 25+27 = 196$$
$$= 14^2$$

这永远为真吗? 如果是, 我们如何证明这个一般结果?

下面的推理需要一点代数知识, 根据观察: 偶数是 2 的倍数, 因此对某个整数 n, 其形式是 $2n$; 而奇数比 2 的倍数少 1, 因此对某个整数 n, 其形式是 $2n - 1$。

定理 从 1 开始的连续奇数之和是一个完全平方。

证明 设 S 是从 1 开始到 $2n - 1$ $(n > 0)$ 的连续奇数之和, 即

$$S = 1 + 3 + 5 + 7 + \cdots + (2n - 1)$$

显然我们可以求从 1 到 $2n$ 为止的所有整数的和, 然后再减去偶数之和就可以得到连续奇数之和。换句话说

---

① "无言的证明"是美国《大学数学杂志》的固定专栏。

$$S = [1+2+3+4+5+\cdots+(2n-1)+2n] - (2+4+6+8+\cdots+2n)$$
$$= [1+2+3+4+5+\cdots+(2n-1)+2n] - 2(1+2+3+4+\cdots+n)$$

这里，我们从第二个方括号的表达式中提出了一个因子 2。

第一个方括号中是从 1 到 $2n$ 的所有整数的和，而第二个方括号中是从 1 到 n 的所有整数的和。图 J-2 的"无言的证明"展示了如何求这样的整数和，所以我们两次利用那个结果：

$$S = \frac{1}{2}2n(2n+1) - 2\left[\frac{1}{2}n(n+1)\right]$$

化简上式得到

$$S = n(2n+1) - n(n+1) = 2n^2 + n - n^2 - n = n^2$$

因此无论 n 是什么值，连续奇数之和都是一个完全平方 n^2。证明完毕。■

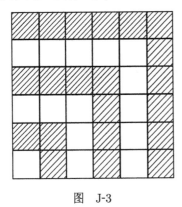

图　J-3

一句话，这个证明是优雅的。但是，如果它是我们寻找的那种优雅，那么图 J-3 则给出了另一个更短的证明，一个无言的证明。这里奇数是一个方块、三个方块、五个方块，以此类推，按特殊方法排列。我们从左下角的一个方块开始，三个有阴影的方块包围着它形成一个 2×2 的正方形，五个没阴影的方块包围着前面这些方块形成一个 3×3 的正方形，接下来就是七个有阴影的方块包围着前面这些方块形成一个 4×4 的正方形，以此类推。这张图示清楚地表明从 1 开始的连续奇数的和总是产生一个（几何的）平方。这个证明非常自然。早在 2000 年前古希腊人就知道它了，现代的后辈可以通过构建方块模仿这一证明。

温斯顿·丘吉尔（Winston Churchill）说："短小的词为佳，而既古老又短小的词为最佳。"[7] 我们可以重新描述这个优雅推理：古老的证明为佳，而既古老又短小的证明为最佳。

基本原则 #3：反例的价值

数学中有一个非常严酷的现实：为了证明一个一般的陈述需要一个一般的推理；但为了反驳它，只需要一个特殊的例子，一个使这个陈述失败的例子。后者称为**反例**，一个好的反例价值如金。例如，假设我们有下面的猜测。

猜测 如果 a 和 b 是正整数，则 $\sqrt{a^2 + b^2} = a + b$。

年复一年，数以万计的学生曾经使用过这个特殊的公式，这可以从任何一名数学老师那里得到证实。但是这个公式是不成立的，为了说明这一点，我们需要一个反例。如果 $a=3$, $b=4$，那么 $\sqrt{a^2 + b^2} = \sqrt{3^2 + 4^2} = \sqrt{25} = 5$，而 $a + b = 3 + 4 = 7$。仅这一个反例就足以把这个猜测送进数学的垃圾堆。

我们强调，尽管可能需要 50 页纸的推理来证明一个定理，但是只要一行反例就可以反驳它。在证明和反证之间的大战中，似乎没有一个公平的竞争环境。但是，还是要说一句警告的话：寻找反例不像看起来那样容易。下面的故事就是一个例子。

两个多世纪前，欧拉猜测至少要把三个完全立方加起来才能得到另一个完全立方，至少要把四个完全四次幂相加才能得到另一个完全四次幂，至少要把五个完全五次幂相加才能得到另一个完全五次幂，等等。

作为一个例子，我们把这些完全立方相加：$3^3 + 4^3 + 5^3 = 27 + 64 +$ 125，得到和 216，它正好是 6^3。这里，三个立方合并起来得到了一个立方，但是欧拉断定并证明了两个立方之和永远不会得到一个完全立方。读过第 F 章的读者应该意识到，这是费马最后定理的特殊情况（$n=3$）。

提高次数，我们能够找到四个完全四次幂，它们之和等于一个四次幂。例如，考虑下面绝非一目了然的例子

$$30^4 + 120^4 + 272^4 + 315^4 = 353^4$$

欧拉猜测三个四次幂之和不会产生另一个四次幂，但是没有给出证明。一般地，他说至少需要 n 个 n 次幂，使得它们之和等于另一个 n 次幂。

这件事在 1778 年成立，近两个世纪后它仍然成立。信任欧拉的人不能用证明来肯定欧拉的猜测，但不相信欧拉的人也不能构造出一个特殊的反例来驳倒它。这个问题是一个未解问题。

到了 1966 年，数学家利昂·兰德（Leon Lander）和托马斯·帕金（Thomas Parkin）发现了下面这个例子

$$27^5 + 84^5 + 110^5 + 133^5 = 61\ 917\ 364\ 224 = 144^5$$

四个五次幂却产生另外一个五次幂。欧拉被驳倒了。而二十年后强大的计算机炫耀了一下它的电子大脑的威力，用了上百小时找到了下面这个非常有力的反例

$$95\ 800^4 + 217\ 519^4 + 414\ 560^4 = 422\ 481^4$$

这表明三个四次幂，而不是欧拉说的四个四次幂，也能生成一个四次幂。[8]

寻找这些反例需要大量努力，甚至动用了计算机的力量，这是非常惊人的。这显然给出了基本原则 #3 的一个推论：有时候反证比证明更难。

基本原则 #4：可以证明否定

在理发店或快餐店里，我们经常听到这样一句老话：你不能证明否定。它可能是由下面这样的对话引发的：

A： "超市小报说一个小妖精中了奖。"

B： "没有小妖精这种东西。"

A： "你说什么呢？"

B： "我说小妖精不存在。"

A： "你肯定吗？你能够证明它不存在吗？"

B： "当然……不能。但是你也不能证明它存在。"

这个对话很长。用一句话说，它声称我们绝对不能证明小妖精不存在。

数学家知道得更清楚。一些最伟大、最重要的数学推理所论证的就是某些数、某些形状、某些几何结构不存在且不可能存在。人们使用最猛烈的武器，即理性的、严密的逻辑确立了这些不存在的事物。

认为否定不可证明的这种普遍观念本质上是错误的。为了证明小妖精不存在，我们似乎需要翻遍爱尔兰岛上的每一块石头，翻遍南极洲的每一座冰山。当然这是不可能实现的野心。

为了在逻辑上确立不存在的事物，数学家采用了一种非常不同然而又非常完美的策略：假设这个对象的确存在，然后再追踪由此产生的结果。如果我们能够证明存在的假设将导致一个矛盾的话，那么逻辑法则允许我们得出结论：我们在第一步中所做的存在的假设是错误的。因此，我们就能够得出这个事物不存在的毫无争议的结论，同时也说明一个事实，即我们采用了一个非直接的途径所得到的这个结果是正确的。

在第 Q 章中，我们将讨论最著名的不存在证明：为什么不存在等于 $\sqrt{2}$ 的分数？然而，对于我们眼前的目标，下面这个例子就足够了。

定理　　不存在边长分别为 2, 3, 4, 10 的四边形。

处理这个问题的一个实用方法是截出这些长度的木棍，然后试着把它们摆放成一个有四条边的图形。这只是一个说明，然而在逻辑的意义下，这相当于要在某块岩石下找到一个小妖精。即使我们花费了好多年都没有成功地用这四根木棍摆出一个四边形，也不能排除也许某个人在某天成功地把它们摆成四边形的可能性。

合理的方法是我们要间接地证明一个否定。开始我们假设存在一个四边形，它的边长分别是 2, 3, 4, 10, 然后再设法生成一个矛盾，这是一个战略上的飞跃。

我们假设的四边形如图 J-4 所示。画出虚线所示的对角线，它把这个四边形分成两个三角形，并设 x 是这条对角线的长度。第 G 章已经说明过，欧几里得证明了三角形的任意一条边小于其他两条边的和。因此在 $\triangle ABC$ 中，我们知道 $10 < 4 + x$。同样在 $\triangle ADC$ 中，有 $x < 2 + 3$。把这两个不等式结合起来得到

$$10 < 4 + x < 4 + (2 + 3) = 9$$

根据上面的不等式，得到 $10 < 9$。这是不可能的。我们最初所做的存在这种特殊的四边形的假设导出了这一矛盾，所以说我们的假设是无效的。

这个四边形的四条边长的出现顺序（按顺时针）是 10, 2, 3, 4。还有其他方法放置这四条边，如图 J-5 所示，同样的推理也导出一个矛盾。此时是 $10 < 2 + x < 2 + (3 + 4) = 9$。这是不可能的。

没有必要再继续寻找了，重新布局再多次也是没有意义的。这样的四边形是不可能存在的。我们最终证明了一个否定。

基于矛盾的证明是一个非常好的逻辑策略。假设我们想要证明的反面是成立的，我们似乎是在毁灭自己的目标。但是，最后我们避开了灾难。哈代把基于矛盾的证明描述为"数学家最好的武器之一。它远比

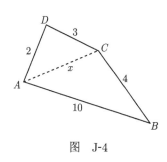

图 J-4

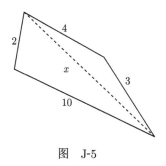

图 J-5

其他任何先手棋策略好得多：象棋手也许要牺牲一个小卒或者其他一枚棋子，但是数学家牺牲的却是整盘游戏 "。[9]

问题：还需要人类吗？

大约在 20 世纪 70 年代到 80 年代期间，有一种令人不安的映像闯入数学家的意识之中。这就是计算机映像，它以光一样的速度和实质上的可靠性接手了证明定理的工作。

我们已经提到了几个例子，在这些例子中，计算机提供了证否某个陈述的反例。$95\,800^4 + 217\,519^4 + 414\,560^4 = 422\,481^4$ 的发现给予欧拉的猜测致命的一击，很难想象人类要花费多长时间去寻找这样一个反例。这是完全适合计算机的问题。

令整个数学界感到困惑的是此后出现的一些利用计算机来证明定理的情况。这些情况往往把一个定理分解成很多子情况，假如肯定了每一种子情况，那么就可以断定解决了整个问题。遗憾的是，这种分析通常需要考虑上百种情况，需要成千上万次计算，而人类没有可能重复所有步骤。总之，这样的证明只能通过其他机器来检查。

1976 年，计算机证明凭借解决四色猜想问题戏剧般地登上了数学舞台。所谓的四色猜想，是任何画在平面的地图都可以用四种（或少于四种）颜色着色，使得拥有共同边界的任意两个区域都被涂上不同的颜色。（例如在图 J-6 中，我们不想给区域 A 和 B 都涂上红色，因为那样一来它们的公共边界线会被遮住。我们允许给相交于一点的两个区域，如区域 A 和 C 涂上相同的颜色，当然一个点不是边界线。）

四色猜想诞生于 1852 年，在接下来的一个世纪里引起了广泛的关注。有几个问题很快就被解决了，比如任何平面地图肯定可以用五种颜色着色，还有就是用三种颜色着色地图是不充分的。图 J-7 就给出了这样的一个地图。在这张图上，我们必须使区域 A、B 和 C 有不同的颜色，因为它们每对都有共同的边界，但是接下来，除非使用第四种颜色，否则不可能给区域 D 着色。

因此，五种颜色（可能）太多而三种颜色又不够。显然这就需要四种颜色。四种颜色足以给任何平面地图着色吗？

我们之前的讨论表明，要想解决这个问题只有两种选择：要么提出一个特殊的反例，即给出一种不能用四种颜色着色的特殊地图；要么设计一个一般的证明，证明任何地图都能够这样着色。对于数学家来说，这个反例很难找到。他们制作的每一张地图无论多么错综复杂，都能仅用红色、黄色、蓝色和绿色着色。（有蜡笔的读者也许想立即勾画出一张地图，然后尝试一下。）

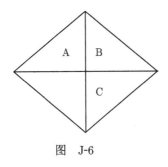

图 J-6

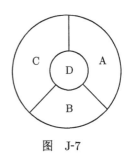

图 J-7

但是，正如我们反复提醒的那样，证明可不光是找到几个反例就算完成了。以前人们会发疯地寻找一般推理，但事实证明每一种情况都与寻找反例一样困难。局势处于停顿的状态。

后来，美国伊利诺伊大学的阿佩尔（Kenneth Appel）与哈肯（Wolfgang Haken）宣布四色猜想为真，震撼了整个数学界。令人们感到震惊的不是这个结论，而是他们的证明技术：计算机完成了证明中最艰难的部分。

阿佩尔和哈肯处理这个问题的方法是，把所有平面地图分成某些类型，然后分别分析每一种类型。遗憾的是，一共有上百种类型需要检查，每一种类型都给高速计算机带来大量的工作。最后，计算机宣告这个猜测是真的，即所有可能的类型都可以用四种颜色着色。这个定理得到了证明。

这是真的吗？说句公道话，当时一种不安的情绪在整个数学界蔓延。这算得上是一个正确的论证吗？令人困惑的是，回答这个问题需要一个真正的有血有肉的人每周工作 60 小时，花费大约 100 000 年的时间去检查计算机的计算。甚至是最健康、最乐观的人也不可能活那么长时间，总之，谁愿意花这个工夫呢？

如果程序出现了错误怎么办？如果功率突增使得计算机跳过关键的步骤怎么办？如果计算机的硬件设计暴露出极少见的微小缺陷怎么办？总之，我们能够相信机器大脑能给我们真理吗？正如数学家罗恩·格雷厄姆（Ron Graham）在考虑这些复杂问题时提出的那样："实质的问题是这样的：如果没有人能够检查一个证明，它还是一个真正的证明吗？"[10]

直到今天，这个问题也没有明确的答案，尽管随着计算机证明变得更加普遍，也许数学家们对它们的出现会感到稍舒服些，但是，公正地说，如果四色定理拥有写了两页纸那样短小、睿智而优雅的证明，而不是依靠计算机的蛮力得到的证明，那么大多数数学家也许会轻松地喘口气。传统主义者希望古老的数学不要被接上电源。

"还需要人类吗？"此时这个问题的答案仍然是"需要"。毕竟得有人打开空调吧。但是我们得承认这个观点也许是有偏见的，因为它的支持者本身是人。

我们关于数学论证的讨论到此就结束了。显然，还有很多话要说，也应该引出其他的议题，应该提出其他的基本原则。但是，我们最终得出的最重要的结论是：无论是优雅还是麻烦，是直接还是间接，是依赖于计算机还是人力，数学证明的标准不同于其他任何人类活动领域中的标准。

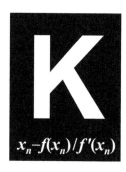

牛顿爵士

nighted Newton

$x_n - f(x_n)/f'(x_n)$

1705 年 4 月 16 日，在一次庄严的剑桥大学授爵仪式上，英国安妮女王封艾萨克·牛顿为爵士。借此，这位女王把不列颠的最高荣誉授予了她最重要的国民之一。

牛顿与莱布尼茨分享创建微积分的荣耀，在数学界很难想象比此更大的荣誉了。本章讲述牛顿的生活，讨论他与莱布尼茨之间的激烈争吵，研究他的一个数学遗产：以他的名字命名的"方法"。（遗憾的是，他的名字不是 Isaac Knewton，否则按字母顺序排在这一章就更妥当了。）

关于牛顿爵士的一大事实就是他是跨越两门学科的神一样的人物。让任何一位数学家说出三四位历史上最有影响的数学家，他们无一例外都要提到牛顿。让任何一位物理学家说出三四位伟大的物理学家，这其中肯定还会包括牛顿。

的确，牛顿生活在学科之间还没有竖起不可逾越的高墙的时代。在他那个时代，数学和物理学之间没有明显的界限，它们拥有共同的方法、问题和从业者。那是一个把诸如光学、天文学、力学作为数学的一个分支的时代。科学发展到今天，数学家和物理学家常常发现他们各自太专业而已无法彼此交流，因此很难想象三个世纪之前，他们之间的界限竟能模糊到不存在的程度。所以，你也许小看了牛顿的这种跨越学科的卓越。

然而，这也许漏掉了关键的一点。被两个学科的从业者如此高看的人物的确非常少有。类似的人物还有剧作家兼诗人莎士比亚，或者画家兼雕塑家米开朗琪罗，但是他们的双重卓越还是不能与牛顿媲美。牛顿的身份的确是非同寻常。

对于牛顿来说，生命之初是那样地不稳定。1642 年，牛顿出生于英格兰的伍尔索普，他是个早产儿，因此活下来的机会很小。另外，他的父亲在他出生的几个月前去世了。但是，更大的冲击即将来临。就在他 3 岁那年，牛顿的寡母再婚，并搬到她新丈夫的家。深思熟虑之后，她还是决定抛下牛顿不管。几年之后她又回到牛顿身边，但是很多心理历史学家相信，这期间，小艾萨克受到的伤害已经无法挽回。关于这个话题，一本非常畅销的书说："牛顿近期的所有传记作家都认为，在三岁到十岁与母亲的这种分离是造成成年牛顿多疑、神经质和扭曲个性的关键因素。"[1]

不管牛顿是不是神经质，他都显示出了无可争议的天才迹象。这表明他应该进入大学，与此同时他显然对于成为乡绅不感兴趣。于是在 1661 年他进入了剑桥大学的三一学院，开始了他非同寻常的学术生涯。

一个事实可能促成了这样的学术旅程：剑桥大学的教授对教学不感兴趣，就像牛顿自己对农业技术不感兴趣一样。因此牛顿可以自由地跟着自己的兴趣走，不久，这些兴趣就远远偏离了代表着当时正式课程特点的希腊语和拉丁语的繁重学习，转向了在那个时代令人兴奋的数学和其他科学门类的进步上来。牛顿，这位孤独的学者，贪婪地学习这些科目，直到他能够开始原创性的研究，虽说当时他还是一名大学生。

在 1665 年到 1667 年暴发了瘟疫, 这使剑桥大学两次闭校, 在这段空暇时期, 他的工作仍在继续。为了躲避瘟疫, 牛顿不得不返回伍尔索普的家, 但他很难把这次返乡看成悠闲的度假。

正是在伍尔索普, 牛顿才遇到了那只苹果。据传说, 当时他正在一棵树下休息, 差点儿被一只掉下来的果子打到。他沉思着, 既然地球能用力拉拽这只苹果, 那么它不也能拉更远的天体吗? 牛顿回忆道: "我开始考虑把万有引力扩展到月球轨道 y^e 上。" 这就是你能查寻到的万有引力的简短导言。[2]

现代学者认为, 那只掉下来的苹果能砸中牛顿未免神乎其神, 但是这个故事本身却很吸引人。拜伦勋爵因此这样写牛顿:

自亚当之后, 凡人中仅此一位, 他抓住了坠落, 或一只苹果。[3]

英国邮票上牛顿的苹果

正如上面的插图所展示的那样, 在公众的想象中, 这只苹果已经是牛顿超凡能力的符号，甚至被印到邮票上了。

这场瘟疫平息下来之后，牛顿返回三一学院。1669 年，尽管他还相当年轻，而且也不知名，却担任了剑桥大学享有盛誉的卢卡斯讲座数学教授。他众所周知的伟大成就发生在 1687 年，当时在埃德蒙·哈雷（Edmund Halley）的鼓励之下，牛顿最终同意发表他的巨著《自然哲学的数学原理》。这本著作用精确、详细的数学语言陈述了牛顿力学。在这本书中，他引入了运动定律和万有引力的原理，并以数学方式推断了从潮汐流到行星轨道的每一件事情。《自然哲学的数学原理》被很多人视为至今最伟大的科学著作。

由于获得这样的成功，牛顿成了科学界令人瞩目的人物。当然，公众对此不甚了解，但是非常像 20 世纪的爱因斯坦，牛顿成为新科学的活符号。伏尔泰称牛顿是"至今最伟大的人"，并评论说像牛顿那样的天才一千年只能出现一个。[4]

在这次闪耀登场之后，牛顿的生活发生了根本性的变化。1689 年，他代表剑桥大学参加英国"国会会议"。1696 年，他担任皇家造币厂的监督，并搬到伦敦度过了他的余生。1703 年，他当选皇家学会的会长，并于次年发表了另一份伟大的手稿《光学》。到了 1727 年他去世的时候，艾萨克·牛顿先生已经是一位令人尊敬的科学家、富有的政府官员，是有资格葬于威斯敏斯特教堂名人堂中的英国民族英雄。

对于数学家来说，他最伟大的发现源于大约 17 世纪 60 年代中期被他称为"流数"的这门学科，但是后来人们采用了莱布尼茨为它起的名字"微积分"。出于现代人可能永远无法理解的原因，牛顿没有发表他的发现。在拥有可能是历史中最伟大的数学成果的荣耀面前，他却选择了沉默。

牛顿古怪和神秘的个性对他并没有帮助。在他的一生中，牛顿可能多次发现其他人正在走着他几年前已经走过的思想路线。如果他总是迟迟不对外公布自己是第一发现者，这自然就会引起学术界的骚乱。对他来说，假如在刚做出成果的时候交流工作，事情会更简单，这样既能保证他的影响力，还能维护他的名声。

艾萨克·牛顿
（芝加哥大学，叶凯士天文台惠允）

至于他为什么讨厌发表研究成果，人们总是归结为他怪癖的个性：他不信任别人，他讨厌批评，他"不想卷入麻烦和毫无意义的争论之中"。[5] 在下面的评论中他的观点表露得很清楚："我希望回避所有有关哲学方面的争论，而没有哪种争执能够比刊印出的争执更麻烦。"[6]

因此，我们有这样一位科学家，他很在意他的名声，却不情愿公开他的发现。甚至对于为私下交流而准备的手稿，牛顿也力求控制其发放范围。"我的数学论文，请一篇也不要发表，"他在给一位有一份其没有发表的手稿的同事的信中写道，"这必须得到我的特别许可。"[7]

其实，即使不是牛顿这样级别的天才也能够预见这样的行为会带来不愉快的后果。随着时间的流逝，他开始卷入关于优先权的纷争之中，与其他科学家展开了"谁在什么时候做了什么"的令人厌恶的争吵。他与他的同胞罗伯特·胡克及约翰·弗拉姆斯蒂德发生了冲突，但是他所卷入的最激烈的争论是与莱布尼茨关于谁先创建了微积分的论战。

纵观这段历史，这一事件的基本事实是下面这样的。

(1) 在 17 世纪 60 年代中期，牛顿已经发现了他的流数方法。他在 1669 年修改完成的一篇名为《运用无穷多项方程的分析学》的论文中描述了它，到了 1671 年，这一论文被扩充为《流数术与无穷级数》。这些论文都是在英国数学家特定的圈子里交流的，而且没有发表，因此并没有很多人知道。看到过这些东西的人立即意识到牛顿的强大，有人把他描述为"非常年轻……却非同寻常的天才和行家"。[8]

(2) 在 17 世纪 70 年代中期，也就是足足十年后，莱布尼茨提出了本质上相同的方法。由于一次外交任务，1676 年他来到伦敦，看到了一份牛顿的《运用无穷多项方程的分析学》的手稿。

(3) 大约就在这个时候，莱布尼茨收到了牛顿的两封信，就是现在所说的《前信》和《后信》。在这两封信中，牛顿阐述了他关于无穷级数的一些思想以及关于流数的一些思想，但是相当隐晦。

(4) 1684 年，莱布尼茨发表了关于微分学的第一篇论文，就是我们在第 D 章一开始介绍的那篇。在这篇论文中，莱布尼茨只字未提早在八年前他看过牛顿的手稿或者与他的书信往来。当然也完全没有提到牛顿这个人。

但是，这并不意味着莱布尼茨剽窃了牛顿的东西（尽管这正是很多英国数学家表明的态度）。这份手稿的形迹确定莱布尼茨尽管与牛顿接触过，但是他独立发现了微积分原理，而且堂堂正正地分享这一发现的荣誉。因为牛顿习惯秘而不宣，所以莱布尼茨在 1684 年的论文毫无疑问成了学术界了解这一优美学科的源头。

显然，两位当事人都有错。如果牛顿在他完成相关发现与莱布尼茨发表论文这中间的二十年里的任何时候发表他的研究成果，那么优先权的问题也就不存在了。因为保持沉默，牛顿招来了麻烦。对于莱布尼茨来说，如果他承认接触过牛顿的文件，那么他就能更令人信服地得到他应该得到的这份信任。又是因为沉默，莱布尼茨让整个世界都以为他是唯一的发现者。随着这场争吵不断升温，他不断承受着自己的不诚实带来的困扰。

在 1684 年莱布尼茨发表论文之后，牛顿开始抱怨优先权的事，而且这些牢骚渐渐演变成一触即发的愤怒。在牛顿看来，只有第一发现者才有资格得到认可（即使发现者花费了很大努力来隐蔽他的工作以避开公众的视线）。[9] 1699 年，牛顿在 1676 年给莱布尼茨的两封信被公之于众，英国人都相信他们已经发现了"确凿的证据"，或者用一句当时的行话，即发现了"确定的武器"来证明后者的学术剽窃行为。

在那之后，局势逐渐恶化，一片混乱。谴责之声如潮水般涌来，各自忠实的粉丝分别加入这两个主要人物的阵营，他们之间的唇枪舌剑弥漫整个英吉利海峡。在我们看来，这似乎相当不合适，但是我们的看法是第三者的看法，没有受到当时那种激情的感染，也不会被英国人和他们的欧洲大陆对手的国籍所左右。

为了感受一下这场舌战的战况，我们看一下双方投出的"手榴弹"。一位英国的牛顿追随者把这场战役写成 1708 声明，并不计后果地把它发表在英国皇家学会的《哲学学报》上：

所有这些（结论）都来自新近名声大噪的流数算术，毫无疑问，它是牛顿先生第一个发现的，任何读过他的信件的人……都很容易这样确定；这一算术后来以不同的名字和不同的记法被莱布尼茨先生发表在《教师学报》上。[10]

然而，律师也许会分辩说这里没有明确指控剽窃，但对牛顿思想的引用以"不同的记法""被莱布尼茨先生发表……"意思相当清楚。莱布尼茨也这样想。于是他大声向英国皇家学会提出抗议，抗议认可这样的攻击性的声明。

这是令他终生遗憾的上诉。作为回应，英国皇家学会组织了一个委员会来调查这场优先权的争论。他们的报告发表于 1713 年，标题是《委员会报告》，这份报告从各个方面都支持了牛顿。它表明莱布尼茨在 1677 年之前根本没有提到微积分，之后他收到了牛顿的信件而且还看了牛顿的手稿。《委员会报告》的结论显然是：莱布尼茨窃取了这位大师的想法。然而，当人们意识到牛顿是皇家学会的会长，而这份报告大部分是他自己写的时，这种刺眼的结论在一定程度上失去了它的影响力。

谴责和反诉仍在持续。不久，一份支持莱布尼茨的匿名海报在欧洲大陆上出现。在这张海报上，你可以发现这样一段话：

牛顿自己占有了这份本应属于第一个创建了微分学的莱布尼茨的荣誉……对事件早期经过一无所知的吹捧者深深影响了他，而他也被追求名利的心态所左右，夺取了本不应得的那部分成果……他甚至渴望得到全部，这就是他既不公平也不诚实的心理的表现。[11]

从这段话的意思不难看出，正是他牛顿不诚实地抢了莱布尼茨的风头，而不是反之。当然，受到这样可笑的谴责就是牛顿拒绝发表成果所付出的代价。后来的调查发现，这份匿名攻击的作者就是戈特弗里德·威廉·莱布尼茨本人，对此我们应该不会感到惊讶。

反思这段历史，所有时代中最伟大的两位数学家之间的这种相互谴责在欧洲知识史中写下了悲伤的一章。如此天才之人做出这种相互人身攻击的无耻行径，不会给后世更谦逊的知识分子带来好影响。整个事件给牛顿、莱布尼茨、数学乃至整个学术界带来了极大的困扰。

这样极不体面的争吵使牛顿的形象受损，至少在某种程度上是这样的。在接下来的几十年，他的注意力转到了炼金术和神学。

当然，炼金术是中世纪人们从事的研究，科学家和魔术师想要把普通的化学制品变成金子。牛顿阅读了大量关于这一问题的资料，在他自己制造的炉子旁边花费了大量时间，坚持不懈地把化学制品加热，然后寻找黄金的闪光。与流数研究相比，牛顿对他的炼金术似乎更遮遮掩掩，尽管如此，他的炼金术笔记最终达到近一百万字。

他的神学作品同样数量众多。牛顿是仔细研读《圣经》的大师，喜欢识别预言，联结似乎不相关的段落。他的笔记包含耶路撒冷的神庙的平面设计图，这是他依据《圣经》的相关段落整合而成的。他还发表了《但以理书》和《圣·约翰启示录》两卷本等著作。这显然是他主要关注的一个问题。

遗憾的是，尽管无论是数学还是物理学都因牛顿的著作而彻底丰富起来，但是他在神学方面的遗产却没有保存下来，而且令人把炼金术士都看成江湖骗子。人们很想知道：如果牛顿在这些事情上投入的时间少一些，那么他还可能取得哪些科学成就？

现在我们说一件事，一件只有他这样的天才才能做的事情，即所谓的求方程的近似解的"牛顿方法"。下面描述的这种形式精确说来不是牛顿在 17 世纪 60 年代发现的那个方法。约瑟夫·拉夫逊和托马斯·辛普森分别在 1690 年和 1740 年对他的方法加以修改，因此牛顿的方法传到我们手中时，看起来已经有某种程度的不同了。但即使是修改版，其精髓部分还是他的。

眼下这个问题就是整个数学中最基础的问题之一：求解一个方程。很多数学旅程最终都要经过这一点，然而代数过程因受限于代数自身的能力而无法提供精确的解。例如，二次方程求根公式表明方程 $7x^2 - 24x - 19 = 0$ 的解是

$$\frac{12 + \sqrt{277}}{7} \quad \text{和} \quad \frac{12 - \sqrt{277}}{7}$$

但是没有代数技术可以给出下面方程的精确解

$$x^7 - 3x^5 + 2x^2 - 11 = 0$$

如果我们真需要求解这样一个方程该怎么办？当一位数学家遇到这样一个不可解的问题时该怎么办？

其策略是瞄准一个稍低些的目标。如果这个方程的精确解是不可能得到的，那么我们尝试求一个近似解。毕竟，精确到十位小数的解对任何实际需要都应该足够了。另外，如果这个近似技术也相当简单，如果它自身拥有自己的理论基础，如果它可以被反复使用从而得到更精确的估测值，那么这个过程几乎可以与精确方法相媲美。还好，这些性质恰好是牛顿方法的特色。

在继续之前，我们观察到上面这两个方程的右边是零。这不是偶然的，因为我们可以保证在运用这个方法之前把方程变成这种形式。当然，只要把所有项都移到等号左边就可以做到这一点，即不是处理方程 $x^3 + 3x = 7x^5 - x^2 + 2$，而是让它的项都穿过等号向左边移动从而得到等式

$$-7x^5 + x^3 + x^2 + 3x - 2 = 0$$

因此得到所需的形式 $f(x) = 0$。在以下的过程中我们都是这样做的。

此时，我们稍微需要一点几何知识。考虑 $y = f(x)$ 的图像，如图 K-1 所示。求解方程 $f(x) = 0$ 相当于求函数图像与 x 轴相交时交点的 x 值。这样的点的横坐标称为函数的 x **截距**，在图 K-1 中它被标识为

c。如果我们能够（至少近似地）确定 c, 就将（至少近似地）解得方程 $f(x) = 0$。

牛顿方法要求我们首先猜测一个解。在图 K-1 中, 我们把第一个猜测值标识为 x_1。本质上, 设 $x_1 \approx c$, c 是实际解。从图示可以看出这个估测值不是非常好, 因为 x_1 比 c 小很多, 但是不要担心。牛顿方法的天才部分就是它提供了一个方案, 这个方案伴随我们的每一次使用都能改进这一估测值。

从水平轴上的 x_1 点开始, 垂直向上看, 我们在曲线 $y = f(x)$ 上找到对应的点 A。这个点有对应的坐标 $(x_1, f(x_1))$。如图 K-1 提示的那样, 我们画出曲线在点 A 处的切线。就是在这里, 微分学进入这张图中, 因为根据第 D 章, 这条切线的斜率是这个函数在点 $x = x_1$ 处的导数。用符号表示, 这条切线的斜率是 $f'(x_1)$。

现在, 想象从左到右沿着曲线下降。最理想的是我们可以继续沿着下降的趋势走下去, 直到遇到这个方程的精确解 c。但是, 因为不知道这个精确解, 所以我们选择在点 A 处离开曲线, 并沿着切线向下移动。这条切线与 x 轴的交点 x_2 虽然不是精确的点 c, 但是至少比我们的第一个估测值 x_1 离 c 更近些。

上文讲述了牛顿方法的几何本质。但是, 我们如何用代数方法确定新的估测值 x_2 呢? 答案是从两个不同角度考虑这条切线并使结果相等。正如提示的那样, 这条切线的斜率是导数 $f'(x_1)$。另外, 任

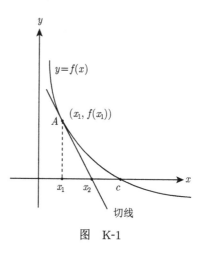

图　K-1

意一条直线的斜率可以由下面的表达式给出：

$$斜率 = \frac{垂直上升量}{水平移动量} = \frac{y_2 - y_1}{x_2 - x_1}$$

正如图像所表明的那样，这条切线经过点 $(x_1, f(x_1))$ 和 $(x_2, 0)$。因此它的斜率是

$$\frac{0 - f(x_1)}{x_2 - x_1} = -\frac{f(x_1)}{x_2 - x_1}$$

令斜率的这两个表达式相等，我们求得 x_2：

$$f'(x_1) = 切线的斜率 = -\frac{f(x_1)}{x_2 - x_1}$$

所以有

$$x_2 - x_1 = -\frac{f(x_1)}{f'(x_1)}$$

这表明

$$x_2 = x_1 - \frac{f(x_1)}{f'(x_1)}$$

因此，我们得到了求 x_2 的表达式，这是 c 的更好的估测值，这要依赖于：(1) 我们前面猜测的 x_1 的值；(2) 函数 f 在点 x_1 处的值；(3) 导数 f' 在点 x_1 处的值。当然，我们仍不知道 c 的精确值，但是利用这个公式就可以改进这个近似值。

如果 x_2 不够精确怎么办呢？我们再一次简单地运用整个推理过程，这一次从 x_2 开始。这一次生成一个更好的估测值

$$x_3 = x_2 - \frac{f(x_2)}{f'(x_2)}$$

如图 K-2 所示。从图中可以看到，我们的近似解 x_3 与真解 c 之间的差距非常小。当然，我们还可以再一次运用这个过程。一般地，如果

x_n 是第 n 步时的近似值, 那么
这个近似值是

$$x_n = x_{n-1} - \frac{f(x_{n-1})}{f'(x_{n-1})}$$

这个公式具体说明了我们所说
的牛顿方法。

下面给出两个例子。假设希
望近似估计 $\sqrt{2}$。正如我们将在
第 Q 章看到的那样, 十位小数
或者千万位小数都不能给出它

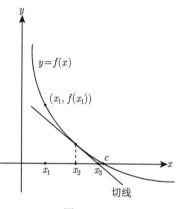

图 K-2

的精确值。然而我们经常需要估计 $\sqrt{2}$ 精确到小数点后相当多位数
的值。

今天, 你可以简单地使用计算器让机器做计算。然而在某种意义
上, 这回避了一个问题, 即计算器是如何找到 $\sqrt{2}$ 的呢? 换个方式, 如果
是我们的话, 如何能够得到这个答案呢?

最好的方法是运用牛顿方法。我们首先注意到 $\sqrt{2}$ 是方程 $x^2 = 2$
或者等价地, $x^2 - 2 = 0$ 的解; 此时我们已经采用了形式 $f(x) = 0$, 其
中 $f(x) = x^2 - 2$。在第 D 章, 我们已经证明 x^2 的导数等于 $2x$, 任意
常数的导数 (即斜率) 等于零。因此 $f'(x) = 2x - 0 = 2x$。

于是, 牛顿方法说, 如果 x_1 是我们对 $x^2 - 2 = 0$ 的解的第一个估
测值, 那么第二个估测值是

$$x_2 = x_1 - \frac{f(x_1)}{f'(x_1)} = x_1 - \frac{x_1^2 - 2}{2x_1}$$

如果我们化简, 上面的表达式变成

$$x_2 = \frac{2x_1^2 - (x_1^2 - 2)}{2x_1} = \frac{x_1^2 + 2}{2x_1}$$

类似的推理运用于近似值 x_n 就得到

$$x_n = \frac{x_{n-1}^2 + 2}{2x_{n-1}}$$

现在只剩下 $\sqrt{2}$ 的第一次估测。比较合理的选择是 $x_1 = 1$。然后，我们重复运用牛顿方法：

$$x_2 = \frac{x_1^2 + 2}{2x_1} = \frac{1+2}{2} = \frac{3}{2}$$

$$x_3 = \frac{x_2^2 + 2}{2x_2} = \frac{(9/4) + 2}{3} = \frac{17/4}{3} = \frac{17}{12}$$

$$x_4 = \frac{x_3^3 + 2}{2x_3} = \frac{(289/144) + 2}{17/6} = \frac{577/144}{17/6} = \frac{577}{144} \times \frac{6}{17} = \frac{577}{408}$$

$$x_5 = \frac{x_4^2 + 2}{2x_4} = \frac{(332\ 929/166\ 464) + 2}{577/204} = \frac{665\ 857}{470\ 832}$$

把上面的这些分数都化成小数, 生成一系列近似值

$$x_1 = 1.000\ 000\ 000 \ldots$$
$$x_2 = 1.500\ 000\ 000 \ldots$$
$$x_3 = 1.416\ 666\ 666 \ldots$$
$$x_4 = 1.414\ 215\ 686 \ldots$$
$$x_5 = 1.414\ 213\ 562 \ldots$$

事实上, 精确到九位小数时 $\sqrt{2} = 1.414\ 213\ 562\ldots$, 所以牛顿方法重复四次产生了九位的精确度。另外, 这种一步的结果是下一步的输入的重复方案被程序员称为"循环"。它使得牛顿方法在计算机上变得快速而高效。

另一个例子是牛顿自己给出的。在 1669 年首次描述这一方法的论文（当然没有出版）中, 他给出了一个三次方程 $x^3 - 2x - 5 = 0$。为了求近似解, 我们设 $f(x) = x^3 - 2x - 5$, 因此根据第 D 章的微分法则有

$f'(x) = 3x^2 - 2$。于是，牛顿方法告诉我们，如果 x_{n-1} 是这个解的当前估测值，那么下一个估测值是

$$x_n = x_{n-1} - \frac{f(x_{n-1})}{f'(x_{n-1})} = x_{n-1} - \frac{x_{n-1}^3 - 2x_{n-1} - 5}{3x_{n-1}^2 - 2} = \frac{2x_{n-1}^3 + 5}{3x_{n-1}^2 - 2}$$

这里，第一个合理猜测值是 $x_1 = 2, f(2) = 2^3 - 2 \times 2 - 5 = -1$，这个值相当靠近 0。把这一过程运用三次得到

$$x_1 = 2$$

$$x_2 = \frac{2 \times 2^3 + 5}{3 \times 2^2 - 2} = \frac{21}{10} = 2.1$$

$$x_3 = \frac{2 \times 2.1^3 + 5}{3 \times 2.1^2 - 2} = \frac{23.522}{11.23} \approx 2.094\ 568\ 121$$

$$x_4 = \frac{2 \times 2.094\ 568\ 121^3 + 5}{3 \times 2.094\ 568\ 121^2 - 2} = \frac{23.378\ 643\ 93}{11.161\ 646\ 84} \approx 2.094\ 551\ 482$$

所以我们得到近似解 $x = 2.094\ 551\ 482$。把它代入原来的三次方程，我们得到 $x^3 - 2x - 5 = 2.094\ 551\ 482^3 - 2 \times 2.094\ 551\ 482 - 5 \approx 0.000\ 000\ 001$，这个值非常接近 0。重复三次使用牛顿方法就非常简单而有效地击中了答案。牛顿自己似乎也对这个技术相当满意并写道："我不知道这个求方程解的方法是否能够广为人知，但可以肯定的是，与其他人的方法相比较，它既简单又实用……而且必要时人们很容易想到它。"[12]

为谨慎起见，我们还应该提醒大家一句：尽管有了前面的几个例子，但是很多时候，在我们使用牛顿方法时需要格外小心。例如，考虑三次方程 $x^3 = x^2 + x + 1$。如前面的操作，我们把所有项都移到等号左边并写成 $f(x) = x^3 - x^2 - x - 1 = 0$。第 D 章的导数法则告诉我们 $f'(x) = 3x^2 - 2x - 1$。

假设现在我们选 $x_1 = 1$ 作为第一个估测值，并把它代入上面那个关键公式，得到

$$x_2 = x_1 - \frac{f(x_1)}{f'(x_1)} = 1 - \frac{f(1)}{f'(1)} = 1 - \frac{-2}{0}$$

但是除数是 0 的除法在任何数学过程中都是不允许的。表达式 $(-2)/0$ 没有意义。牛顿方法失败了。

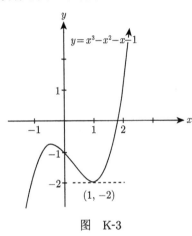

图 K-3

如果我们返回到原来的理论，很容易发现错误所在。在图 K-3 中，我们画出了 $y = f(x) = x^3 - x^2 - x - 1$ 的图像，并标识出第一个估测值 $x_1 = 1$。因为 $f(1) = -2$，所以我们向下标出点 $(1, -2)$，画出切线，并设下一个估测值 x_2 是这条切线与 x 轴的交点。但是此时这条切线是水平的，它与 x 轴平行。因为这条切线与 x 轴从不相交，牛顿方法需要的交点 x_2 不存在。

还好，这样的瑕疵很容易修正。牛顿方法的完美特性之一就是它自己包含修正机制。我们只需取不同的初始估测值就可以了，例如 $x_1 = 2$，并让这个方法计算出一连串近似值：

$$x_2 = 1.857\ 142\ 857\ldots$$
$$x_3 = 1.839\ 544\ 512\ldots$$
$$x_4 = 1.839\ 286\ 812\ldots$$
$$x_5 = 1.839\ 286\ 755\ldots$$

已经足够了，$x \approx 1.839\ 286\ 755$ 以很高的精确度满足原来的三次方程。

今天有一个非常重要且非常有用的数学分支被称为数值分析，它就是瞄准了近似过程的优点。这门学科已变得非常巧妙且非常深入，但是它的标志就是牛顿方法。这是数学的伟大定理之一，也是微积分最广泛应用的案例之一。

　　我们针对牛顿及其伟大的数学生涯再说最后一句话，作为本章的结束。正如前面提到的那样，他不是没有人格缺陷，有些学者甚至把他神秘、神经质的特性当作一种疯狂的迹象。但是，用莎士比亚的一句话解释说：即便这是疯狂，那也是有（牛顿的）章法的。

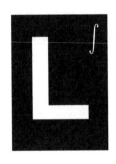

被遗忘的
莱布尼茨
ost Leibniz

正如前一章讲到的那样，艾萨克·牛顿堪称所有时代最伟大的数学家之一。他的成就无数，而其中超越所有人的成就是开创了微积分。

他与同时代人莱布尼茨一起分享这一荣誉。事实上，是莱布尼茨给出了这门学科的明确记法甚至是名字。然而，因牛顿率先开创了微积分而把他置于数学巨匠名单之首的学者们却常常忽视莱布尼茨，尽管他也开创了微积分。在某种程度上，莱布尼茨似乎被遗忘了。这不仅不公平也很不幸，因为在很多方面，莱布尼茨的故事和牛顿的一样，也非常引人注目。

1646 年戈特弗里德·威廉·莱布尼茨（Gottfried Wilhelm Leibniz）出生于莱比锡。还是个孩子的时候，他就显示出广泛的阅读兴趣，而且他似乎拥有以惊人的速度学习任何东西的能力。莱布尼茨也许是一位令人难忘的学者，他在十五岁那年进入大学。三年后他得到了学士和硕士学位，不久之后得到了阿尔特多夫大学的法学博士学位，大有"一览众山小"的气势。

与此同时在剑桥大学，牛顿正在夜以继日地研究他那非凡的流数。而莱布尼茨尽管完成了很多学科的学习，但是此时他对数学还是知之甚少。几十年后他回忆说："1672 年，当我到达巴黎时，我自学了几何，我的确对此学科知道的很少，对这门学科，我没有耐性去看那一长串的证明。"[1] 甚至欧几里得对他来说都是个很神秘的人物，当时他碰巧看到了笛卡儿的《几何》，他发现它太难了。[2] 没有人能够想到仅在几年内，莱布尼茨的诸多发现会使他跻身数学巨人之列。

法律占据了莱布尼茨接下来十年的大好时光。他受雇为美因茨选帝侯的顾问，并以这一身份承担外交使命，于 1672 年 3 月前往巴黎。事实证明，这一工作是他人生中重要的经历。这位年轻的外交官醉心于他在那里感觉到的美术、文学和科学的活力。他爱上了巴黎以及这一时期巴黎所展示出的一切，爱上了"太阳王"的都城。

在法国首都居住的众多知识分子当中，对莱布尼茨影响最大的是荷兰科学家克里斯蒂安·惠更斯（Christiaan Huygens, 1629—1695）。在这一重要时期，惠更斯充当着良师益友的角色，他想要评估一下这位年轻朋友的数学敏感性，于是向莱布尼茨发出挑战，要求他求解下面的无穷级数的和

$$1 + \frac{1}{3} + \frac{1}{6} + \frac{1}{10} + \frac{1}{15} + \frac{1}{21} + \frac{1}{28} + \frac{1}{36} + \cdots$$

（第 n 个分数的分母是前 n 个正整数之和。）

莱布尼茨仅凭着自身的聪明而不是过去已有的训练在实验几次后把这个级数重写成

$$1 + \frac{1}{3} + \frac{1}{6} + \frac{1}{10} + \frac{1}{15} + \frac{1}{21} + \frac{1}{28} + \cdots$$
$$= 2\left(\frac{1}{2} + \frac{1}{6} + \frac{1}{12} + \frac{1}{20} + \frac{1}{30} + \frac{1}{42} + \frac{1}{56} + \cdots \right)$$

然后，把括号中的每一个分数表示成两个分数，他把上式右边变成

$$2\left[\left(1-\frac{1}{2}\right)+\left(\frac{1}{2}-\frac{1}{3}\right)+\left(\frac{1}{3}-\frac{1}{4}\right)+\left(\frac{1}{4}-\frac{1}{5}\right)+\left(\frac{1}{5}-\frac{1}{6}\right)\right.$$
$$\left.+\left(\frac{1}{6}-\frac{1}{7}\right)+\cdots\right]=2\times1=2$$

方括号中第一项之后的所有项都消掉了。用这样的方法，他正确地计算得到

$$1+\frac{1}{3}+\frac{1}{6}+\frac{1}{10}+\frac{1}{15}+\frac{1}{21}+\frac{1}{28}+\frac{1}{36}+\cdots=2$$

这位数学新手已通过了惠更斯的测试。关于这个问题在莱布尼茨的生涯中所起的作用，历史学家约瑟夫·霍夫曼发表了评论，他说："那个例子如果再稍微难一点（莱布尼茨解不出来），那毫无疑问将浇灭他对数学的热情。"[3] 若是如此，成功就不会光顾他。

莱布尼茨不仅解决了一个问题。因被无穷级数所吸引，他思考了很多其他例子。后来他说，对这样一些和的研究，显然是他发现微积分的关键。[4] 这已成为莱布尼茨数学的标志，他就是要寻求一个基本原则，该原则能够把诸多类似问题组成的一大类问题统一起来。在很大程度上，他的天才赋予了他这样的能力，能够发现连接似乎不相关的特殊例子的一般法则。实现这样的分析需要敏锐的智慧，而莱布尼茨当然拥有这样的智慧。

他的工作的第二个特点是重视好的数学记法。他推行一套收集了很多符号和法则的"人类思维字母"，如果能够照其行事，它也许会确保人们在数学乃至日常生活中做出正确的推理。尽管这一宏伟计划从来没有变成现实，但被视为现代符号逻辑的前身。尽管莱布尼茨没有成功地符号化人类的思维，但是他引入的微积分记法却一直沿用至今。

在巴黎，他的智力旅行不断加速。他惯于博览群书，而且他的外交工作也对此带来影响，但是他还是很快进入数学的前沿阵地。到了1673

年春天, 他正式开始自己的研究。莱布尼茨回忆说:"此时我已经为自己独立前进做好了准备, 因为我读(数学)几乎如同他人读浪漫故事一样。"[5]

戈特弗里德·威廉·莱布尼茨
(拉法耶特学院图书馆惠允)

现在, 有些发现被认为是出于好奇心。例如, 他解决了一个富有挑战性的问题, 找到了和为完全平方且其平方和为完全平方的平方的三个数(这类神秘问题在他那个时代很流行)。莱布尼茨发现的数是 64、152 和 409, 它们的和是 $64 + 152 + 409 = 625 = 25^2$, 这是一个完全平

方，而它们的平方和是

$$64^2 + 152^2 + 409^2 = 194\ 481 = 441^2 = (21^2)^2$$

这是一个平方的平方。他是如何发现这些数的并不重要，我们要强调的是：他不是通过猜测得到的。[6] 莱布尼茨还发现了下面这个古怪的公式

$$\sqrt{1 + \sqrt{-3}} + \sqrt{1 - \sqrt{-3}} = \sqrt{6}$$

这个公式不仅令世界上某些大数学家感到困惑（某种意义上也包括莱布尼茨自己），而且还帮助普及了虚数，这是第 Z 章的主题。[7]

　　这一切只是莱布尼茨数学生涯伟大篇章的序曲。随着在他巴黎寓所的工作的进展，他不断深入研究，到了 1675 年的秋天，他已经拥有这个"新方法"，也就是我们现在所说的微积分。这段时光对他来说是愉快的，而对数学来说是非常重要的。当现代观光客在巴黎的街道上散步时，他们总是会想到诞生于这座伟大城市的美术、音乐和文学作品，维克托·雨果或图卢兹-洛特雷克这样的人物好像重生了。但是，很少有人会意识到在三个多世纪前，同样的林荫道也见证了微积分的诞生。如果巴黎造就了伟大的艺术，它同样也造就了伟大的数学。很少有人意识到这一点，这也表明了莱布尼茨被严重遗忘了。

　　他的外交使命从 1672 年开始持续到 1676 年秋天，这年秋天他回到他的祖国德国。正是在德国，他于 1684 年发表了微分学的第一篇论文。两年后，第二篇论文介绍了这门学科的另一个分支——积分学，这将是本章剩余部分的内容。

　　正如我们已看到的那样，微分学研究的是曲线的斜率，而积分学描述的是曲线下面的面积。提到面积，积分所攻克的问题起源于几千年前。

我们的讨论从一个一般函数开始, 它的图像位于水平轴之上。积分学的目标是确定这个坐标轴上任意两点间曲线 $y = f(t)$ 下阴影部分的面积, 比如说在图 L-1 中, 是从左边的 $t = a$ 开始到右边的 $t = x$ 之间的阴影部分。(在下文中, 我们使用 t 而不是 x 表示自变量, 这是出于记法的方便, 而且事实证明这很有用。)

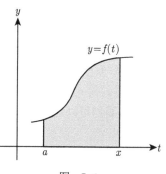

图 L-1

我们前面已经求得诸如圆(第 C 章)、梯形(第 H 章)等一类图形所围成的面积。但是, 那时对于每一个不同图形都需要一个不同的公式。相对而言, 积分采用更一般的视点, 寻找一个统一的方法求任意函数界定的面积。这是一个更具野心的目标。

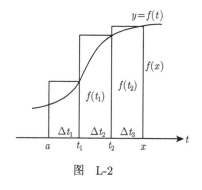

图 L-2

当你面对某种不知道的东西时, 一个合理的起点就是回想这样的忠告:尝试着把它与已知的东西联系起来。因此, 我们处理这个不规则的阴影部分面积的方法就是从处理更简单的已知图形面积开始, 此时我们从普通的矩形开始。

如图 L-2 所示, 点 t_1 和 t_2 把 a 到 x 的水平区间分成三个更短的线段, 称为**子区间**。我们把这三个子区间的长度记为

$$\Delta t_1 = t_1 - a, \quad \Delta t_2 = t_2 - t_1, \quad \Delta t_3 = x - t_2$$

接下来, 在每个子区间上构造矩形。当然, 不是任何矩形都可以,

它必须与曲线 $y = f(t)$ 有关联才可以。所以选择 a 到 t_1 这个区间上的矩形的高是函数在 t_1 处的值。用符号表示，左边这个矩形的高是 $f(t_1)$。因此这个矩形的面积是高 × 底 $= f(t_1)\Delta t_1$。类似地，中间这个矩形的高是 $f(t_2)$，面积是 $f(t_2)\Delta t_2$，而右边的矩形的高是 $f(x)$，面积是 $f(x)\Delta t_3$。

这样，我们可以近似求得原来曲线下的面积，即它等于这三个矩形的面积之和：

$$\text{曲线下的面积} \approx \text{矩形面积之和} = f(t_1)\Delta t_1 + f(t_2)\Delta t_2 + f(x)\Delta t_3$$

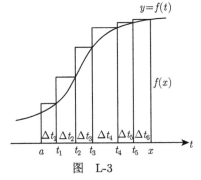

图 L-3

显然这个值是图 L-1 中阴影面积的相当粗略的近似。如何改进它呢？

合适的技巧显然就是取更多、更窄的矩形。在图 L-3 中，我们不再把从 a 到 x 的区间分成三个子区间，而是分成六个子区间，Δt_1，$\Delta t_2, \cdots, \Delta t_6$，然后分别作其上的六个"更瘦"的矩形。于是，我们有

$$\text{曲线下的面积} \approx \text{矩形面积之和} = f(t_1)\Delta t_1 + f(t_2)\Delta t_2 + \cdots + f(x)\Delta t_6$$

这是一个改进结果，因为矩形更窄，所以这个结果更接近曲线下的面积。

为什么到 6 就停止呢？采用更一般的观点，把从 a 到 x 的区间分成 n 个子区间，它们是 $\Delta t_1, \Delta t_2, \cdots, \Delta t_n$，在每个子区间上构建矩形，得到下面的近似值：

$$\text{曲线下的面积} \approx \text{矩形面积之和} = f(t_1)\Delta t_1 + f(t_2)\Delta t_2 + \cdots + f(x)\Delta t_n$$

n 越大，矩形就越窄，它们对问题中的面积的估测就越准确。但是即使有一千个窄矩形带也不可能给出曲线下的精确面积。为了使这个面积更精确，我们必须利用极限的思想。

回想一下第 D 章中出现的极限, 在那里它们对定义导数起到了关键的作用。此时极限又是积分的关键思想。不要止于一千或者一百万个矩形, 我们让它们的数量没有限制地增加, 甚至让它们的宽度逼近零。这样做以后, 我们将定义曲线下的面积, 即

$$曲线下的面积 = \lim[f(t_1)\Delta t_1 + f(t_2)\Delta t_2 + \cdots + f(x)\Delta t_n]$$

这里我们取当所有子区间的长度趋近于零时的极限。在取极限之后, 我们可以把 ≈ 替换成 =, 而且可以去掉限定词 "近似" 面积; 当取过极限之后, 其最终的面积就是精确的了。

按照莱布尼茨的习惯, 他引入了一个新符号。他把曲线下的面积表示成 $\int$, 这是 "sum" 中被拉长的 "S", 表示矩形面积和。有趣的是, 我们知道他选择这一记法的日期是 1675 年 10 月 29 日。[8] 从此以后, 曲线 $y = f(t)$ 下方在 $t = a$ 和 $t = x$ 之间的面积表示成

$$\int_a^x f(t)\mathrm{d}t$$

这就是**积分**, 它是由上述矩形面积之和的极限定义的, 而且求这个积分的过程称为**积分法**。无疑它是高等数学的基础概念之一。

下面举一个例子。假设我们希望求直线 $y = f(t) = 2t$ 下从 $t = 0$ 到 $t = 1$ 的面积, 如图 L-4 的阴影部分所示。此时这个区域就是简单的三角形, 所以我们可以直接求它的面积而不必求助积分学。这个三角形底是 1, 高是 2, 所以它的面积是

$$\frac{1}{2}bh = \frac{1}{2}(2 \times 1) = 1$$

我们可以用另一种方法确定这块区域的面积（估计能够得到相同的答案）, 即利用积分求面积。图 L-5 表明当把从 0 到 1 的这个区间分成五个相等的子区间, 并引入相关的矩形时所得到的情况。

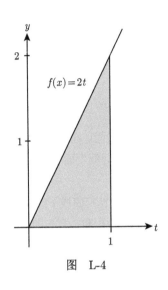

图　L-4

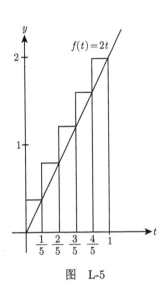

图　L-5

　　显然这五个矩形的面积之和大于我们要求的三角形面积，但是至少它提供了第一个估测值。每一个矩形的底都是 1/5，它们的高分别是

$$f\left(\frac{1}{5}\right) = \frac{2}{5}, \quad f\left(\frac{2}{5}\right) = \frac{4}{5}, \quad f\left(\frac{3}{5}\right) = \frac{6}{5}, \quad f\left(\frac{4}{5}\right) = \frac{8}{5}, \quad f(1) = 2$$

因此

$$
\begin{aligned}
\text{矩形面积之和} &= \left(\frac{1}{5} \times \frac{2}{5}\right) + \left(\frac{1}{5} \times \frac{4}{5}\right) + \left(\frac{1}{5} \times \frac{6}{5}\right) \\
&\quad + \left(\frac{1}{5} \times \frac{8}{5}\right) + \left(\frac{1}{5} \times 2\right) \\
&= \frac{2}{25} + \frac{4}{25} + \frac{6}{25} + \frac{8}{25} + \frac{10}{25} \\
&= \frac{2}{25}(1 + 2 + 3 + 4 + 5)
\end{aligned}
$$

$$= \frac{2}{25} \times 15 = \frac{6}{5} = 1.20$$

如预测的那样, 这个和显然大于这个三角形的精确面积 1。

注意, 在这个推导的倒数第二行, 我们遇到了五个正整数之和。事实上, 如果我们把这个 0 到 1 的区间分成 n 等份, 完全同样的推理表明

$$矩形面积之和 = \left(\frac{1}{n} \times \frac{2}{n} \right) + \left(\frac{1}{n} \times \frac{4}{n} \right) + \left(\frac{1}{n} \times \frac{6}{n} \right)$$
$$+ \cdots + \left(\frac{1}{n} \times 2 \right)$$
$$= \frac{2}{n^2} (1 + 2 + 3 + \cdots + n)$$

此时我们必须求 n 个正整数之和。还好, 在第 J 章中的 "无言的证明" 已告诉我们括号里的和是

$$\frac{n(n+1)}{2}$$

于是我们把这个和代入得到

$$矩形面积之和 = \frac{2}{n^2} (1 + 2 + 3 + \cdots + n) = \frac{2}{n^2} \times \frac{n(n+1)}{2}$$
$$= \frac{n^2 + n}{n^2} = \frac{n^2}{n^2} + \frac{n}{n^2} = 1 + \frac{1}{n}$$

用语言表述就是 n 个矩形的面积之和比 1 总共大 $1/n$。

当然, n 个矩形永远也不可能给出问题中的区域的精确面积。所以我们求当 n 趋近于无穷大时这个和的极限, 来得到精确面积

$$\int_0^1 2t \mathrm{d}t = \lim_{n \to \infty} 矩形面积之和 = \lim_{n \to \infty} \left(1 + \frac{1}{n} \right) = 1$$

因为当分母 n 无穷增大时, $1/n$ 趋近于零。

　　这就是前面我们用几何公式求得的答案。积分采用了一个非常迂回的途径才得到了相同的答案。但是其意义是，我们的几何公式只适用于三角形，而积分的思想适用于非常复杂的图形。利用积分，我们可以确定抛物线、双曲线和其他很多已超出初等几何范围的曲线下的面积。这个方法正是因为具有如此的一般性才显得威力强大。

　　不过，当函数变得更加复杂时，求矩形面积之和的过程以及求极限的过程也会变得相当复杂。如果我们的目标是能够自动且用相对直白的方法确定面积的话，那么捷径就是关键。17 世纪 70 年代中期在巴黎生活期间，莱布尼茨找到了这个捷径。

　　这个捷径就是我们现在所知道的**微积分基本定理**，这一非常特别的名字预示着这是一个非常重要的结果。这个定理是基本的，不仅因为它能够把对面积的估算转变成一个容易的问题，而且因为它把表面上不相关的导数和积分的概念联系起来。这个定理因此成为连接微积分的两个分支的重要纽带。

　　回到一般曲线 $y = f(t)$。如图 L-6 所示，考虑从 $t = 0$ 到 $t = x$ 之间曲线下阴影部分的面积。（选择以 0 为左端点反映了 17 世纪的一个普遍习惯，同时也使描述简单些。）设 $F(x)$ 表示这个面积，用莱布尼茨的记法：

$$F(x) = \int_0^x f(t)\mathrm{d}t$$

注意，F 实际上是 x 的函数，因为当 x 向右边移动的时候，$F(x)$ 或者说在 0 和 x 之间曲线下的阴影面积也随着变化。函数 F 就是一个"面积累加器"函数，它的值依赖于 x 被向右边放置多远。

　　我们的目标是寻找关于 F 的某类公式，使得只需把 x 代入 F 就可以确定这个面积

$$\int_0^x f(t)\mathrm{d}t$$

如果我们能够知道 F 的等式, 积分就自动完成了。

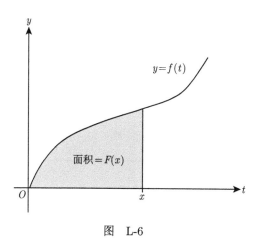

图　L-6

　　我们如何去寻找它呢? 真的很奇怪, 这个技巧不是直接去求 F 而是去求它的导数, 即我们要确定 $F'(x)$, 然后根据它去推断求 F 本身的公式。这样做好像太费周折了, 但是考虑其成果, 这些周折还是很值得的。

　　这里, 希望读者回到第 D 章看一下, 在那里讲述了导数的定义。根据导数的定义, F 的导数是

$$F'(x) = \lim_{h \to 0} \frac{F(x+h) - F(x)}{h}$$

所以我们取 h 的一个较小的值。根据 F 的定义, 我们知道 $F(x+h)$ 是曲线 $y = f(t)$ 在 $t = 0$ 和 $t = x+h$ 之间所围成的面积, 就如同 $F(x)$ 是曲线在 $t = 0$ 和 $t = x$ 之间所围成的面积。因此, $F(x+h) - F(x)$ (这就是上面导数表达式的分子) 是它们的面积之差; 总之, $F(x+h) - F(x)$ 是图 L-7 中阴影带的面积。

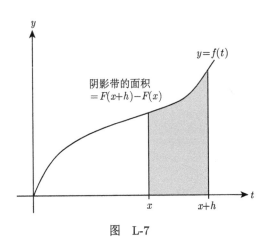

图 L-7

一般无法确定这块区域的确切面积，因为它的上方是以不规则曲线 $y = f(t)$ 的一部分为边界的。因此，我们没有办法，只能近似求解这块区域的面积。

为了做到这一点，画连接 $(x, f(x))$ 和 $(x+h, f(x+h))$ 的直线，如图 L-8 所示。结果得到一个梯形。它的底是 $f(x)$ 和 $f(x+h)$，而高（两个平行底之间的距离）是 h。因此，根据第 H 章中的梯形面积公式，我们求得

$$面积（梯形）= \frac{1}{2}h(b_1 + b_2) = \frac{1}{2}h[f(x) + f(x+h)]$$

现在，我们使用这个梯形面积近似求得图 L-7 中的不规则带的面积，即如果 F 是面积累加器函数，那么

$$F(x+h) - F(x) = 不规则带的面积 \approx 梯形的面积$$
$$= \frac{1}{2}h[f(x) + f(x+h)]$$

整理上式后得

$$\frac{F(x+h)-F(x)}{h} \approx \frac{\frac{1}{2}h[f(x)+f(x+h)]}{h} = \frac{f(x)+f(x+h)}{2} \quad (*)$$

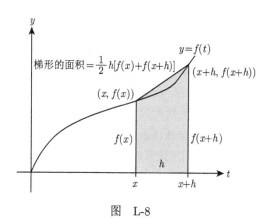

图 L-8

最后, 为了确定导数 $F'(x)$, 我们取当 $h \to 0$ 时这个表达式的极限。这样做了之后, 这个区域的面积和梯形近似面积的差就消失了。另外, 只要原来函数 f 性质相当好, 那么我们就会发现当 $h \to 0$ 时, $f(x+h) \to f(x+0) = f(x)$。最后把所有这些结果结合起来, 我们得到微积分的基本定理:

$$
\begin{aligned}
F'(x) &= \lim_{h \to 0} \frac{F(x+h)-F(x)}{h} \quad \text{根据导数的定义}\\
&= \lim_{h \to 0} \frac{f(x)+f(x+h)}{2} \quad \text{根据上面的式}(*)\\
&= \frac{f(x)+f(x)}{2} \quad \text{因为} f(x+h) \to f(x)\\
&= \frac{2f(x)}{2} = f(x)
\end{aligned}
$$

现在应该停下来回到我们的问题。这样长长的推理实际上实现了什么？

首先, 回想一下原来的目标：寻找下面积分的一个简单的表达式

$$F(x) = \int_0^x f(t)\mathrm{d}t$$

我们发现的不是 F 的等式而是其导数的等式。而且 $F'(x)$ 恰恰是 $f(x)$, 这就界定了我们要求的面积的函数。

为了以不同方式表示它, 我们需要求曲线 $y = f(t)$ 下方的面积。我们从 f 开始, 结合这个函数得到 F, 然后微分 F（即微分这个积分）再次得到 f。微积分基本定理说函数 f 的积分的导数是 f。这正如加法的逆运算是减法, 除法的逆运算是乘法一样, 微分与积分也互为逆运算。微积分的这两个伟大思想因此结合到了一起。微分和积分是同一枚硬币的两个面。

我们最后给出两个例子以示我们之前的努力都是值得的。第一, 返回图 L-4 中的三角形面积, 在那里我们不得不估算

$$\int_0^1 2t\mathrm{d}t$$

此时 $f(t) = 2t$, 我们设

$$F(x) = \int_0^x 2t\mathrm{d}t$$

微积分基本定理说 $F'(x) = f(x) = 2x$。换句话说, F 是导数为 $2x$ 的函数。在第 D 章中我们已明确指出 x^2 的导数是 $2x$, 所以我们得出结论 $F(x) = x^2$。

从这里开始, 图 L-4 中的三角形面积就很容易求了。我们知道

$$\int_0^x 2t\mathrm{d}t = F(x) = x^2$$

把 x 替换成 1, 我们得到

$$\text{三角形的面积} = \int_0^1 2t\mathrm{d}t = F(1) = 1^2 = 1$$

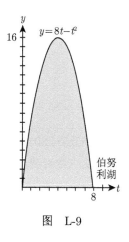

图 L-9

这就是之前我们已经两次得到的答案。所有结果似乎都是一致的。

说到第二个例子, 我们要回到第 B 章, 并回顾一下我们对蒙特卡罗方法的讨论。我们使用这个概率来估测曲线 $y = 8x - x^2$ 所围起来的湖的面积, 如图 L-9 所示。

利用刚刚发展的思想, 我们可以精确地确定这个湖的面积。注意, 这是抛物线下的面积。大部分人, 甚至是记得三角形或者梯形面积公式的人也没有办法求抛物线下的面积。这恰恰是积分学的工作。

我们把湖的面积表示成:

$$\int_0^8 (8t - t^2)\mathrm{d}t$$

(在这里, 表示构成湖岸的函数时, 我们使用的变量是 t 而不是 x。) 引入面积累加器函数

$$F(x) = \int_0^x (8t - t^2)\mathrm{d}t$$

对于这个问题, $f(t) = 8t - t^2$, 所以微积分基本定理告诉我们 $F'(x) = f(x) = 8x - x^2$。

根据第 D 章的导数法则以及数学家所谓的**反导数**, 我们得到

$$F(x) = 4x^2 - \frac{1}{3}x^3$$

这是因为 $4x^2 - \dfrac{1}{3}x^3$ 的导数是

$$4 \times 2x - \frac{1}{3} \times 3x^2 = 8x - x^2 = f(x)$$

于是, 根据基本定理, 有

$$\int_0^x (8t - t^2)\mathrm{d}t = F(x) = 4x^2 - \frac{1}{3}x^3$$

所以, 设 $x = 8$, 这个湖的面积为

$$\int_0^8 (8t - t^2)\mathrm{d}t = F(8) = 4 \times 8^2 - \frac{1}{3} \times 8^3 = 256 - \frac{512}{3} = 85.333\,3\ldots$$

回想一下, 利用蒙特卡罗方法估测, 这个湖的面积是 84.301。这个结果非常近似刚才得到的精确值 85.333 3..., 这表明大数定律和微积分基本定理都能够正确计算。

最后, 我们以两句忠告来结束本章。首先, 正如读者已经看到的那样, 完整的积分理论比我们在这里揭示的要复杂得多。我们所讨论的部分相当粗浅而且不严格, 因为其中的例子都是精选的, 而且还有很多逻辑不足。因此, 它只能反映早期不成熟的积分思想。当后来的数学家充分掌握了这一思想后, 他们遇到了令人难以理解的理论障碍, 而这些障碍直到 19 世纪的近代才得以解决。

我们的另一个忠告与本章关系更密切：戈特弗里德·威廉·莱布尼茨有资格分享属于他的荣耀。造化弄人, 莱布尼茨生活在牛顿的时代, 如果说牛顿这颗明亮的星星使莱布尼茨在公众记忆中的形象黯然失色, 那么也可以说, 牛顿这颗明星将使所有星星都失色。

但是, 数学界还是给莱布尼茨以充分的肯定。与牛顿一样, 他发现了微分和积分的伟大思想, 并且认识到微积分基本定理是二者之间的桥梁；与牛顿不同的是, 他与敏悟的世界分享了这些成果。因此, 莱布

尼茨启发了其他人，特别是伯努利兄弟，通过他们个人的研究和相互交流，他们构思了今天我们所知道的这门学科。就某些现实意义来说，我们的微积分是莱布尼茨的微积分。

该说的都说了，该做的都做了，在数学历史上这样一个重要时刻，重要的事实是这两位伟大的天才——牛顿和他的同辈莱布尼茨——同时发挥着作用，而不是一个人独领风骚。

数学人物
Mathematical Personality

　　本章内容有些老套。对整个团体的不恰当描绘可能会带来不公正，甚至可能遭到指控，但我们还是要在此插上几笔，探讨一下公众对数学人物的看法。

　　大街上普普通通的男男女女，当他们从各方面去描绘数学家时，可能会说数学家聪明、不实际、刻板、不善社交、全神贯注、沉默寡言、近视……或者更综合一点地形容：他们有点书生气。这是正确的评价吗？数学家是真的表现出这些个性特点，还是某些流传的错误观念的牺牲者呢？

　　几年前，受人尊敬的数学家，同时也是受人爱戴的教师、斯坦福大学教授乔治·波利亚（George Pólya）谈及了这个问题。根据一生的经验，波利亚总结出两个共同特征：(1) 数学家都有些心不在焉，(2) 数学家都行为古怪。[1] 这两点提供了很好的出发点。

　　心不在焉的说法似乎一语中的。很多关于数学家的民间传说都提到他们总是错过约会、投错重要论文或者丢失眼镜。例如, 有一个反复被讲的关于维托尔德·胡尔维茨（Witold Hurewicz）的传说, 他是一位非常有名的数学家, 一天开着车来到纽约, 停好车后去办事, 然后坐着火车回家了。第二天, 发现自家的停车位是空的, 胡尔维茨就打电话报警说发生了偷盗案。[2]

波利亚讲述了 20 世纪初期新到哥廷根大学的一位年轻数学教授的故事。这位新手希望去受人尊敬的数学家希尔伯特的家中表示一下敬意。他把自己好好打扮了一番, 然后敲响了希尔伯特家的门, 应邀进来做一下简短的介绍。这位年轻人摘下帽子, 落座, 开始喋喋不休地说起话来。他很快就超过了款待他的时间。希尔伯特正全神贯注地思考一个令人费解的数学问题。就这样过了几分钟后, 希尔伯特觉得自己已经想得很明白了。于是他站起身来拿起这位年轻人的帽子, 客气地说了声再见就离开了。你也许能够猜测到这位客人的反应——他呆呆地一个人坐在这位教授的客厅里。[3]

那些心不在焉的数学家的传说肯定不只局限于 20 世纪。阿基米德就是在洗澡时做出了重要的发现, 全身赤裸地跳出浴池, 兴奋无比地在大街上奔跑, 始终没有穿衣服。我们常听说艾萨克·牛顿在房间里工作非常投入, 以至于忘记吃给他送来的饭。有时, 当在餐厅走动时, 牛顿"漫不经心地走着, 趿拉着鞋, 袜子也没穿好, 披着一件大白袍, 头发根本没有梳理过"。[4]

还有 19 世纪伟大的心不在焉的数学家之一, 德国的彼得·古斯塔夫·勒热纳·狄利克雷。狄利克雷在哥廷根大学数学系是高斯的继承人, 人们经常不仅把他描述成心不在焉, 而且还说他是"出了名地"心不在焉。据说狄利克雷过于全神贯注, 以至于忘记告诉他的亲家他们的第一个孙子出生了。后来孩子的爷爷知道了这个消息后, 非常生气, 于是发牢骚说狄利克雷至少应该会写"2+1=3"吧。[5] 直到去世, 狄利克雷的心思也没有离开研究，他的确是极度心不在焉的人。

许许多多这一类故事似乎在说，走神是数学家们遭受的一种长期的困扰。然而，并不是每个人都相信这一点，所以为了公平起见，我们简要地提一下利兹大学的约翰·鲍尔斯的反面观点。在一篇谈及数学家发呆的具有争议的文章中，鲍尔斯非常直白地发表了下面的言论，力挺这一非常聪明的群体，他说："认为数学家心不在焉的想法是绝对错误的。有一个权威性证明显示他们并非如此，但是遗憾的是在这里不能提供这个证明，因为它似乎丢失了。"[6]

彼得·古斯塔夫·勒热纳·狄利克雷（穆伦堡学院惠允）

严肃的数学家们遭受这种"疾病"的困扰是不足为奇的。毕竟他们每天都在思索最抽象的概念、最无情的逻辑、最难以应对的挑战。普通学生觉得一小时只研究一个问题是一件耗神的事，大多数人又如何能够想象用几个月甚至几年去攻克这样一个任务呢？这必要的精力集中是令人敬畏的，而心不在焉也是一种必然的结果。正是心不在焉的牛顿说他仅通过"不断地思考"就做出了伟大的发现[7]。

当一些人花几年时间不断地思考诸如质数分解或者角的三等分等问题时,他们忽视自己的发型这类事情就不奇怪了。与数学永恒的美相比,物质世界显得如此乏味,如此反复无常,如此短暂。因此,数学家忘记取车就没有什么可惊讶的了;的确,他们经常忘记他们自己有车。他们的身体也许是在椅子上休息,但是他们的大脑正在穿越不同的领域。

正如上面提到的那样,波利亚还认为数学家都是行为古怪的人。这也许是一个一目了然的情况,因为任何人,当他用毕生精力去考虑这些质数或三等分角问题时,就会不由自主地表现出一定程度的古怪。当然,表面上,大多数数学家的行为举止很正常,与银行家及律师没什么两样。但是在面对训练有素的观察家时,某些迹象就会出卖他们。

一个例子就是他们的服饰。似乎很清楚,很多数学家选择服饰时着眼于舒服而不是款式。诸如领带一类的时尚品,对不折不扣的理性数学家来说也许是令人愤怒的。人们发现他们很少穿着丝绸服饰或者灰色法兰绒西装,而是喜欢穿棉衬衫,后面印有诸如

$$\int_0^\infty e^{-x^2} dx = \frac{\sqrt{\pi}}{2}$$

这样的题字。很多数学家对鞋的选择是凉鞋加黑短袜。还有人说,所谓打扮就是穿上一双新运动鞋。

就此,我们应该提一下刻画数学家的漫画,漫画中的数学家往往穿着实验室的白大褂,站在写满符号的黑板前。事实上,数学家的确可能花很长时间注视着黑板上的符号,但是他们从来不穿实验室的白大褂。这样的装扮在数学家身上是不会出现的,就像在相扑场上看不到摔跤手的装扮一样。漫画家,记下来吧。

毫无疑问,男性数学家会胡子拉碴。满脸胡须是教授的非正式妆容,也许是因为修面没有用。(如果男人需要净面,那么为什么总是有

小胡须从下巴上长出来呢？）常识表明，大约有 50% 的男性数学家一脸胡须。只有在几个地方，你才可能遇到更多的大胡子，在满是圣诞老人的圣诞集会上，比如或者在音乐剧《屋顶上的提琴手》的谢幕舞台上。

还有就是眼镜。这非常普遍。有多少次，当数学家发呆时，他们把自己的眼镜放错了地方，但总体上，还是可以看到他们的确戴着自己的眼镜专注地看，尽管他们凝视的对象也许是无形的方程或是看不见的多边形。

人们还知道数学家都有与众不同的幽默感——常常被说成"干燥"的那种幽默，也许被说成"烤干"的幽默更精确。接下来再把这种幽默分成两个范畴，分别把它们称为"低级"数学幽默和"高级"数学幽默。

低级幽默指的是有意使数学术语发生混淆。在过去的十几个世纪，数学家们已经发明很多专业术语。其中一些术语，如同伦或者微分同胚等只限于少数专家"享用"。而另一些，如矩阵、参数等已经成为普通语言，在日常事务中它们经常被用错。然而，还有一些情况，日常生活中的词汇被借用或引用到数学家的词典中来。但它们有非常精确的数学意义，例如域、群和束等。

这一切使得数学家能够高兴地把这些词汇的专业含义与它们的通常意义交换。他们把同行的集合称为"有限群"，并发出会心的笑声。他们把双胞胎的集合描述为"不相等但同构"。当情况取得进展时，数学家就说它有一个"正导数"。

数学家还利用近音词开玩笑。有人也许听说过这样的笑话，把单词"斜边"用一种大型哺乳动物的名字来代替①。常数 π 也许是取笑烤制甜点（pie）的最常用的恶搞双关语（参见第 C 章中的漫画）。在

---

① 英语中斜边（hypotenuse）一词和河马（hippopotamus）相近。——译者注

第 G 章对《几何原本》的讨论中，我们极力克制着才没有使用那个被滥用但又非常优美的副标题"这里在观察正常锁骨"①。

幸好，还有远比这些低级的双关语更高级的数学幽默。它们通常涉及一些曲解逻辑的事情。稍稍思考一下，就可以由某些逻辑矛盾产生这样的幽默。作为逻辑驾驭者的数学家们发现，当逻辑这辆车掉轮子时会很有趣。

我们先举一个波利亚的例子。晚年回首一生，波利亚回顾了他对哲学这门学科的长期影响，并写道："谁是哲学家？答案是：哲学家是这样的一个人，他知道所有事却不知道其他任何事。"[8] 这一妙语是数学家们觉得很有趣的一种逻辑变通。

物理学家沃尔夫冈·泡利（Wolfgang Pauli）说了一句类似的话。泡利才华超人，但也非常傲慢，一次在讽刺一位新同僚时，他说了一句非常滑稽的话："他还这么年轻，就早已默默无闻了。"[9] 此外，斯蒂芬·博克（Stephen Bock）曾描述一个隐士和他的梦想："杰从书中只知道阅读这件事，但自己一点都不想去读书。"[10]

这种逻辑的使用或误用在数学家亨利·曼恩（Henry Mann）的故事中也体现得很充分。据说亨利·曼恩开车带几个同事到辛辛那提参加学术会议，由于不熟悉辛辛那提的街道，曼恩迷路了。他的同事们尽管很不安，但仍然保持安静，最后他们终于意识到他已经逆行进入单行道。但是曼恩不理睬他们的警告。他说这条街不可能是单行道，因为他们的车一直沿着一个方向前进，而且其他很多交通工具都从另一个方向向他们驶来。[11]

这些都是完全颠覆了逻辑的例子。下面这个故事的幽默在于英语发音的不合逻辑。波兰数学家马克·卡克（Mark Kac）移民来到美国，

---

① 原文是"Here's looking at Eu-Clid"，其中 eu 在医学上是正常之意，而 clid 在医学上是锁骨之意（通常用于前缀）。——译者注

并设法掌握有时候令人费解的英语。令他着急的是那些结尾拼写相同却有不同发音的单词。例如，单词结尾的"ow"有时候发长音 $\overline{O}$，如在 grow 或 know 中，有时候却不是，如在 cow 或 how 中。单词 bow 有两个不同的发音，这更加糟糕。

一直与这一现象搏斗的卡茨教授突然意识到 snowplow 更加稀奇古怪，因为"ow"在同一个单词中却有两个不同的发音。注意到这些之后，他格外小心地去记住它不合逻辑的发音。遗憾的是，他把这两部分的发音弄混了，本来与 grow-cow 有相同韵律的 snowplow 被他按 cow-grow 的韵律念了出来。[12]

最后，讲一个别有风趣的故事。在一次数学会议的会下，一位年轻的崇拜者向著名数学家宾（R. H. Bing）要签名。拿着宾的签名，她让另一位著名数学家保罗·哈尔莫斯（Paul Halmos）在同一张纸上签名。然后她手里拿着这张如同数学论文的东西让如下数学家一一签了他们各自的大名：吉尔伯特（Gilbert）和苏利文（Sullivan），吕特（Ruth）和格里克（Gehrig），西斯科尔（Siskel）和艾伯特（Ebert）。

当她把这份奖品给她的一位同事看时，这位同事立即说："我出 25 美元，你把它给我吧。"此时，另一位更聪明的数学家突然冒出一句："很好，但如果你让我在这些人的名字下面签上我的名字，我出 50 美元。"

以上这些例子展示了数学家之间崇尚的一种幽默。人们可能要略加思索才能领悟，而大家普遍的反应不一定是因此发笑，而是很欣赏它。数学幽默既不是下流话也不是闹剧，而往往是非常理智的。有人猜测系列喜剧《活宝三人组》的粉丝俱乐部应该几乎没有数学家。

如果服装和幽默、古怪和心不在焉让数学家显得格格不入，那么他们的这种共同特性也可以被看成某种防御机制。他们确实是在数字中寻找力量。

例如，人们普遍有这样的印象，数学家只不过是会计师，他们日复一日地把一列数加起来。数学家和诗人乔安妮·格罗尼（JoAnne Growney）面对这样的看法，利用下面的诗句淋漓尽致地描绘了这样的场景：

误解

啊，你是一位数学家，

　　　　他们带着羡慕或者轻蔑说着。

然后，他们说，

　　　　我可以雇用你为我记账。

我想了一下账目，

　　　　偶尔，

　　　　我自己记账，

　　　　就像偶尔清扫高高的架子上的灰尘一样。[13]

　　人们误解了数学家吗？肯定是。他们被轻视了吗？毫无疑问。当某人被介绍说是一位数学家时，时常会听到下面这两条评语之一："我讨厌数学"或者"我害怕数学"，当然也可能是这两条结合到一起"我既讨厌又害怕数学"。

　　为什么数学家总是遭到这样的评论轰击呢？为什么很多人把这门学科看得如同没有麻醉的眼科手术一样吓人呢？他们是不是在童年受到数学家的刺激了？调查之后，你会发现数学恐惧症有两个共同源头：要么是这么说的人曾有一位可怕的数学老师，要么是这人已经认识到自己的确缺少数学才能。

　　拿没有遇到好老师当作借口的情况相当普遍，而且相当值得关注。忘记诸如自己的结婚纪念日或者总统名字的人却能够非常清楚地记得十几年前讨厌的代数老师。琼斯先生或者史密斯女士是否真的如说的那样可怕，或者这些不好的记忆是否有更深层、更黑暗的起因，这些需要我们反省。

然而，虽然成千上万的人以糟糕的数学老师为借口，但更普遍的解释则是："我从来学不好数学，也永远不想学数学。"这是每一位数学老师听到过上百次的自白。它暗示数学学得好坏完全取决于遗传。正如某些人一出生就有蓝眼睛一样，一些人一出生就有学数学的才能。如果你不是天生如此，那么你注定是一个数学不行的人，没有什么能够改变这种命运。

人们的这种观念不太容易消除。在数学上遇到困难的人经常马上下结论说，这种失败是他们的命运所致，而不是因为他们自己。很少有人会反驳说：只要稍微用功一点儿就能学好。

数学家遭到这种猛烈的攻击也只能保持低调。其他学科的同仁很少遇到这样的状况。很难想象在历史课上会有下面这样的交锋：

教授："乔治，内战时期的美国总统是谁？"

乔治："嗯——嗯——嗯——很抱歉，教授，我从来学不好历史。"

遗憾的是，有些人一边喊着恐惧数学一边又很珍爱它。即便是对受过高等教育的人来说也是如此。如果一位数学家吹嘘说他从来没有读过一句诗，那么他会被人们贴上无知蠢人的标签。然而，承认自己是数学盲的诗人却经常因顶着这顶无知帽子而感到很自豪。真是不公平。

缺乏对数学的理解就不能领会数学思想的真正意义。想象下面这样的场面：

我们在一次鸡尾酒会上看到很多有学识的男男女女，自我吹嘘地聊着天。一名生物学家站到钢琴的前面，正向一名全神贯注的听众讲解科莫多巨蜥的进食习性，而此时沙发旁边一些人正在热烈讨论着加利福尼亚州葡萄酒的酒香。这些话题不仅对专业人士来说可以理解，对一般的听众来说也能理解，甚至对那些并非动物学家或厨师的人来说也能理解。

交谈突然停了。在一个角落里，一名数学家喝了一口无酒精姜汁饮料，笨拙地抚弄着一个塑料铅笔筒，嘴里念叨着：

$$\int_0^\infty e^{-x^2} dx = \frac{\sqrt{\pi}}{2}$$

交谈停止。玻璃杯的碰撞声消失了。出现了死一般的沉静。人们看表的看表，找外套的找外套。很多人露出恐惧的表情。酒会结束了。

事实上，上面的公式

$$\int_0^\infty e^{-x^2} dx = \frac{\sqrt{\pi}}{2}$$

不仅是正确的，而且是我们理解正态概率分布的关键。而正态概率分布则是统计推断的核心。医学研究、投票数据以及其他很多重要问题都依赖于这个公式的正确性。因此，它比科莫多巨蜥和佐餐葡萄酒对现代生活的意义更大。然而，几乎没有非数学人士对这一串符号所蕴含的威力表现出哪怕是些许的感激之情。只有那些数学家才真正"了解"。作为一个团体，他们必须尽最大可能去应对公众对他们的不理解。生活真是很辛苦。

因此，如果你遇到一群人，他们戴着眼镜，有些发呆，所有人都认真地谈论着，其中一些人穿着短袜和凉鞋，却没有人穿着实验室的白大褂；如果他们是几个人围着一张三角形桌子在说一些没有意思的俏皮话；或者，如果他们都不觉得《活宝三人组》有意思，那么你可以打赌，你面前的这些人是研究数学的。请对他们友善些。

自然对数
Natural Logarithm

$Ln(e^x)=x$

这一章要讲一个特殊的数，这个数记作 e，以及它永恒的伴侣自然对数的故事。乍看起来，它们既不特殊也不自然。相反，直觉告诉我们它们似乎没有什么意义。我们的目标是解释其中的原因，而此时直觉是错误的。

我们先从 e 开始。当然，"e"是英语字母表中的第五个字母，但是数学家的 e 是一个实数，其十进制表示为 2.718 281 828 459 045...。尽管每个人都知道这个在英语中使用最频繁的字母"e"是不可或缺的，但是非数学人士也许会惊讶于数学中的"e"同样是不可或缺的。为什么这个比 2.75 略小的数要比其他任何普通的十进制数，比如 2.123 79... 或者 3.554 19...，都重要呢？

在回答这个问题之前，我们必须解释 e 是如何定义和计算的，也就是它是从哪里来的。它有两个来源，但它们是逻辑等价的，一个是极限，一个是无穷级数。首先我们讨论极限定义模式。

考虑下面的表达式

$$(1 + 1/k)^k$$

其中 k 是一个正整数。如果 $k = 2$, 我们有

$$(1 + 1/2)^2 = 1.5^2 = 2.25$$

如果 $k = 5$, 我们得到

$$(1 + 1/5)^5 = 1.2^5 = 2.488\ 32$$

如果 $k = 10$,

$$(1 + 1/10)^{10} = 1.1^{10} = 2.593\ 74\ldots$$

等等。数学家总是准备着把某些事情推到极限, 设 k 无限增大, 并定义

$$e = \lim_{k \to \infty} \left(1 + \frac{1}{k}\right)^k$$

用语言表述就是, e 是表达式 $1 + 1/k$ 的 k 次幂当 k 无限增大时的极限。在计算器的帮助下, 我们得到 e 的十进制展开的前几位:

k	$1 + \dfrac{1}{k}$	$\left(1 + \dfrac{1}{k}\right)^k$
10	1.1	$2.593\ 742\ 46\ldots$
100	1.01	$2.704\ 813\ 82\ldots$
1000	1.001	$2.716\ 923\ 93\ldots$
1 000 000	1.000 001	$2.718\ 280\ 46\ldots$
1 000 000 000	1.000 000 001	$2.718\ 281\ 83\cdots$
$\downarrow$		$\downarrow$
∞		e

显然, $e \approx 2.718\ 281\ 83$。

再稍稍做一些工作就可以证明更一般的结果:

公式 A $\quad \lim\limits_{k \to \infty} \left(1 + \dfrac{x}{k}\right)^k = e^x$

在上面的公式中，当我们取 $k \to \infty$ 时的极限时，原本括号里面的 x 变成了 e 的幂。注意，如果我们设公式 A 中的 $x = 1$，就回到了前面的结果

$$\lim_{k \to \infty} \left(1 + \frac{1}{k}\right)^k = e^1 = e$$

生成 e 的第二个方法是求下面无穷级数的和

$$e = 1 + \frac{1}{1!} + \frac{1}{2!} + \frac{1}{3!} + \frac{1}{4!} + \frac{1}{5!} + \frac{1}{6!} + \cdots$$
$$= 1 + 1 + \frac{1}{2} + \frac{1}{6} + \frac{1}{24} + \frac{1}{120} + \frac{1}{720} + \cdots$$

其中，分母是我们在第 B 章中介绍过的阶乘。在这个级数中加入越多的项，我们就越靠近 e 的值。

当然，这两个生成 e 的公式看起来差异很大。然而，可以证明

$$\lim_{k \to \infty} \left(1 + \frac{1}{k}\right)^k = 1 + \frac{1}{1!} + \frac{1}{2!} + \frac{1}{3!} + \frac{1}{4!} + \frac{1}{5!} + \frac{1}{6!} + \cdots$$

因此，估测下面式子的值是很有启发意义的

$$1 + \frac{1}{1!} + \frac{1}{2!} + \frac{1}{3!} + \frac{1}{4!} + \frac{1}{5!} + \frac{1}{6!} + \frac{1}{7!} + \frac{1}{8!} + \frac{1}{9!} + \frac{1}{10!} + \frac{1}{11!}$$

这个和是 2.718 281 83，这是由上面的极限定义的 e 的一个相当精确的近似值。

于是，使用这种级数的方法，我们可以求 e 的任意次幂，换句话说，对于任意的 x，通过下面的方法求得 e^x。

公式 B $\quad 1 + \frac{x}{1!} + \frac{x^2}{2!} + \frac{x^3}{3!} + \frac{x^4}{4!} + \frac{x^5}{5!} + \frac{x^6}{6!} + \cdots = e^x$

例如，为了估测 e^2，我们把 $x = 2$ 代入到公式 B 中，并把比如说前十二项加起来。其实这就是当我们在科学计算器上按下数字 2，再按下 e^x 键时它所做的计算，我们可以看到输出：$e^2 = 7.389\ 056\ 098\ldots$。

在数学史中，与这个 e 关系最密切的人就是莱昂哈德·欧拉，我们已经在第 E 章中遇到过他，在本书的其他地方我们还会遇到他。正是欧拉为这个常量选择了这个符号，也是他领会到了这个常量的重要性。图 N-1 重现了他在 1748 年发表的论文《无穷分析引论》中的一段，我们看到欧拉引入了我们刚才所说的公式 B，但他写的是 e^z 而不是 e^x，并给出了 e 长达 23 位的十进制表示。[1]

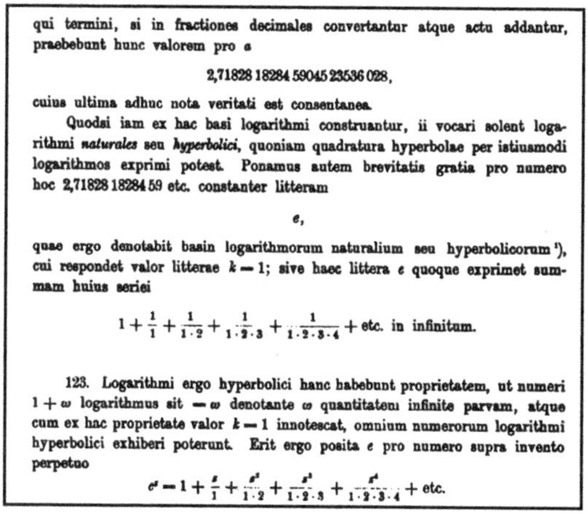

qui termini, si in fractiones decimales convertantur atque actu addantur, praebebunt hunc valorem pro a

2,71828 18284 59045 23536 028,

cuius ultima adhuc nota veritati est consentanea.

Quodsi iam ex hac basi logarithmi construantur, ii vocari solent logarithmi *naturales* seu *hyperbolici*, quoniam quadratura hyperbolae per istiusmodi logarithmos exprimi potest. Ponamus autem brevitatis gratia pro numero hoc 2,71828 18284 59 etc. constanter litteram

e,

quae ergo denotabit basin logarithmorum naturalium seu hyperbolicorum¹), cui respondet valor litterae $k = 1$; sive haec littera e quoque exprimet summam huius seriei

$$1 + \frac{1}{1} + \frac{1}{1 \cdot 2} + \frac{1}{1 \cdot 2 \cdot 3} + \frac{1}{1 \cdot 2 \cdot 3 \cdot 4} + \text{etc. in infinitum.}$$

123. Logarithmi ergo hyperbolici hanc habebunt proprietatem, ut numeri $1 + \omega$ logarithmus sit $= \omega$ denotante ω quantitatem infinite parvam, atque cum ex hac proprietate valor $k = 1$ innotescat, omnium numerorum logarithmi hyperbolici exhiberi poterunt. Erit ergo posita e pro numero supra invento perpetuo

$$e^z = 1 + \frac{z}{1} + \frac{z^2}{1 \cdot 2} + \frac{z^3}{1 \cdot 2 \cdot 3} + \frac{z^4}{1 \cdot 2 \cdot 3 \cdot 4} + \text{etc.}$$

图 N-1　欧拉引入 e
（理海大学图书馆惠允）

我们已经描述了定义和计算这个特殊数的两种方法。但是为什么还要烦恼呢？它为什么重要呢？它为什么又是自然的呢？正如我们将看到的那样，它的用途几乎无穷无尽。

一个应用就是银行存款利息增长问题（这是一个与我们所有人都有关系的话题，大家都希望存款利息变多）。确定复利的公式说的是，如果我们在年利率为 $r\%$ 时投入 P 美元，此时利息按复利计算 k 次，那

么一年后我们的存款总额是

$$P\left(1+\frac{0.01r}{k}\right)^k \quad 美元$$

这就是银行家知道并喜爱的结果。

举一个例子, 假设我们在投资回报利率为 10% 的情况下投资 5000 美元, 每年年底计算一次复利。其意思就是 1 月 1 日投入的钱不取出, 那么到了 12 月 31 日, 这笔将增加 10%。在这个案例中, $P = 5000, r = 10, k = 1$（按年复利计算）。这个公式告诉我们在一年的年底, 我们的钱数总额是

$$P\left(1+\frac{0.01r}{k}\right)^k = 5000\left(1+\frac{0.01 \times 10}{1}\right)$$
$$= 5000(1 + 0.10) = 5000 \times 1.10 = 5500(美元)$$

好的。但是, 假设这家银行决定如下分段分配利息：不是一年只给 10%, 而是每六个月给 5%。这称作半年复利。作为投资者来说, 这样有利可图吗？

在上面的利息公式中, 除了现在 $k = 2$ 之外, 其他都相同, $k = 2$ 是因为每年有两个利息周期。所以一年后, 钱数总额是

$$P\left(1+\frac{0.01r}{k}\right)^k = 5000\left(1+\frac{0.01 \times 10}{2}\right)^2 = 5000(1.05)^2$$
$$= 5512.50(美元)$$

这个投资回报稍微好些。

一个想法慢慢浮现。如果这家银行更频繁地支付利息, 比如一个季度、一个月或者每天, 那么我们也许会得到更多的好处。为了做一下研究, 在各种利息方案下, 计算一下我们的钱数总额：

按季度复利, 我们设 $k = 4$, 这一年的年底我们的钱数总额是

$$P \left(1 + \frac{0.01r}{k}\right)^k = 5000 \left(1 + \frac{0.01 \times 10}{4}\right)^4$$
$$= 5000(1.025)^4 \approx 5519.06(美元)$$

这个结果相当好。下面是按月复利计算, 此时 $k = 12$, 钱数总额是

$$P \left(1 + \frac{0.01r}{k}\right)^k = 5000 \left(1 + \frac{0.01 \times 10}{12}\right)^{12}$$
$$= 5000(1.008\ 333)^{12} \approx 5523.57(美元)$$

这个结果更好。下面再按天复利计算 ($k=365$), 此时钱数总额变成

$$P \left(1 + \frac{0.01r}{k}\right)^k = 5000 \left(1 + \frac{0.01 \times 10}{365}\right)^{365}$$
$$= 5000(1.000\ 273\ 97)^{365} \approx 5525.78(美元)$$

　　流着贪婪的口水, 我们设想着这家银行不是按日复利计算而是按小时、按分钟, 甚至是按秒。事实上, 为什么不设想所有可能的利息计算中最好的情况, 即连续地计算复利利息? 这样我们就不必为下一次利息支付哪怕等待一毫秒。我们设想着把 10% 的年利率分解成无穷多的复利周期, 每个周期都无限短。就如树的成长一样, 我们的钱在增加, 不是数次激增, 而是连续地增长。

　　形式上, 说复利计算是连续的, 意思是我们设复利周期数 k 趋向于无穷。所以, 一年连续的复利计算之后, 钱数总额将变成:

$$\lim_{k \to \infty} P \left(1 + \frac{0.01r}{k}\right)^k = P \left[\lim_{k \to \infty} \left(1 + \frac{0.01r}{k}\right)^k\right] = Pe^{0.01r}(美元)$$

其中 $0.01r$ 担当着公式 A 中 x 的角色。正如承诺的那样, 这里展现了 e 的全部荣耀。

对于我们的例子来说, 在一年按 10% 的连续复利计算的情况下, 初始投资 5000 美元变成

$$5000e^{0.01 \times 10} = 5000e^{0.10} \approx 5000(1.105\,170\,918) \approx 5525.85(美元)$$

这是在年利率为 10% 时最好的可能结果。

在确定银行存款的连续增长中 e 非常有用, 无须惊讶, 在其他连续增长类问题中它也会出现。例如, 种群增长 (可以是人口数量或者是细菌数量) 可以看成连续增长, 人口出生率与现有人口成正比。这样的理论是英国经济学家托马斯·马尔萨斯于 1798 年提出来的, 用来解释人口增长。半个世纪后他的著作被另一位科学家引用, 这个人就是杰出的查尔斯·达尔文。[2]

在这样简单的人口模型下, 时间 t 内存在的人口数为 $P(t)$, 它可以用下式表示:

$$P(t) = P_0 e^{rt}$$

其中, P_0 是最初的人口数量 (也就是我们进行这项调查时的数量), 而 r 是增长比率常数。注意, 这与上面的连续复利利息公式相类似。

举一个例子, 我们从有盖培养皿里的 $P_0 = 500$ 个细菌开始, 观察到一小时之后细菌变成了 800 个。这就带来一个增长模型, 经过 t 小时之后, 细菌数将是 $P(t)$, 其中 $P(t)$ 是

$$P(t) = 500e^{0.47t}$$

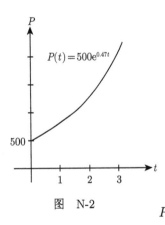

图 N-2

图 N-2 给出了它的图像。注意, 对于小的时间值 t, 即当 $t = 1, 2, 3$ 时, 这条曲线还是相当平坦的。原因是在这个过程的初期, 细菌数增长

适中。但是随着向右移动, 也就是说随着时间的推移, 这个图像开始更陡峭地向上。这反映了细菌发生了 "婴儿潮", 它们在盘子里细胞分裂、大量繁殖并溢出了盘子, 到了桌子上, 最后到了走廊上。

更具体地说, 在 $t = 1$ 小时, 公式说有 $P(1) = 500e^{0.47} \approx 800$ 个细菌 (这是我们已经知道的)。经过 $t = 10$ 小时持续地增长, 这个公式告知有 $P(10) = 500e^{0.47 \times 10} = 500e^{4.7} \approx 55\,000$ 个细菌, 如果繁殖持续整整 24 小时, 最后达到的细菌数量是

$$P(24) = 500e^{0.47 \times 24} = 500e^{11.28} \approx 39\,600\,000$$

如果这个过程不受限制, 持续一周, 此时将有的细菌数是

$$P(168) = 500e^{0.47 \times 168} = 500e^{78.96}$$
$$\approx 10\,000\,000\,000\,000\,000\,000\,000\,000\,000\,000\,000\,000$$

这肯定会导致一场流行病。这些数字和它们陡峭上升的图像显然说明细菌数呈 "指数增长"。

然而, 在这一推理过程中很容易发现一个不足之处, 因为无论是人口数量还是细菌数量都必须有一个上限。最终细菌会用尽食物、水或空间。因此, 没有限制的增长是不切实际的增长。

因此, 数学家们改进了他们的方法, 考虑了在人口增长过程中固有的限制条件。其中有一个改进后的模式称为**逻辑斯谛**(logistic) 模型, 它导致这样的一个方程:

$$P(t) = \frac{Ke^{rt}}{e^{rt} + C}$$

其中, $P(t)$ 仍然是时间为 t 时的人口数量, 而 K 是一个称为**饱和度**(saturation level) 的数, 给环境所能够支撑的程度附加一个上限。

图 N-3 给出了一条逻辑斯谛增长曲线。对于较小的时间 t, 这张图像与前面的模型类似。图中反映出这样一个观察到的事实：人口增长初期是没有限制的。但是, 随着时间的推移, 即沿着图像向右移动, 当图像接近 $P = K$ 的这条线时, 人口的增长趋于平稳。这是人口接近它的饱和度时的图像表示。

当然, 我们掩盖了关于这些方程的起源的诸多技术点。另外, 生物学家甚至设计了更玄妙的模型来反映自然状态中的人口行为。（例如, 如果抗生素进一步限制了细菌的增长, 将会发生什么？）然而, 对于我们的目标, 其中重要的一点是人口增长依赖于数 e。它很自然地描述了我们周围的生物世界。

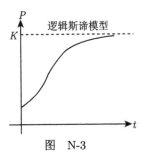

图　N-3

很多其他现实生活的情况也与这个数 e 不期而遇。考虑下面这样一个事例：一位硫酸制造商有一个 100 加仑的大桶, 其中装满 25% 的酸和 75% 的水的溶液。这位制造商想要冲洗这个大桶, 其方法是以每秒 3 加仑的速度从桶顶注入清水。为了防止溢出, 同时在桶底以同样每秒 3 加仑的速度把桶中的混合物排出, 如图 N-4 所示的那样。

显然, 这个过程将不断地稀释大桶中的混合物。而且显然这种情况的精确动态远不是这样简单。注入的水并不会单纯地取代酸。相反, 被注入桶内的一些清水正作为混合物的一部分被排出桶外, 而同时一些酸却保留在溶液中。制造商所面临的问题是如何确定在冲洗过程进行了 t 秒之后, 酸的百分率。

这个问题的分析要借用积分技术, 它产生了下面的 $P(t)$ 方程, 任意时间 t 时桶中酸的百分率为：

$$P(t) = \frac{25}{e^{0.03t}}\%$$

在这个方程中 e 的重要性再一次充分地显示出来。

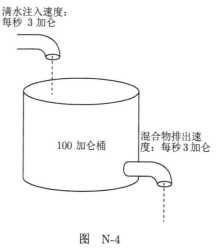

图　N-4

我们再具体看一下这个方程。开始时, 这只大桶里装有 25% 的酸。注入清水和排出混合物进行 $t = 5$ 秒之后, 其中物质的浓度变小, 成为

$$P(5) = \frac{25}{e^{0.03 \times 5}}\% = \frac{25}{e^{0.15}}\% \approx 21.52\%$$

过了 1 分钟, 酸浓度变成

$$P(60) = \frac{25}{e^{0.03 \times 60}}\% = \frac{25}{e^{1.8}}\% \approx 4.13\%$$

如果这位制造商继续这个过程 15 分钟, 即 $t = 15 \times 60 = 900$ 秒, 这只大桶中将含有微量的酸

$$P(900) = \frac{25}{e^{0.03 \times 900}}\% = \frac{25}{e^{27}}\% \approx 0.000\,000\,000\,047\%$$

总之, 15 分钟后这只大桶基本已经被冲洗干净了。

如果我们回想一下第 B 章中讲述的雅各布·伯努利的工作，就会明白我们是在不同的环境下遇到了 e。在那里，我们看到投掷一枚均匀的硬币 500 次后正好得到 247 个正面的概率是由下面这个令人恐惧的公式给出的：

$$\frac{500!}{247! \times 253!} \left(\frac{1}{2}\right)^{247} \left(\frac{1}{2}\right)^{253}$$

这种概率计算是不可能直接进行的。但是，利用一点数理统计的知识，就可以知道这个概率的近似值可以由下面的式子给出

$$\frac{1}{2\sqrt{250\pi}} \left(\frac{1}{e^{0.025}} + \frac{1}{e^{0.049}}\right)$$

上式中的 e 因某种看似无法解释的原因再一次起着重要的作用（π 也如此，它同样看似荒谬）。化简这个表达式得到 0.0344，所以在投掷 500 次硬币之后，我们大约有 3.44% 的概率得到 247 个正面。这个例子说明了概率论一个公认的真理：如果一个公式在统计世界非常重要，那么其中可能就含有 e。

因此，在数学中 e 的意义极其重大，在理论与实践中都起着重要作用。当我们冲洗大桶或者投掷硬币时它存在，当我们赚取利息或者观察细菌繁殖时它也存在。颇像狄更斯小说中的人物，e 一直在最意想不到的地方出现。但是，狄更斯笔下人物的出现或再现都要求读者接受这样的假设，即无论多么不可能的事都在情理之中，而 e 的出现和再现只要求我们对数学稍稍有些了解。

然而，这只是这个故事的一半。发现 e 的威力很重要，但是把这个过程反过来同样很重要。考虑下面的例子。在把 $x = 2$ 代入公式 B 后，我们看到 $e^2 \approx 7.389\ 056\ 099$。假设在我们知道 $e^x \approx 7.389\ 056\ 099$ 之后，反过来确定 x。当然这很容易得到 $x = 2$。

但是，如果我们知道 $e^x = 5$，又如何求得 x 呢？我们也许可以猜测

各种 x 值, 利用计算器上的 e^x 键, 最终确定这个答案即可, 但是这种方法似乎有点绕。

我们的"援救"是"逆指数"过程, 它撤销 e^x 所做的一切。完成这一任务的函数称为**自然对数**（natural logarithm, 或者更熟悉的名称为 natural log）, 在大部分数学课本中是这样表示的, 而计算器上它的键是"$\ln x$"。毫无疑问它是整个数学中最重要的函数之一。

对于本章的目标, 它的一个重要性质是下面的反演公式：

$$\ln(\mathrm{e}^x) = x$$

在符号形式下, 它说明了我们上面用语言所表达的意思：自然对数撤销指数运算, 即如果我们开始用 x 计算 e^x, 然后把 e^x 置入自然对数, 我们就返回到起始点 x。当 $x = 2$ 时, $\mathrm{e}^2 \approx 7.389\,056\,099$, 而 $\ln(\mathrm{e}^2) = \ln(7.389\,056\,099) \approx 2$, 这与计算器的计算一样。知道了 $\mathrm{e}^x = 5$, 为了求得 x, 我们在这个式子两边取对数得到

$$\ln(\mathrm{e}^x) = \ln 5$$

但上面的关系告诉我们 $\ln(\mathrm{e}^x) = x$, 因为 $\ln 5 \approx 1.609\,437\,912$, 所以我们可以得出

$$x \approx 1.609\,437\,912$$

概括起来：数学家经常要另辟路径, 不是从 x 开始并确定 e^x, 而是从 e^x 开始, 这样就能够以此确定 x 本身。正是在这样的情况下, 自然对数赢得了自身的"生存权"。尽管我们将在第 P 章和第 U 章再次与它相遇, 但是这里, 我们利用犯罪领域的一个案例来说明 $\ln x$ 及其法则和对数的使用。

午夜时分, 警察被召集到一个血迹斑斑的谋杀现场, 在那里他们发现埃迪（绰号"黄鼠狼"）的尸体, 他是个惯犯, 跟黑社会有关系。

到达现场之后，警员们注意到当时气温是适中的 68°F（1°F 约等于 17.2°C），而尸体的体温是 85°F。凌晨 2:00，在警察提取了指纹并提审了嫌疑犯之后，尸体的体温进一步下降到 74°F。

根据一条秘密消息，警察抓获了克莱尔，她是埃迪的梦中情人。克莱尔在路易斯酒吧里度过了一个晚上，喝得多了点，可能威胁过埃迪的生命。晚上 11:15，她怒气冲冲地离开了。这似乎是一个很清楚的案件。

幸运的是，克莱尔知道自然对数。她还知道牛顿的物体冷却法则，这是热量消耗理论的基础。牛顿法则说的是一个物体的冷却速度与它的温度和它周围的温度之差成正比。用我们日常的话来说就是，一个物体比空气温度高得越多，它的冷却速度就越大，所以它会迅速变冷；当它比周围环境热得不多时，它的冷却速度就小，因此它就慢慢地变冷。

牛顿法则适用于任何正在变冷的物体，无论是刚出烤箱的热乎乎的土豆，还是躺在人行道上的尸体。活人是不会变冷的。新陈代谢确保人类的体温维持在 98.6°F 左右。但是，没有生命特征的人会停止产生热量，因此根据牛顿法则，它就会如土豆一样变冷。

把上面的语言描述转化成简练的数学公式并利用微积分，克莱尔导出了下面的方程 T，这是午夜之后 t 小时尸体的温度：

$$T = 68° + \frac{17°}{e^{0.5207t}}$$

再一次注意到 e 的出现。利用计算器，你可以验证在午夜，即 $t = 0$ 时，这具尸体的体温是

$$T = 68° + \frac{17°}{e^{0.5207 \times 0}} = 68° + \frac{17°}{1} = 68° + 17° = 85°F$$

这正是警察刚到达时确定的体温。同样在凌晨 2:00 时，即当 $t = 2$ 时，这个公式告诉我们尸体的温度是

$$T = 68° + \frac{17°}{e^{0.5207 \times 2}} \approx 68° + \frac{17°}{2.8332} \approx 68° + 6.000° = 74°F$$

这个数字再一次验证了警察的观察。换句话说, 这个公式在我们实际拥有的这两个数据上都运作得很好。

但是, 克莱尔要面对的最关键的挑战是确定最后遇到埃迪的时间。她必须利用这个公式反推这个冷却过程, 从而计算当埃迪的体温是正常体温 98.6°F 时的最后时间 t。当然, 这就是他死亡的时间。从这点开始向前推算, 埃迪的尸体刚开始凉到他的脚后跟 (和其他部位)。

所以, 我们把人类正常体温的 $T = 98.6°$ 代入到冷却方程中得到

$$98.6° = 68° + \frac{17°}{e^{0.5207t}}$$

把上面方程两边减去 68°, 然后再交叉相乘得到 $(30.6°)e^{0.5207t} = 17°$, 把这个方程两边除以 30.6°, 得到

$$e^{0.5207t} = \frac{17°}{30.6°} \approx 0.5555$$

我们的目标是求 t。为了实现这一目标, 克莱尔对这个方程两边取对数:

$$\ln(e^{0.5207t}) = \ln(0.5555)$$

此时, 因为 $\ln(0.5555) = -0.5878$, 用前面的反演公式得到 $\ln(e^{0.5207t}) = 0.5207t$。于是有

$$0.5207t = \ln(e^{0.5207t}) = \ln(0.5555) = -0.5878$$

因此在时间 $t = -0.5878/0.5207 \approx -1.13$ 小时, 埃迪的体温是 98.6°F。

这里的 t 是负的, 却表示的是午夜过后的时间。其解释是直接的: 这是午夜之前 1.13 小时, 体温是 98.6°F。换句话说, 大约在凌晨 12:00 的 68 分钟之前埃迪 "黄鼠狼" 开始冷却, 也就是说他死了。这就可以确定, 他死亡的时间是晚上 10:52。但是在那个时候, 克莱尔正在路易斯酒吧喝酒。她有这样一个非常有利的不在场证明。

在审判时，克莱尔的律师一一介绍了上面的证据，非常有说服力地引用了"自然法则和自然对数"，在由数学方面十分老到的人们组成的陪审团面前赢得了无罪的宣判。要感谢自然对数，它维护了正义。

法医一定知道自然对数。遗传学家、地质学家以及那些研究动态现实世界现象的每一个人都知道自然对数。撇开直觉，它是一个非常重要、非常普遍的有用思想。我们相信，在考虑了上面证据的基础上，本书的读者陪审团将裁决数 e 和它的另一半，即自然对数，虽被人们严重忽略，但其自身并无过失。

起源
Origins

　　我们找不到一条持续的踪迹，追溯数学确切的源头。这一类信息已经无可挽回地丢失，就像我们不能确定谁说了第一句话，谁唱了第一首歌一样，我们同样不知道谁发现了最早的数学。

　　但我们的确知道算术和几何的基础可以追溯到很早。在有历史记载之前，甚至在书写诞生之前，人类已经发展了如"众多"或"数"这样的一些概念，并有文化遗迹提供证明。一根来自非洲的骨头至少有 10 000 年之久，它上面有一些只能解释成计数记号的痕迹。[1] 在这段史前的时间里，我们的祖先在计数某些东西，这些刻入骨头里的记号给祖先们，也给我们提供了他们计数的永久记录。数学的开始也许很朴素，但是它在不断前行。

　　显然，本章的话题不是局限于某一个地点，这与说书、音乐或者美术并非仅有唯一一个发源地是一样的。历史记载中出现的数学概念来自世界的不同地区，正如我们在第 H 章讨论毕达哥拉斯定理时看到的那样，同样的原理可能在多个地区出现。这不仅表明了数学的普遍性，同时也反映出人类趋向于数学化的普遍倾向性。

在本章, 我们概览一下早期数学的若干重要事件。我们的综述会随意一点, 聚焦于公元 1300 年之前的这段时期, 并仅限于古埃及、美索不达米亚、中国和古印度这四个地区的各项发现, 这是人类文明史上的四大支柱。

古埃及数学至少可以追溯到 4000 年前的史前时期。学者们已经破译了公元前 1500 年前的一些草纸卷宗, 其中有一些无可争议是关于数学的。也许最著名的草纸书是公元前 1650 年左右的《阿默士草纸书》, 它是以其抄写员的名字命名的。1858 年在埃及, 这本 18 英尺长的文献被人购买, 现在它被保存在大英博物馆里。在这本文献中, 这位抄写员阿默士发誓：“洞察存在的一切, 知晓所有的隐秘。”[2] 尽管这份本草纸书还不足以实现这一野心勃勃的誓言, 但是它的确让后人领略了古埃及的算术和几何。

《阿默士草纸书》中有很多数学问题以及这些问题的相应求解。通常这些问题都是我们今天所说的 “故事问题”, 与它们的现代副本有着相同的格调 （和相同的人为加工）。例如, 《阿默士草纸书》的第 64 个问题是：

把 10 赫卡特①的大麦分给 10 个人, 使得公差是 1/8 赫卡特的大麦。[3]

代数功底好的人很快就会引入 x 作为分给第一个人的大麦的赫卡特数量。那么第二个人得到的是 $x + 1/8$, 第三个人得到的是 $x + 2/8$, 以此类推直到第十个人得到的是 $x + 9/8$。因为要分配的大麦总量是 10 赫卡特, 所以我们可以得到下面的方程：

$$x + \left(x + \frac{1}{8}\right) + \left(x + \frac{2}{8}\right) + \left(x + \frac{3}{8}\right)$$

---

① 赫卡特（hekat）和海特（khet）都是古埃及的计量单位。——译者注

$$+ \left(x + \frac{4}{8} \right) + \left(x + \frac{5}{8} \right) + \left(x + \frac{6}{8} \right)$$
$$+ \left(x + \frac{7}{8} \right) + \left(x + \frac{8}{8} \right) + \left(x + \frac{9}{8} \right) = 10$$

在代数上, 把这个方程化简成 $10x + 45/8 = 10$, 所以有

$$x = \frac{1}{10} \times \left(10 - \frac{45}{8} \right) = \frac{7}{16} (赫卡特的大麦)$$

这个结果就是分配给第一个人的大麦数量。第二个人得到的是

$$\frac{7}{16} + \frac{1}{8} = \frac{9}{16} (赫卡特)$$

第三个得到的是

$$\frac{9}{16} + \frac{1}{8} = \frac{11}{16} (赫卡特)$$

以此类推。

必须强调的是, 古埃及人的解没有这样明显的代数特色, 因为符号代数是在几千年后才确立的。尽管如此, 阿默士还是正确地给出了解, 他说第一个人应该得到

$$\frac{1}{4} + \frac{1}{8} + \frac{1}{16} (赫卡特的大麦)$$

与正确答案同样重要的是它所体现出来的方法: 有相同分子 1 的分数之和。我们把这样的分数称为**单位分数**, 古埃及人对它们的使用几乎是独一无二的。因此, 阿默士对大麦问题的答案表示为三个单位分数之和, 而不是与此相等的分数 7/16。对于现代人来说, 这是一个既奇特又略显不必要的复杂写法。

但是, 这样的做法非常适合古埃及人的记法体系: 为了表示一个倒数, 他们在整数顶上使用了一个符号, 看起来有点像一个浮动的雪茄。

现代版的对应物应该是让 $\bar{2}$ 代替 1/2, $\bar{7}$ 代替 1/7。因此, 上面问题中的大麦量应该精确地写成 $\bar{4} + \bar{8} + \overline{16}$。这样的记法简单, 但是显然规定了 1 是分子。对于古埃及人来说, 所有分数都是由单位分数集合而成的, 唯独 2/3 除外, 这个分数有自己单独的符号。

阿默士给出如上面那样一个非常庞大的单位分数表示法列表。对古埃及人来说这样的列表就如同计算器出现以前数学家的对数表或三角表一样。总而言之, 古埃及人非常好地使用着他们的单位分数方法, 当然, 对我们现代人来说, 这相当麻烦。

但是, 古埃及数学的贡献不仅仅局限于上面的算术问题和代数问题。例如, 《阿默士草纸书》还包含一些几何问题, 可能最有趣的就是问题 50:

一块圆形土地的直径为 9 海特, 它的面积是多少? [4]

根据这一抄写员的做法, 用直径减去直径的 1/9, 然后再平方这一结果就得到答案。对于这个问题, 直径 $D = 9$, 圆的面积是

$$\left(D - \frac{1}{9}D\right)^2 = \left[9 - \frac{1}{9}(9)\right]^2 = 8^2 = 64$$

有趣的是, 可以从这个解中发现 π 的估测值。翻译成现代的记法, 阿默士说直径为 D 的圆的面积是

$$\left(D - \frac{1}{9}D\right)^2 = \left(\frac{8}{9}D\right)^2 = \frac{64}{81}D^2$$

因为圆的真正面积是

$$\pi r^2 = \pi\left(\frac{D}{2}\right)^2 = \frac{\pi}{4}D^2$$

古埃及结果相当于

$$\frac{64}{81}D^2 = \frac{\pi}{4}D^2$$

根据上面的这个式子, 可以得到

$$\pi = \frac{4 \times 64}{81} = \frac{256}{81} = \left(\frac{16}{9}\right)^2 = \left(\frac{4}{3}\right)^4 \approx 3.1605$$

这个结果通常被文献引用为古埃及人的 π 的近似值。作为古代的遗产, 如此的精度令人钦佩。但他们是如何得到它的呢?

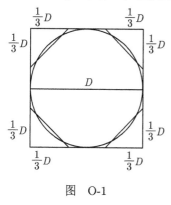

图 O-1

尽管没有人能够确定, 但是一种可能是他们用相关的八边形的面积代替了圆面积, 如图 O-1 所示。直径为 D 的圆内切于一个正方形内, 然后再除去这个正方形的四个角, 每个角都是腰长为 (1/3)D 的等腰三角形。剩余的就是一个八边形, 它的面积近似等于原来的圆的面积。因为每一个除去的三角形的面积是

$$\frac{1}{2}(底 \times 高) = \frac{1}{2}\left(\frac{D}{3}\right) \times \left(\frac{D}{3}\right) = \frac{1}{18}D^2$$

我们看到

$$S_{圆} \approx S_{八边形}$$
$$= S_{正方形} - 4 \times S_{等腰三角形}$$
$$= D^2 - 4\left(\frac{1}{18}D^2\right) = D^2 - \frac{2}{9}D^2 = \frac{7}{9}D^2 = \frac{63}{81}D^2$$

这个结果非常接近阿默士的 $(64/81)D^2$ 的值, 因此说明近似于圆面的八边形有可能导出了古埃及人的公式。

也有人不同意这种解释。[5] 但是, 利用多边形近似圆的技术却正是阿基米德在 1500 年后用来给出他的精确估测值 $\pi \approx 3.14$ 时所使用的技术。正如我们在第 C 章中所看到的那样, 他的优良的精度源自用 96 边的多边形来近似圆, 而不是上面所说的八边形。也许阿基米德欠了古埃及先人一个人情。

尼罗河流域是早期数学思想的一个源头, 美索不达米亚的两河流域也是一个源头。美索不达米亚的政治历史比古埃及的政治历史要动荡得多, 因为这个区域是不同的部落或派别征服和被征服之地。尽管这样的政权更替使得名称不够精确, 但是我们要讨论的著作通常被称为 "古巴比伦数学"。

古巴比伦学术的黄金时代起始于汉谟拉比时期（大约公元前 1750 年）, 差不多与古埃及的阿默士是同一个时代。对后来的学者来说, 幸运的是, 古巴比伦人是在泥板上而不是在草纸上写东西。时间久远的草纸书容易腐化, 而厚重的泥板却很少生物降解。因此今天才留下了数千件遗迹, 有的是完整的, 有的是碎片, 其中有不少是数学样板。

如果说单位分数是古埃及数学一个公认的特征, 那么六十进制枚举系统则是古巴比伦数学的特征。历史学家长期以来对古巴比伦人采用这样的进制体系表达了佩服和惊讶。他们使用两个符号：一个符号看起来有点像 T, 代表 1；另一个符号与我们的 < 相似, 代表 10。

对于较小的数, 他们的记法是平凡的：2 被写成 TT；12 被写成 <TT；42 则被写成

$$\ll\ \ \underset{\ll}{\overset{}{\text{TT}}}$$

等等。但是当古巴比伦人的数达到 60 时, 他们的符号则有不同的意思。如果 T 被看成占据一个位置, 那么 T 则不再是 1 而是一个 60。如果占据一个不同的位置, 那么它可能是一个 $60^2 = 3600$。于是, 82 写成 T

≪ TT, 意思是一个 60 加上两个 10 再加上两个 1。注意这里的符号 T 根据它在数中的位置不同而有不同的意思。

这种创新不仅改进了表示数的方法, 而且还使得原始符号集合最小化。相比起来, 罗马数字体系不是一种位置体系, 它需要一大群符号, 诸如 I, V, X, L, C, D, M。当数字变大到百万、十亿、万亿时, 就需要引入更多的罗马字母, 直到字母表被用尽。（当然, 古罗马人不需要这样大的数, 此时距国债到来还有一千年。）

同样重要的是, 古巴比伦人的记法使得他们可以很容易地表示小数。一块古代的泥板介绍了这样一个数, 它的平方是 2, 我们今天会把它写成 $\sqrt{2}$, 当年它被表示成:

$$\text{T} \ll \begin{matrix} \text{TT} \\ \text{TT} \end{matrix} < \begin{matrix} \ll \\ \ll \end{matrix} \text{T} <$$

用我们的记法表示, 这组编码可以简化成一串整数 $1 - 24 - 51 - 10$。古巴比伦人没有对应于十进制的小数点, 所以我们不得不想办法确定这个表示的整数部分和小数部分。因为 $\sqrt{2}$ 是一个比 1 大的数, 所以显然第一个数是一个整数, 其余的数都是小数。

但是是哪个小数呢？在我们的十进制体系下, 小数点右边的数字是十分之一的个数, 接下来是百分之一的个数, 再接下来是千分之一的个数, 等等。采用这样的模式, 我们把 1 后面的表示翻译成 $1/60$ 的个数, 下一个符号是 $1/60^2$ 的个数或者是 $1/3600$ 的个数, 最后一个符号是 $1/60^3$ 的个数或者是 $1/216\,000$ 的个数。于是巴比伦的 $1-24-51-10$ 等于我们的

$$1 + \frac{24}{60} + \frac{51}{3600} + \frac{10}{216\,000} \approx 1 + 0.4 + 0.014\,167 + 0.000\,046 = 1.414\,213$$

正如我们在第 K 章中所看到的那样, $\sqrt{2}$ 的一个九位小数估测值是 $1.414\,213\,562$, 所以古巴比伦人的估测值还是相当惊人的。他们最终掌

握了六十进制算术。

从现代的角度看，他们的体系有一个明显的遗漏：古巴比伦人没有表示零的符号。这个遗漏会导致误解，因为 < T 可能表示 11，或是 $10×60+1=601$，或是 $10×3600+1=36\ 001$，或是 $10×3600+1× 60= 36\ 060$。当面对小数时，可以通过考虑上下文来避免很多混淆，但是引入作为"占位符"的零对于排除歧义是非常必要的。

有意思的是，古巴比伦人从来就没有迈出这一步。到了公元前第一个一千年的中期的塞琉古王朝时期，引入了一个内占位符记法，从而使人们能够区分诸如 61 和 601 一类的数。但是，他们没有描述数末尾的零的问题，所以他们的记法无法区分 620 和 62 000。经过几个世纪，真实的零最终出现在古印度数学中，而且还独立地出现在中美洲的玛雅人的数学中。一旦出现，它就是一个伟大的创新。

但是，又出现了另一个问题：为什么古巴比伦人要选择 60 作为他们的基数呢？人类文化的人类学研究和考古学研究已经发现通用的基数是 2、5、10 以及其他小于 20 的数。这多少与人类的解剖学特征相关：手臂、一只手上的手指、两只手上的手指、手指和脚趾。换句话说，人们以身体作为参照，以防计算出错。

但是，为什么是 60 呢？尽管无法确切地回答这一问题，但是一年大致有 $6×60=360$ 天似乎有点启发意义。研究数学起源的任何人都认识到了天文学的影响，而且没有哪个天文学度量比一年的长度更标准。也许一年（大致）360 天是把数 60 提升到古巴比伦算术中一个重要位置的关键。无论如何，它已经在诸如一分钟有 60 秒、一小时有 60 分、一个圆有 360 度这样的基为 60 的度量制中影响到我们。

古巴比伦数学至少与古埃及数学一样为后来东地中海地区的诸多发现奠定了基础。但这不是 2000 年前数学繁荣发展的唯一一个地方。在亚洲另一端的中国人已经建立起他们自己的令人钦佩的数学传统。

我们已经在第 H 章遇到了中国数学，在那里我们看到了在《周髀算经》中出现的毕达哥拉斯定理的证明。显然中国人对这个定理的理解更具一般性，从使用这个定理的问题的收集中就可以明显地看到这一点。例如，下面就是出现在《九章算术》中的一个问题。《九章算术》是一部数学论文集，它的创作年代可以追溯到至少 2000 年前，有时候人们称之为与欧几里得的《几何原本》等同的"中国的几何原本"。《九章算术》最后的第九章的第五个问题是：

树高为 20 尺的一棵树周长是 3 尺。有一根葛根藤盘绕到树上 7 圈，一直到树顶。这条藤的长度是多少？[6]

如图 O-2 左边所示的那样，这条藤以螺旋式曲线绕着这棵圆柱形的树向上攀升。目标是求它的长度。为了实现这个目标，想象这样的场景：设藤的根是固定在地面上的，然后，树被向右"滚动"了七圈。当树移动时，这条藤展开，直到藤在树顶与地面之间被拉紧的最后状态，如图 O-2 的右图所示。

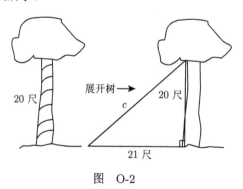

图　O-2

这样就产生了一个直角三角形，高是 20，即树的高度；它的宽度就是当树滚动时，树干上一个点经过的距离。每滚动一圈，这个点都移动了这棵树的周长的距离，这棵树的周长是 3 尺，所以这个三角形的底是 7×3=21 尺。所以，我们有这样的直角三角形，两条直角边分别是 20 和 21，斜边是 c，即这条藤的长度。根据毕达哥拉斯定理，$c^2 = a^2 + b^2 = 20^2 + 21^2 = 400 + 441 = 841$，所以 $c = \sqrt{841} = 29$ 尺。这就是 2000 年前中国的大师们在《九章算术》中给出的答案。猜猜今天的我们将如何处理这样的藤问题，不禁令人深受启发。

看完几何，我们再说一下算术。中国人沉迷于**幻方**，这是整数的正方形排列，每一行、每一列及两个主对角线上的整数之和相等。同所有古代数学一样，幻方的原创的精确时期很难确定，但是有一个传说，5000 年前大禹从一只神秘的乌龟的背上拓印了一个幻方。尽管数学家们更喜欢把结果归于纯推理而不是神秘的动物身上，但是毫无疑问，中国人是这一类数字排列的古代大师。

在图 O-3 中，我们看到一个 3×3 的正方形，它包含从 1 到 3^2=9 的整数。注意每一行、每一列以及两个主对角线上的整数之和等于 15。这是一个 3×3 的幻方，它被称为洛书。对中国人来说，它承载着特殊的意义：协调与平衡，阴与阳。这把数学提升到了一种精神层面。

4	9	2
3	5	7
8	1	6

图 O-3

这个正方形并不难得到，但是它的 4×4 或者 5×5 类似物又是什么样子的呢？构造它们需要一些技巧，需要更精妙的理论，这些东西不仅激起了中国人的兴趣，而且还激起了后来的阿拉伯人，乃至后来的本杰明·富兰克林的兴趣。当政治争论变得乏味时，富兰克林就开始调制幻方。

如果我们希望构造一个 $m \times m$ 幻方，第一步是要确定每一行和每一列以及主对角线上的数的公共和。因为必须把 1 到 m^2 的数分布到这个正方形里，所以我们知道这个正方形里的所有整数之和是 $1 + 2 + 3 + \cdots + m^2$。正如我们在第 J 章看到的那样，前 n 个整数之和是由简

单的公式

$$\frac{n(n+1)}{2}$$

给出的。因此, 不考虑它们的排列, 在这个 $m \times m$ 幻方中所有项的总和是

$$1 + 2 + 3 + \cdots + m^2 = \frac{m^2(m^2 + 1)}{2}$$

当然, 把这个正方形的 m 行的每一行加起来也可以得到这个和。因为每一行的和是相同的, 所以每一行的和一定是总和的 $1/m$, 因此 $m \times m$ 幻方的每一行 (和每一列) 的和是

$$\frac{1}{m} \times \frac{m^2(m^2 + 1)}{2} = \frac{m(m^2 + 1)}{2}$$

例如, 如果我们希望构建一个 5×5 的幻方, 每一行、每一列及主对角线的和一定等于

$$\frac{5(5^2 + 1)}{2} = 65$$

剩下的大部分工作就是奇迹般地排列这些数字, 但是这种初步的计算让我们知道行和列的总和要达到多少。中国人解决这一问题的能力非常强, 图 O-4 所示的 5×5 的幻方就是一个明显的证据, 这是 13 世纪的杨辉做出的。

注意, 正如前面预测的那样, 每一行、每一列和主对角线之和等于 65。而其他内部模式是显然的。例如, 如果我们从 5×5 幻方中摘取以 13 为中心项的一个 3×3 的正方形 (见图 O-5), 会发现它是一个修正过的幻方, 使用了数 7, 8, 9, 12, 13, 14, 17, 18, 19, 其中每一行、每一列和主对角线的和都等于 39。这个例子和其他 "规则套规则" 的例子特别吸引那些在数字排列中追求完美的人。

1	23	16	4	21
15	14	7	18	11
24	17	13	9	2
20	8	19	12	6
5	3	10	22	25

图 O-4

14	7	18
17	13	9
8	19	12

图 O-5

离开中国人，我们必须赶快提一下另一个文明，它的贡献十分重要：古印度文化。古印度数学大致可以追溯到古埃及的草纸书和古巴比伦的泥板时代，一个迷人且未解决的问题就是这些人之间接触的程度。肯定有人怀疑古印度和中国数学之间有相互作用，但是说到这一相互作用的规模和趋势，恐怕谁也不可得知。

无论如何，古印度人在数学方面是十分优秀的。其中，他们最重要的成就是三角学的发展。他们在这个领域的大部分工作渗入后来的阿拉伯文化，又在 15 世纪传入欧洲。当代世界得益于伟大的古印度三角学家甚多。

古印度人还解决了一些非常奇妙的代数类问题，尽管当时没有符号体系。其中一个问题应该归功于婆什伽罗，也叫巴斯卡拉或"婆什伽罗老师"，他生活的年代大约是公元 1150 年。例如，有一个问题是求两个整数，使得第一个数的平方的 61 倍比第二个数的平方少 1。用现代的记法，这相当于求两个数 x 和 y 使得 $61x^2 = y^2 - 1$。这个问题在 17 世纪的欧洲再一次被提出来，给数学家们带来相当大的考验，婆什伽罗给出了这个问题的正确解。他的答案是 $x = 226\ 153\ 980, y = 1\ 766\ 319\ 049$,[7] 这很难不令人惊讶。

古印度人还给我们留下很多具有启发性的几何结果，其中最引人注目的就是求圆内接四边形面积的婆罗摩笈多公式。**圆内接四边形**

（cyclic quadrilateral）是内接于一个圆的四边形, 如图 O-6 所示。婆罗摩笈多是公元 7 世纪的天文学家和数学家, 他说边长为 a, b, c, d 的任意四边形的面积可由下面的公式给出:

$$\sqrt{(s-a)(s-b)(s-c)(s-d)}$$

其中 $s = \dfrac{1}{2}(a + b + c + d)$, 称为这个四边形的**半周长**。

来看一下它的应用, 考虑图 O-7 所示的边长为 a 和 b 的矩形。当然, 令矩形的对角线交点 O 为圆心, 就可以作这个矩形的外接圆。因为矩形可以是圆内接四边形, 所以我们可以运用婆罗摩笈多公式。因此有

$$s = \frac{1}{2}(a + b + a + b) = \frac{1}{2}(2a + 2b) = a + b$$

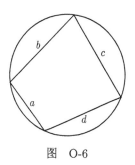

图 O-6

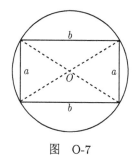

图 O-7

所以有 $s - a = (a + b) - a = b$ 及 $s - b = (a + b) - b = a$。因此, 这个矩形的面积是

$$\sqrt{(s-a)(s-b)(s-a)(s-b)} = \sqrt{b \times a \times b \times a} = \sqrt{a^2 b^2} = ab$$

当然, 我们无须用像婆罗摩笈多公式这样强大的武器去发现矩形的面积等于它的长与宽的乘积。这颇像用联合收割机去割一根草一样。

但是，下面的例子就不是这样初级了，它取自于古印度的课本。[8] 在这里我们要求的是边长为 $a = 39, b = 60, c = 52, d = 25$ 的圆内接四边形的面积，如图 O-8 所示。如果没有婆罗摩笈多公式的帮助，这一定非常困难；有了婆罗摩笈多公式的帮助，很快就会得出答案。这个圆内接四边形的半周长是

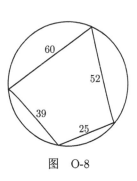

图　O-8

$$s = \frac{1}{2}(39 + 60 + 52 + 25) = 88$$

因此面积是 $\sqrt{(88 - 39)(88 - 60)(88 - 52)(88 - 25)} = 1764$。

婆罗摩笈多公式有一个有趣的推论。对于图 O-9，如果我们沿着圆滑动顶点 D 到顶点 C，此时这个圆内接四边形就变成了三角形 ABC。在这样的变换下，边长 $\overline{CD} \to 0$，所以这个三角形可以看成"退化"的四边形，因此它的面积是

$$\sqrt{(s - a)(s - b)(s - c)(s - 0)} = \sqrt{s(s - a)(s - b)(s - c)}$$

现在，s 是 $\triangle ABC$ 的半周长。有些读者也许认出来了，这个公式就是三角形面积的海伦公式，它是以大约公元 75 年对此给出一个聪明证明的古希腊数学家的名字命名的。因此，婆罗摩笈多公式是海伦公式到圆内接四边形的扩展。这是几何学中一个引人注目的例子。

我们已经简要地提到了古印度数学最伟大的成就之一：在十进制体系内引入了零。我们不可能精确地给出这一思想的产生年代，但是它也许可以追溯到公元第一个一千年的中期。这一时期的文献和碑文非常清楚地展示出零，与我们今天的零看起来很像。这一发明非常有用，

不仅作为一个理论结构有用，而且作为一个计算工具也非常有用。所以，正是由于印度人采用了引入零的数字体系，他们的技术才迅速地被与他们有来往的阿拉伯人采用。到了第一个一千年的末期，阿拉伯学者撰写了一本关于美妙的"印度算术"的书。

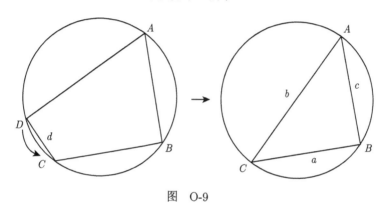

图　O-9

正是通过阿拉伯人，这些思想最终向西流入欧洲。其中最关键的一步就是 1202 年比萨的列昂纳多出版的《算盘书》。列昂纳多就是我们今天都知道的斐波那契，他在北非度过了年轻时的大部分时光，在那里学习了阿拉伯语并研究了阿拉伯数学。就这样，他掌握了现在所谓的印度–阿拉伯数字体系。斐波那契的书把这些思想带到意大利的学术中心，从这里开始，这些思想很快就传播到了欧洲大陆。

零的故事是数学历史的经典故事。一种思想诞生了；经过几个地方和几个世纪的流传，它得到了提炼，并被传播开来；它变成了国际数学文化的一部分。数学是全世界人都能够自豪分享的杰作。

或许它应该如此。然而，数学的起源问题已经成为挑战西方文明传统观点这一大战役中的一个小冲突。你会发现两种极端观点。一种是欧洲中心论，认为真正的数学起源于古希腊，在那里，数学从本土杰出的思想家那里获得了生命。这一学派很少承认其他地区的数学成就和影响。

反对这一观点的是多元文化派，他们坚持认为数学同时起源于地球上许多不同的文明。这一看法把诸多发现归功于非欧文明，并坚持认为欧洲中心论者试图歪曲历史，目的是提高他们自己的国家、宗教以及种族的地位。

无须多说，这样的争论很快升温，甚至在通常都很安静的"数学大厦"内也如此。与大多数学术争论一样，尽管真理可能在两者之间，但往往是极端分子抢尽了风头。

没有人能忽视来自世界各地的数学家的丰硕成果，包括遭受欧洲文明错误和粗暴排斥的那些数学家的成果。不可否认，古希腊人最重要的贡献在于强调数学中逻辑证明的重要性，直到今天，这仍旧从根本上刻画着数学的特征，提高了这门学科的精妙和抽象层次，这是前所未有的。学者们从没有在同样久远的数学传统中发现如欧几里得的《几何原本》和阿基米德的《论球和圆柱》那样精妙的杰作。古希腊数学是首创的，是非凡的。当然，牛顿、莱布尼茨以及欧拉等人后来的发现也不会因为他们恰恰来自英格兰、德国和瑞士而失去辉煌。

但是，同样清楚的是希腊数学不是凭空产生的。其他文化，无论是古希腊之前还是之后的文化，都对数学的发展做出了很多贡献。与别人分享荣誉时表现得如同失去了它一样的学者们常常忽视这些事实。认为数学史之欧洲中心论解释过于肤浅的学者们可以罗列出很多明显的证据来支持自己的主张。

经常被激进的欧洲中心论者忽视的一个证据恰恰来自希腊人自己。公元前 15 世纪的古希腊历史学家希罗多德写道：埃及人对面积度量的兴趣是"几何被发现并被引入希腊之路"。[9] 非洲的埃及与南欧的希腊之间肯定存在着接触，而且最初的思想流向是由南向北的。这里绝无半点贬低古希腊数学成就之意，但是不认可更早的古埃及文明对古希腊思想进程产生过重大影响，也许是严重的误解。

古巴比伦人对算术和枚举的贡献，中国人关于数论的发现，古印度人的三角学以及后来的阿拉伯代数，等等，这一切融合成现代数学之盛宴，除掉其中任意一道菜肴都将严重影响这一整体。

与许多遥远过去的话题一样，数学起源问题仍然没有最终的答案。更好的学识、更大规模的翻译以及一两次幸运的考古发现都可能使我们更加清楚地领略到数学的开始。但是，今天关于谁第一个发现了什么的争论不禁令人想起另一个故事：第 K 章中讲述的关于微积分优先权的争论。像那样令人遗憾的掺杂着真理、谎言和民族自尊的争论一样，当前的争论很有可能会掩盖关于数学思想起源的一个本质事实：在这一伟大的人类成就中，承载着足够大家分享的荣耀。

质数定理
Prime Number Theorem

$$\pi(x)/x \approx 1/\ln x$$

现在我们要返回到我们经常光顾的第 A 章：质数的性质。正如我们已经提到的那样，质数是整个自然数体系唯一的构建模块，因此几个世纪以来受到了人们的特别关注。

在涉及质数的很多问题中，最有趣的问题之一应该是质数在整数中的分布问题。质数是以一种纯粹随机的方式穿插在它们的非质数"亲戚"中间的吗？或者，它们以某种规律或某种可见的模式出现吗？后面这个问题的答案是"有一些规律"。如果说这个答案有些推诿和令人不满意，那么本章希望论证这里的确有一个相当明显的模式。它诠释了整个数学中最壮观的成果之一——质数定理。

任何研究质数分布的人应该都是从一个列表开始的。下面的列表包括了小于 100 的 25 个质数：

$$2, 3, 5, 7, 11, 13, 17, 19, 23, 29, 31, 37, 41,$$
$$43, 47, 53, 59, 61, 67, 71, 73, 79, 83, 89, 97$$

如果这里存在某种模式的话，那么它不是那样显然。当然，2 之后的所有质数都是奇数, 但是这显然没有什么太大的帮助。我们注意到, 这些质数中有几个缺口: 24 和 28 以及 90 和 96 之间没有质数, 后者跨过连续 7 个合数。而与此同时, 我们看到某些质数之间仅相差两个单位, 如 5 和 7, 以及 59 和 61。这样背靠背的质数, 即 p 和 $p+2$ 这样的质数被称为**孪生质数**。

增加数据量, 我们收集第二个 100 中的所有质数, 即从 101 到 200:

$$101, 103, 107, 109, 113, 127, 131, 137, 139, 149, 151,$$
$$157, 163, 167, 173, 179, 181, 191, 193, 197, 199$$

这一次共有 21 个这样的数。我们又一次看到其间的缺口, 例如, 182 和 190 之间有 9 个整齐的合数, 而直到 197 和 199 才出现孪生质数。

在全面研究质数分布的过程中, 缺口 (在这之间质数相隔很远) 和孪生质数 (在这之间质数非常靠近) 好像承担着重要的角色。质数之间有更长的缺口吗? 孪生质数有无限多个吗? 有趣的是, 第一个问题很容易回答, 而第二个问题是数论中至今都没有解决的问题之一。

我们先从容易的问题开始。假设我们要生成五个连续的合数。使用第 B 章的因数分解记法, 我们考虑下面这些数:

$$6! + 2 = 722, 6! + 3 = 723, 6! + 4 = 724, 6! + 5 = 725, 6! + 6 = 726$$

很容易看到这些数中没有质数, 但是一个更有意义的问题是其中的原因。第一个数是 $6! + 2 = 6 \times 5 \times 4 \times 3 \times 2 \times 1 + 2$。因为 2 是 6! 和其本身的因子, 所以 2 是和 $6! + 2$ 的因子, 因此 $6! + 2$ 不是质数。而 $6! + 3$ 也不是质数, 因为 $6! + 3 = 6 \times 5 \times 4 \times 3 \times 2 \times 1 + 3$, 而 3 可以整除这两项, 因此可以整除整个和。同样 4 是 6! 和 4 的因子, 因此是它们的和的因子; 5 是 6! 和 5 的因子, 因此是和 $6! + 5$ 的因子; 6 是 $6! + 6$ 的因子。每一个数都有一个因子, 因此都不是质数。所以我们生成了五个连续的非质数。

可以肯定地说，我们这样做太复杂了，因为五个连续合数 24, 25, 26, 27, 28 就满足条件啊。为什么引入因数分解，让我们去分解这一大于 700 的数呢？

原因是我们需要一个一般的方法。如果我们要去寻找 500 个连续的合数的话，搜索质数列表是不现实的，但是，刚才使用的推理却使我们能够用相同的模式给出一系列合数。

即从 501! + 2 开始，一路取到 501! + 501，得到一些整数。显然这样做给出了 500 个连续的整数。几乎也同样显然，它们都是合数，因为 2 整除 501! + 2, 3 整除 501! + 3, 以此类推，直到 501, 501 能够整除 501! + 501。因此这是 500 个连续的合数。

从 5 000 001! + 2 开始利用完全相同的过程，我们可以生成 500 万个连续数，其中没有一个质数。同样，我们也很容易生成 50 亿个甚至是 5 万亿个连续的合数。这样的推理产生一个惊人的结论：质数之间存在任意长的缺口。

这个意思就是说，如果这样继续下去，在每一百个整数之间计数质数，那么我们可以取到一个数，从这个数开始，完全没有质数，即一百个连续整数都不是质数。但是，这种状况太奇怪了。当得到 500 万个连续的合数时，我们要检查每一百个整数组成的 50 000 个连续小组，并发现其中没有一个质数！就在这一刻，似乎可以肯定没有质数了。

建议相信这一结论的人回到第 A 章去查阅一下质数无穷性的证明。存在如此巨大的缺口，使得人类穷其一生也无法计数它们，但是，在这些数的后面却一定存在更多的质数，总是有更多的质数。它们是无穷无尽的。

那么，另一个问题又如何呢？是否同样可能存在无穷无尽的孪生质数呢？数论学家已经与这个问题斗争了好几个世纪。即使在非常大的数中间，孪生质数也会不时地跳出来。质数 1 000 000 000 061

和 1 000 000 000 063 就是一个例子。但是直到今天，也没有人能够证明是否存在无穷多个孪生质数。这个问题至今仍没有解决。

尽管这个问题仍继续困扰着一流的数学大脑，但是**三胞胎质数**的无穷性问题还是比较容易解决的。我们说三个质数是三胞胎，如果它们有形式 $p, p+2, p+4$。例如，3, 5, 7 就是一组三胞胎质数。有无穷多组三胞胎质数吗？

为了回答这个问题，我们首先观察到，当任何一个数除以 3 时，余数一定是 0、1 或 2。所以，如果我们有三胞胎质数 p、$p+2$ 和 $p+4$，考察 p 除以 3，那么存在三种可能的结果。

余数可能是零，即 p 是 3 的倍数，或者用符号表示为 $p = 3k$，其中 k 是某个整数。如果 $k = 1$，则 $p = 3$，于是我们就可以发现这三个质数是 3, 5, 7。如果 $k \geqslant 2$，那么 $p = 3k$ 不是质数，因为它有两个真因子 3 和 k。于是 3, 5, 7 就是这种情况下的唯一一组三胞胎质数。

其次，p 除以 3 的余数可能是 1，于是对于某个整数 $k \geqslant 1$，有 $p = 3k+1$。（注意，我们可以不考虑 $k = 0$ 的情况，因为 $p = 3(0)+1 = 1$ 不是质数。）对于这种情况，这组三胞胎质数的第二个数是 $p+2 = (3k+1)+2 = 3k+3 = 3(k+1)$。显然 $p+2$ 有因子 3 和 $k+1$，因此它不是质数。所以我们得出结论：对于这种情况，不存在三胞胎质数。

最后，假设 p 除以 3 的余数是 2。那么对于某个整数 $k \geqslant 0, p = 3k+2$。因此这组质数的第三个数是 $p+4 = (3k+2)+4 = 3k+6 = 3(k+2)$。于是 $p+4$ 不可能是质数，因为它有因子 3。没有符合这一情况的三胞胎质数。

汇总一下结果，我们看到唯一的三胞胎质数就是最简单的那个三胞胎质数：3, 5, 7。问题"三胞胎质数有无穷多个吗？"的答案是一个非常响亮的"不"。只有唯一一组。然而，当把"三"换成"二"时，这个问题就变成世界级问题。只变一个字就造成了如此大的差异。

我们已经远离了原来的主题：在全体整数中质数的分布是什么样的呢？一个选择是收集数据，逐个检查，寻找某个可能规律的证据。我们就以这种思路进行。

这里有个习惯，引入符号 $\pi(x)$ 来代表小于或者等于整数 x 的质数数目。例如 $\pi(8) = 4$，因为 2, 3, 5, 7 是四个小于或等于 8 的质数。同样，$\pi(9) = \pi(10) = 4$。而 $\pi(13) = 6$，因为 2, 3, 5, 7, 11, 13 是六个小于或等于 13 的质数。

现在，我们来收集数据。这相当于计数质数并创建一个 $\pi(x)$ 的表格。下面就是一个这样的表格，在这里我们取当 x 为 10 的幂时 $\pi(x)$ 的值，x 的取值范围是在 10 和 100 亿之间。

x	$\pi(x)$	$\pi(x)/x$	$r(x) = x/\pi(x)$
10	4	0.400 000 00	2.500 000 00
100	25	0.250 000 00	4.000 000 00
1 000	168	0.168 000 00	5.952 380 95
10 000	1 229	0.122 900 00	8.136 696 50
100 000	9 592	0.095 920 00	10.425 354 5
1 000 000	78 498	0.078 498 00	12.739 178 1
10 000 000	664 579	0.066 457 90	15.047 120 1
100 000 000	5 761 455	0.057 614 55	17.356 726 7
1 000 000 000	50 847 534	0.050 847 53	19.666 638 7
10 000 000 000	455 052 512	0.045 505 25	21.975 486 3
$\vdots$	$\vdots$	$\vdots$	$\vdots$

这个表格的右边两列需要做一些解释。其中一列给出了 $\pi(x)/x$ 的值，这个值是小于或者等于 x 的质数数量的比例。例如，如果小于或者等于 100 万的质数有 78 498 个，则

$$\frac{\pi(1\ 000\ 000)}{1\ 000\ 000} = \frac{78\ 498}{1\ 000\ 000} = 0.078\ 498$$

其意义是 100 万以内的质数占所有数的 7.58%, 而占 92.15% 的大部分数是合数。

最右边的一列给出了 $\pi(x)/x$ 的倒数, 我们称它为 $r(x)$. 对于 $x = 10$, 我们看到

$$r(10) = \frac{10}{\pi(10)} = \frac{10}{4} = 2.5$$

包含这一列的原因就是, 最终我们至少要大致确定 $r(x)$ 为一个熟悉的数学实体。

这个表格呈现了什么样的模式呢? 显然当 x 增大时, 小于或等于 x 的质数的比例减小 (可以看一下第三列)。换句话说, 当我们移向更大的数时, 质数会成比例地变得稀少。稍微思考一下就会明白这一现象的合理性。毕竟, 对于质数来说, 它必须避免被所有更小的数整除。而对于小的数, 因为它前面的数更少, 所以更容易避免被整除。因此, 7 要成为质数, 只需在 2, 3, 4, 5, 6 之间没有因子即可, 而 551 要成为质数, 则必须避开 $2, 3, 4, 5, \cdots, 549, 550$ 中的所有因子, 这看起来似乎是可能性更小的事件。(事实上, 551 可以被 19 整除, 所以它不是质数。) 这就像在稀疏的小雨中奔跑要比在猛烈的暴风雨中奔跑更容易些一样, 所以, 如果一个数要避开的数更少且更小, 那么它更容易成为质数。

但是, 数学家们需要某种比"随着我们向前走质数变得稀少"这一类普通的观察更强大的东西。他们要寻找一个规律, 或者数学公式, 以此至少粗略地反映质数的分布。为此, 上面那张表就没有太大帮助了。甚至最敏锐的观察者也无法仅凭借这一表格就发现某种模式。

但是就在这里, 出现了微妙、深奥且意想不到的东西。为了发现这一模式, 我们必须再一次考虑数 e 和自然对数。看似相当奇妙的数 e 会与质数有什么关系? 但是, 正如我们在第 N 章中看到的那样, 这个数经常在很多意想不到的地方突然出现。

所以, 扩充这张表格, 增加一列 $e^{r(x)}$ 的值。例如, 当 $x=10$ 时, $r(x) = 10/4 = 2.5$, 于是我们在右边的一列记入值 $e^{2.5} \approx 12.182\ 494$。按着这样的模式进行, 得到

x	$r(x) = x/\pi(x)$	$e^{r(x)}$
10	2.500 000 00	12.182 494
100	4.000 000 00	54.598 150
1 000	5.952 380 95	384.668 125
10 000	8.136 696 50	3 417.609 127
100 000	10.425 354 5	33 703.416 8
1 000 000	12.739 178 1	340 843.293 2
10 000 000	15.047 120 1	3 426 740.583
100 000 000	17.356 726 7	34 508 861.36
1 000 000 000	19.666 638 7	347 626 331.2
10 000 000 000	21.975 486 3	3 498 101 746
⋮	⋮	⋮

尽管最右边这列近似值没有展示出很完美的规律, 但是你可以认识到其中的一个基础原理：当我们向下移动时, 下面每一项似乎大约是上一项的十倍。从一行落到下一行时, 即当把 x 增加一个 10 的因子时, $e^{r(x)}$ 的值也大致增加一个 10 的因子。

这一现象可以用代数表达式概括如下：

$$对于充分大的 x, \quad e^{r(10x)} \approx 10e^{r(x)}$$

这个表达式简单地说明, 通过把输入从 x 增加到 $10x$, 新的输出 $e^{r(10x)}$ 将大约是旧输出 $e^{r(x)}$ 的 10 倍。

表面上可能看不出来, 但是这种观察是很有意义的。我们已经把目标设定为确定 $r(x)$, 那么现在至少我们已经得到相关的公式, 即

$e^{r(10x)} \approx 10e^{r(x)}$。的确, 这一公式不是对每个函数都适用。如果能够找到一个服从这个规律的函数, 那么对我们确定 $r(x)$ 是大有帮助的。

我们调用自然对数。在第 N 章, 我们强调说有

$$\ln(e^x) = x$$

这一表达式说的是, 取自然对数可以撤销求幂的过程。但是, 反方向操作同样可行: 如果我们从 x 开始, 取它的自然对数, 然后用这个结果再取幂, 我们又返回到 x。符号表示为

$$e^{\ln x} = x \qquad\qquad (*)$$

举一个具体的例子, 如果 $x = 6$, 则 $\ln x = \ln 6 \approx 1.791\ 759\ 469$, 而 $e^{\ln x} = e^{\ln 6} = e^{1.791\ 759\ 469} \approx 6$。我们回到了起点。

所以, 如果我们从 $10x$ 开始, 取自然对数得到 $\ln(10x)$, 然后再取幂得到 $e^{\ln(10x)}$, 可逆性说明我们可以再一次得到 $10x$, 即 $e^{\ln(10x)} = 10x$。但是根据 $(*)$, 显然有 $10x = 10e^{\ln x}$。把这两个事实放到一起, 我们得出结论

$$e^{\ln(10x)} = 10e^{\ln x}$$

剩下的工作就是在上面已有的关系下考虑这个等式, 即我们要比较下面两个式子:

$$e^{r(10x)} \approx 10e^{r(x)}, \quad e^{\ln(10x)} = 10e^{\ln x}$$

它们的模式是一样的。我们做一个大胆的假设: 当 x 充分大时, $r(x)$ 大致等于 $\ln x$。

这就是质数定理的本质, 尽管我们用不同的形式重写这一关系, 即以 $x/\pi(x)$ 取代 $r(x)$ 得到 $x/\pi(x) \approx \ln x$, 然后取倒数得到如下定理。

质数定理: 对于充分大的 x, $\pi(x)/x \approx 1/\ln x$。 ∎

以这种形式, 这个定理展现出它的全部荣耀。它说的是, 质数在所有整数中的比例 $\pi(x)/x$ 在 x 充分大时大致等于 $\ln x$ 的倒数。质数的分布与自然对数有着这样的关联是非同寻常的。

当然, 我们还没有给出任何证明。我们也不再证明了。我们已经粗略地领略到了这一答案应有的意义。做一次具体的数字检验, 我们再次修改表格, 把 $\pi(x)/x$ 及其近似值 $\ln x$ 包含进来:

x	$\pi(x)/x$	$1/\ln(x)$
10	0.400 000 00	0.434 294 48
100	0.250 000 00	0.217 147 24
1 000	0.168 000 00	0.144 764 83
10 000	0.122 900 00	0.108 573 62
100 000	0.095 920 00	0.086 858 90
1 000 000	0.078 498 00	0.072 382 41
10 000 000	0.066 457 90	0.062 042 07
100 000 000	0.057 614 55	0.054 286 81
1 000 000 000	0.050 847 53	0.048 254 94
10 000 000 000	0.045 505 25	0.043 429 45
⋮	⋮	⋮

这样的一致性当然是不完美的, 不过随着 x 的增大, 它的确得到了改进。如最后一项所展示的那样, 小于或等于 100 亿的质数的比例与 $1/\ln(10\,000\,000\,000)$ 只相差 0.002, 所以这个近似值的误差只有千分之二。出于某些奇怪的原因, 当质数趋向于无穷时, 质数就踏入了自然对数的节拍。

如果有读者认定不曾有凡人看出这样的关系, 那么我们建议他再想一想。卡尔·弗里德里希·高斯在 14 岁时写的诸多论文中有一篇写下了下面的式子: [1]

$$a(=\infty) \text{ 以下的质数 } a/la$$

这些记述是什么意思呢？首先，我们可以把"a 以下的质数"用现代等价物 $\pi(a)$ 替换。另外，显然"la"就是我们的"ln a"。而"$(=\infty)$"意思就是"当 $a \to \infty$"或者"对于充分大的 a"。因此，高斯的神秘片语翻译如下：

$$\text{对于充分大的} a, \quad \pi(a) \approx a/\ln a$$

我们用 a 去除上面式子的两边得到

$$\text{对于充分大的} a, \quad \pi(a)/a \approx 1/\ln a$$

这正是前面所描述的质数定理! 显然，少年高斯就已经看到了这一模式。

高斯的成就似乎与魔术师霍迪尼从被锁住并沉入水底的保险箱中逃脱的能力没有什么不同，也就是说，这个孩子的才能像魔法一样。但是，我们不应该忘记高斯对数的异常迷恋，而且他有着惊人的高智商，还有，他生活在没有电视的时代。

正如我们提到的那样，高斯已经认识到了这种模式，但是他没有给出证明。之后几十年也没有人给出证明。1896 年，雅克·阿达玛（Jacques Hadamard, 1865—1963）和瓦利·普桑（C. J. de La Vallee Poussin, 1866—1962）利用解析数论的某些非常精妙的技术最终证明了质数定理。这两个人除了生卒年几乎一样之外，他们还独立地几乎同时给出了这一证明，因此他们分享了建立这一数学里程碑的荣誉。

我们以一个颇具深意的现象结束本章。从欧几里得时代开始到今天，关于质数有数以千计的定理得到了证明。有些非常重要，有些非常优美。但是，它们当中只有一个，也就是本章的论题，被一致称为质数定理。

商

Quotient

在 1637 年的《几何》一书中，勒内·笛卡儿评论道："算术只包含四种或五种运算，分别是加法、减法、乘法、除法和开方。"[1]

尽管他对精确数字（"四或五"）的表述含混不清，显得不太负责任，但是笛卡儿还是相当明确地说出了算术所允许的运算。以现代的观点看，可以利用这些运算生成一个数系分级结构，而每一级数系都是对其前趋的扩充，同时带来更大的代数可操作性。这种来自算术运算的数系结构既是逻辑要求也是历史要求。

同第 A 章一样，这次冒险旅程从自然数集合 N 开始。假设我们在这个数系内工作，而且可操作的运算只有加法。也就是说，我们可以选择任意两个自然数，然后把它们加起来，并记录其结果。如果我们要把所有可能的数对加起来，并把它们的和集中起来形成一个集合，它将是什么样子的呢？

立刻就有答案：它仍然是自然数集合 N。数学家说，自然数在加法之下是**封闭的**。这里的意思是，任何一个自然数都不会因为与其他自然数成员相加而逃出自然数集合 N。集合 N 对加法来说是充分的。

如果我们做的是乘法，上面的结论一样成立。整数的加法与乘法的结果仍然是整数，所以 N 不仅对加法封闭，而且对乘法也展示了封闭性。到此一切正常。

但是，当我们引入减法时，情况就变得糟糕了。两个自然数的差是自然数的结论不再为真，例如，尽管 2 和 6 在 N 中，但 2 减 6 的差不在 N 中。利用减法，我们就可以逃脱自然数集合 N。

此时，我们面临两种选择。有一个老笑话表明了第一种选择，这个笑话说的是一个病人非常痛苦地抬起他的手臂说："医生，我这样做时它受伤了。"

这位医生的劝告是："那就不要这样做了。"

因此，我们可以通过禁止做减法来克服两个自然数相减带来的缺欠。当然，这是荒谬的。另一个选择，也是数学家采用的补救方法就是允许做减法，但是相应地扩充数系。扩充后的数系，包含负整数和零，称为**整数**，记作 **Z**。

尽管对我们来说有点奇怪，但是很多数学家最初确实非常激烈地反对"数"的扩充想法。其中一部分原因是从古希腊遗传下来的数学的几何情结，因为很难想象有负长度、负面积和负体积。还有一部分原因就是对小于零的量的一种哲学上的反感。因此，我们发现迈克尔·施蒂费尔（Michael Stifel, 约 1487—1567）把负数称为"数字疯子"，杰罗拉莫·卡尔达诺（Gerolamo Cardano）同样使用了一个轻蔑之词："虚构的数"。这种反对负数的观点一直进入到了 18 世纪，正如弗朗西斯·马赛莱（Francis Maseres, 1731—1824）男爵在下面这段文字中说的：

人们曾经希望……负数不被允许进入代数，或者能把它从中再次排除掉：因为如果这样做了，那就有充分的理由想象，那些知识渊博且头脑聪慧的人如今对代数计算提出的因概念晦涩难懂而产生混淆和困惑的异议就会消失。[2]

甚至笛卡儿也把负数称为假根。对于大部分数学家来说，这既奇怪又让人觉得困惑。

尽管如此，数学家们还是治愈了减法的"疾病"，因为 Z 中任意两个整数的加、减和乘仍然产生 Z 中的整数。这个新数系在笛卡儿的三运算之下是封闭的。

接下来是除法，这个运算展现了更根本的问题。有时候情况很好：例如，6 和 2 在 Z 中，而 6/2 也在 Z 中。举一个生活中的例子，我们可以把 6 个苹果分给两个人，每个人得到 3 个苹果。

但是，如何把 2 个苹果分给 6 个人呢？正如喜剧演员说的那样，答案是制成苹果酱。这种幽默相当于承认 Z 在除法之下是不封闭的，因为 $2 \div 6$ 的商不在 Z 中。（有一次，演员格劳乔·马克斯被问到如何把 2 把伞分给 6 个人的时候，他的回答标新立异：把伞做成酱。）

适应除法可不是一件开玩笑的事情。它需要对整数数系做另一种扩充：把它扩充到商的集合，或者用专业的行话说，扩充到有理数集合。形式上，有理数集合 Q 是所有商 a/b 的集合，其中 a 和 b 是整数且 $b \neq 0$。因此，$-2/3$ 在 Q 中，$7/18$ 和 $18/7$ 也同样在 Q 中。注意，任意的整数 a 也在 Q 中，因为 $a = a/1$，此时后者显然是分数形式。

上面有一个限制，即分数的分母不能为零。诸如 $4/0$ 这样的表达式在有理数中是不允许的。看一下这是为什么。暂时假设 $4/0$ 有意义，使得存在某个数 x 有 $4/0=x$。如果利用交叉相乘，我们得到 $4=0 \times x$；但是 $0 \times x=0$，所以我们最终得到 $4=0$，这是任何人都不能接受的事实。数学家得出结论：分母为零的商根本就不是商。把零作为除数是算术严格禁止的事情。

有理数有两个重要性质值得一提。它们很有意义，因为它们是自然数或者整数所不具备的，而且说明了有理数优越于它的前辈 N 和 Z。

第一个性质是 Q 在加、减、乘、除四个基本运算之下是封闭的，当然禁止零作为除数。数学家喜欢这类数系，因为它们可以随意进行加、减、乘、除, 而且仍能留在数系之内。

第二个性质是有理数是稠密的, 这是它重要的不同之处。这表明任意两个有理数之间一定存在另一个有理数。显然整数没有这样的性质, 因为整数之间是有空隙的, 例如 5 和 6 之间没有整数。整数是按照一定的步伐分布的, 每一次都让其中的后继者走一个单位。我们认为整数是离散的、孤独的、不连续的。

而商却不是这样。1/2 和 4/7 之间有 15/28, 而 15/28 与 4/7 之间有 31/56, 等等。一般地, 对于任意两个有理数

$$\frac{a}{b} < \frac{c}{d}$$

它们的均值

$$\frac{\frac{a}{b} + \frac{c}{d}}{2}$$

落在它们之间（参见图 Q-1）。进一步, 把上面式子的分子和分母同时乘以 bd, 我们看到

$$\frac{\frac{a}{b} + \frac{c}{d}}{2} = \frac{\frac{a}{b} + \frac{c}{d}}{2} \times \frac{bd}{bd} = \frac{ad + bc}{2bd}$$

所以两个数的平均数的确是另一个有理数。

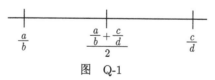

图　Q-1

因为这个过程可以无限地重复下去, 所以任意两个有理数之间有无穷多个有理数。因此, 有理数比任何沙丁鱼罐头和泡菜罐头还要稠密。它们丰富得无法理解。

这意味着所有数都是有理数吗？答案是"不", 当然这个答案似乎不怎么直白。有一个方法就是考虑分数的无限小数表示。

我们都还记得小学学过的十进制小数展开。通常的笔算产生一连串的商和余数，例如下面是确定 5/8 的小数的过程：

$$
\begin{array}{r}
0.625 \\
8\overline{)5.000} \\
\underline{4\ 8} \\
20 \\
\underline{16} \\
40 \\
\underline{40} \\
0
\end{array}
$$

这里，当我们向下移动余数时进行**高亮**显示：先是 5（这是我们开始进行运算的地方），然后是 2、4 和 0。一旦余数为零，就不用再进行下去了，我们最终得到 5/8=0.625。因为我们是在把有理数表示成无限小数的形式，所以可以附加无限多个零，于是写成 5/8= 0.625 000...。

这个例子中的除法过程能够停止，展示了两种可能性中的一种。当我们做诸如 5/7 这样的除法时，则产生另一种可能性：

$$
\begin{array}{r}
0.714285... \\
7\overline{)5.0000000} \\
\underline{49} \\
10 \\
\underline{7} \\
30 \\
\underline{28} \\
20 \\
\underline{14} \\
60 \\
\underline{56} \\
40 \\
\underline{35} \\
50
\end{array}
$$

此时, 这个除法过程没有停止的迹象。但是, 当我们考虑余数的序列 5, 1, 3, 2, 6, 4, 5 时, 看到出现了重复。在此, 我们发现又要做 50 除以 7 的运算, 所以我们必须进行相同的循环过程。这个小数展开将重复出现数字 714285, 然后返回到余数 5, 再次开始另一次循环。所以 5/7 展开是

$$0.714\,285\,714\,285\,714\,285\,714\,285\ldots$$

关键问题是, 这样的重复是一次偶然, 还是一个普遍的规律? 很容易看到, 这种重复是有规律的。当被 7 除时, 余数仅有的可能是 0, 1, 2, 3, 4, 5, 6。如果余数是零, 那么这个过程停止。否则, 不超过六步, 我们就一定会得到一个前面看到过的余数, 因为余数只能是 1 和 6 中间的一个。一旦一个余数重复出现, 除法的循环也将出现。

这里除数是不是 7 无关紧要。完全相同的推理过程表明, 当我们把 113/757 转换成小数时, 这一展开必将在最多 756 步之后出现重复 (实际上它很快就出现了重复)。一般地, 当进行 a/b 时, 除法要么会停止, 要么至多在 $(b-1)$ 步之后出现重复。

因此我们看到, 任何有理数的小数展开必定出现一个重复块。无论是第一个例子中的重复块 "0", 还是第二个例子中的 "714285", 都是如此。有理数是循环小数。

这一标准为生成 "非有理数" 提供了方法: 简单地创建一个没有重复块的无限小数。例如下面的实数

$$0.101\,001\,000\,100\,001\,000\,001\,000\,000\,100\,000\,00\ldots$$

有一个 0、两个 0、三个 0 等的串。不出现重复块。因此, 这个数不是有理数, 不能表示成两个整数的商。它就是数学家所称的**无理数**, 并具体解释了斯蒂费尔的深刻评论的意义: "当尝试给它们 (无理数) 一个一个编号时……我们发现它们永远可以逃脱, 本质上它们中的任何一个都无法被精确观察到。"用斯蒂费尔的话说, 在小数展开中结尾的无

规律性表明, 无理数隐藏在"无穷的云雾之中"。[3]

尽管上面引用的小数是无理数, 但它并没有受到人们的青睐。更加迷人的无理数应该有这样的身份: 它是一个被广泛使用的知名的无理数。例如 $\sqrt{2}$, 它的无理性早在 25 个世纪之前就得到了古希腊毕达哥拉斯学派的确认。

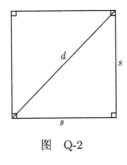

图 Q-2

如果我们考虑如图 Q-2 中所示的边长为 s、对角线为 d 的正方形, $\sqrt{2}$ 的重要性就显而易见了。毕达哥拉斯定理说

$$d^2 = s^2 + s^2 = 2s^2, \qquad d = \sqrt{2s^2} = s\sqrt{2}$$

因此, $\sqrt{2}$ 出现在任意正方形中, 它在高速公路标志、棋盘或者棒球场中随处可见。

$\sqrt{2}$ 很突出, 而且它是一个无理数。对于古希腊人来说, 这一事实似乎是一个不受欢迎的惊人事件。有一个传说, 讲的是它的发现者、毕达哥拉斯学派的弟子希伯斯因公开发表如此不幸的观点而被暗杀。一个生死攸关的结果应该得到特殊的关注, 所以我们给出两种不同的无理性证明。第一种方法需要一点几何知识, 而第二种方法需要一点数论知识。在两种方法中, 我们的目标都是证明 $\sqrt{2}$ 不能被表示成两个整数的商, 无论尝试什么样的方法都不可能。

正如我们在第 J 章中提到的那样, 这类目标仅通过举几个例子是不可能实现的。一位化学家把 50 000 份钠放入 50 000 个大口水杯里, 见证 50 000 次爆炸后也许能够得出产生了某种东西的结论。但是, 就算数学家选择 50 000 个分数, 发现其中没有等于 $\sqrt{2}$ 的, 也不能说他比没有开始实验的人更接近一般性结论。

为此, 迫在眉睫的事情是找到一种更巧妙的武器。这种武器就是反证法, 它将为下面两个推理打下基础。在这两种情况中, 为了证明 $\sqrt{2}$

是无理数，我们先假设其相反结论，即 $\sqrt{2}$ 是有理数成立，以此导出矛盾。

定理 $\sqrt{2}$ 是无理数。

证明 （反证法）假设 $\sqrt{2}$ 是有理数。那么一定存在正整数 a 和 b，使得 $\sqrt{2} = a/b$。在这里，我们要求 a/b 已经被化简到最小项[①]，这一条很重要。这不是一个不合理要求，因为只要适当调整分数总是可以做到的。（例如，我们可以把 15/9 化简成 5/3）。

利用 $\sqrt{2} = a/b$ 是最小项，构造边长为 b 的一个正方形（参见图 Q-3）。根据我们早前的观察，对角线长度是 $b\sqrt{2} = b \times (a/b) = a$。沿着这条对角线截取长度为 b 的线段 AD，作 $DE \perp AC$，其中 E 在 BC 上。于是，线段 CD 的长度是 $\overline{AC} - \overline{AD} = a - b$。

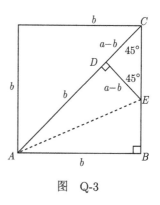

注意，$\angle ACB$ 是 45°，而 $\angle CDE$ 是 90°，所以 $\triangle CED$ 的另一个角也是 45°。从而 $\triangle CED$ 是等腰三角形，于是有 $\overline{ED} = \overline{CD} = a - b$。

图 Q-3

接下来画线段 AE，形成直角三角形 ADE 和 ABE，它们有公共斜边 AE。对这两个直角三角形运用毕达哥拉斯定理得

$$\overline{AB}^2 + \overline{EB}^2 = \overline{AE}^2 = \overline{AD}^2 + \overline{ED}^2$$

于是，$b^2 + \overline{EB}^2 = b^2 + \overline{ED}^2$，从这个式子我们可以得到 $\overline{EB}^2 = \overline{ED}^2$，所以 $\overline{EB} = \overline{ED} = a - b$。从而有 $\overline{EC} = \overline{BC} - \overline{EB} = b - (a - b) = 2b - a$。

[①] 这里，a/b 为最小项的意思是不存在正整数 c 和 d，使得 $c < a, d < b$ 且 $a/b = c/d$。最小项的概念使证明避开了最简分数的相关证明。——译者注

现在, 我们关注小直角三角形 CED。因为它的两个直角边的长度是 $a-b$, 所以由毕达哥拉斯定理可知它的斜边 EC 的长度是 $(a-b)\sqrt{2}$。而我们已经证明了 EC 的长度是 $2b-a$, 因此 $(a-b)\sqrt{2} = 2b-a$, 或者有

$$\sqrt{2} = \frac{2b-a}{a-b}$$

总结到此的推理, 我们假设 $\sqrt{2} = a/b$ 是最小项, 然后, 利用一点初等几何知识推导出

$$\sqrt{2} = \frac{2b-a}{a-b}$$

也许迹象还不明显, 但我们已经处在了矛盾的边缘。为了完成证明, 我们需要下面四个简单的观察。

(1) 因为 a 和 b 是整数, 所以 $2b-a$ 和 $a-b$ 也是整数。

(2) 因为我们假设 $\sqrt{2} = a/b$, 又因为 $1 < \sqrt{2} < 2$, 所以我们知道 $1 < a/b < 2$。在这个不等式两边乘以 b 产生不等式 $b < a < 2b$。

(3) 根据观察 (2) 中的 $b < a$, 我们导出 $a-b$ 是正的, 而根据观察 (2) 中的 $a < 2b$, 我们导出 $2b-a$ 也是正的。

(4) 在观察 (2) 中的不等式 $b < a$ 两边乘以 2, 我们看到 $2b < 2a$, 然后两边再减去 a, 我们得到 $2b-a < a$。

所以, 尽管我们已经假设 $\sqrt{2} = a/b$ 是写成正整数的商的最小项, 但是, 此时我们有

$$\sqrt{2} = \frac{2b-a}{a-b}$$

上式的分子和分母都是正整数 (根据观察 (1) 和观察 (3)), 这个新的分子 $2b-a$ 严格小于原来的分子 a (根据观察 (4))。因为此时我们有了更小的分子, 所以虽然可以化简 $\sqrt{2}$ 的分数表示形式, 但这不符合它已经是最小项的假设, 因此这个化简显然是不成立的。

矛盾出现了（正是时候）。而整个推理是以最初的 $\sqrt{2}$ 是有理数的错误假设开始的。推翻这一假设，我们得出 $\sqrt{2}$ 是无理数的结论，证明完毕。 ■

别怪我缠着这个数不放，现在我们要给出第二个且更短的 $\sqrt{2}$ 的无理性证明。它的先决条件是整数的唯一因数分解原理，我们已经在第 A 章中讨论了这个定理。除此之外还有一个原理，下面我们就讲一讲。

假设一个正整数 m 已经被分解成质数。例如，如果 $m = 360$，我们有 $m = 2^3 \times 3^2 \times 5$。注意，在这个因数分解式中质数 2 出现 3 次，质数 3 出现 2 次，质数 5 出现 1 次，其他质数，如 7、11、13 等没有出现。当然，对于不确定的整数，我们不能说出任何给定质数的出现次数。

但是，考虑 m^2。对于我们的例子，有下面的式子

$$m^2 = 360^2 = (2^3 \times 3^2 \times 5) \times (2^3 \times 3^2 \times 5) = 2^6 \times 3^4 \times 5^2$$

注意在 m^2 的因数分解中，每一个质数出现的次数是它在 m 的因数分解中出现次数的 2 倍，这表明每个质数出现的次数是偶数。因此，第一个 m 中的 3 个 2 乘以第二个 m 中的 3 个 2 得到 m^2 中的 6 个 2。类似地，有 4 个 3，2 个 5，而没有 7、11、13 等。

略加思考就会明白，这一现象总会发生，因为平方任意一个正整数，我们就把它的质因数出现的次数加倍，而且加倍会让结果是一个偶数。（零被加倍仍然是零，它也是偶数。）总之，我们已经核实了下面的原理：

任意整数的平方一定使得它的分解质因数中的每个质数出现偶数次。

到此，我们已经为第二个无理性证明做好了准备。

定理 $\sqrt{2}$ 是无理数。

证明 （反证法）假设 $\sqrt{2}$ 是有理数。于是存在整数 a 和 b，使得

$\sqrt{2} = a/b$。把这个式子两边平方，并交叉相乘，我们得到 $2b^2 = a^2$。

考虑对等式两边做分解质因数。右边出现了 a^2，即整数 a 的平方。根据上面的原理，我们知道质数 2 一定在这个因数分解中出现偶数次。同时，左边包含 b^2，同样质数 2 在它的因数分解中出现偶数次。但是这里存在一个问题，左边是 $2b^2$，所以有一个额外的 2 存在。因为 b^2 提供偶数个 2，所以表达式 $2b^2$ 在分解成质因数时，它一定包含奇数个 2。

因此我们导出一个矛盾，因为我们已经证明 a^2 被质因数分解时，它一定包含偶数个 2，而与之相等的数 $2b^2$ 的质因数分解却包含奇数个 2。因此，数 a^2 或者 $2b^2$ 有两个不同的质因数分解结果。

这是不可能的，它违反了第 A 章的唯一因数分解原理。因此逻辑上一定有什么地方是错误的。回头检查一下整个推理过程，发现这一麻烦源自我们最初的 $\sqrt{2}$ 可以写成分数的假设。我们推翻这一假设，得出 $\sqrt{2}$ 是无理数的结论。 ■

用 3、5、7 或其他任何质数取代 2，第二个证明可以论证 $\sqrt{3}$、$\sqrt{5}$、$\sqrt{7}$ 等是无理数。事实上，对于任何一个非完全平方整数 n，$\sqrt{n}$ 都是无理数。当 n 不是完全立方时，$\sqrt[3]{n}$ 也是无理数。当 n 不是完全四次方时，$\sqrt[4]{n}$ 也是无理数，以此类推。

所以，无理数大量存在。但是，这样的无理数尽管不能表示成整数的商，但是至少在一个标准之下，它们还是"温顺"的：它们都是简单整系数多项式方程的解。例如，无理数 $\sqrt{2}$ 是二次方程 $x^2 - 2 = 0$ 的解，而无理数 $\sqrt[4]{7}$ 是四次方程 $x^4 - 7 = 0$ 的解。我们必须强调的是，这两个方程都以整数作为系数。

这样一类数称为**代数数**。任何有理数 a/b 都是代数的，因为它是 $bx - a = 0$ 的解，这是一个一次方程，其系数 b 和 $-a$ 都是整数。在这样的意义下，代数数可以认为是有理数的扩充，只需要取消"一次"的限制，允许任意次数的方程，且保证方程的系数是整系数即可。

尽管任意有理数都是代数的, 但是显然代数数不一定是有理数, 如 $\sqrt{2}$ 或者 $\sqrt[4]{7}$ 都不是有理数。代数数包含所有有理数和大量的无理数。例如, 我们说无理数 $1/2+\sqrt{11}$ 是代数数。为了证明这一点, 我们必须生成一个特殊的多项式方程, 它是这个方程的解。方法如下: 设 $x = 1/2 + \sqrt{11}$, 反向做代数化简来消除根号, 即

$$x - \frac{1}{2} = \sqrt{11} \rightarrow \left(x - \frac{1}{2}\right)^2 = (\sqrt{11})^2 = 11$$

展开上式的左边, 得到 $x^2 - x + 1/4 = 11$。然后, 为了满足整系数的要求, 在这个方程两边乘以 4, 并整理各项得到

$$4x^2 - 4x - 43 = 0$$

以 $1/2 + \sqrt{11}$ 为根的整系数多项式方程就这样建立起来了。根据定义, 这表明 $1/2 + \sqrt{11}$ 是代数数。

类似的策略可以证明诸如

$$\frac{\sqrt{6}}{\sqrt[3]{5} + \sqrt{3}}$$

这样的复杂表达式也是代数的, 因为它是下面这个方程的解,

$$4x^{12} - 49\,248x^{10} - 37\,260x^8 - 127\,440x^6 + 174\,960x^4$$
$$-139\,968x^2 + 46\,656 = 0$$

尽管这个方程的推导显得有点庞大。

从整数出发, 通过有限次运用笛卡儿允许的五个运算, 即加、减、乘、除以及开方而构建的任何实数都是代数数。坦白地讲, 很难想象出一个非代数数, 一个不是任何整系数多项式方程解的数。

欧拉首先推测出这类数的存在。他把不是代数数的实数称为**超越数**, 因为它超越了代数运算。[4] 因此, 介绍超越数时不能说它们是什么, 而只能说它们不是什么: 它们不是代数的。

这种以否定形式定义超越数的方法遗留了一个存在性的问题。例如，我们可以定义，如果海豚生活在水中则它是代数的，而如果它不是代数的，就是超越的。逻辑上这一定义没有问题。但是，当然不存在"超越海豚"。

超越数存在吗？欧拉没有找到任何超越数。过了一个世纪，约瑟夫·刘维尔（Joseph Liouville, 1809—1882）构造出一个数，并给出它是超越数的证明。他的例子使用了无穷级数定义：

$$\frac{1}{10^{1!}} + \frac{1}{10^{2!}} + \frac{1}{10^{3!}} + \frac{1}{10^{4!}} + \frac{1}{10^{5!}} + \cdots$$

$$= \frac{1}{10} + \frac{1}{10^2} + \frac{1}{10^6} + \frac{1}{10^{24}} + \frac{1}{10^{120}} + \cdots$$

$$= 0.1 + 0.01 + 0.000\,001 + 0.000\,000\,000\,000\,000\,000\,000\,001 + \cdots$$

$$= 0.110\,001\,000\,000\,000\,000\,000\,000\,001\,000\,000\cdots$$

上式中，当我们向右移动时，1 的个数逐渐变稀。刘维尔的证明是一项非常了不起的工作，它彻底地确立了超越数的存在性。然而，有件事不禁令人感到有些气馁，第一个已知的超越数竟然是人造的。

证明已存在的著名数有超越性或许更令人欣慰，不久，有这样两个候选数引起了数学家的兴趣：我们在第 C 章中遇到的圆常数 π 和在第 N 章出现的自然增长常数 e。

人们很早就已经知道 π 和 e 都是无理数。e 的无理性是欧拉早在 1737 年认识到的，而 π 的无理性则是由约翰·朗伯（Johann Lambert, 1728—1777）于 1767 年确立的。但是，一个数是无理数并不意味着它是超越数（比如是无理数同时也是代数数的 $\sqrt{2}$）。证明超越性是一项非常困难的任务。

e 首先沦陷了。经过非常艰苦的努力，1873 年查尔斯·埃尔米特（Charles Hermite, 1822—1901）证明了 e 是超越数。他的结果被认为是数学推理的伟大胜利。刘维尔创造了一个数，并证明了这个数是超越数。与刘维尔不同，埃尔米特必须与一个指定的对手斗争。刘维尔像是一位被要求满世界寻找恐龙骨头的古生物学者，而埃尔米特则被告知必须在他的后院寻找暴龙头骨。

但是他做到了。这次胜利之后不久，埃尔米特又被劝说去对付 π。但是他拒绝了，他的话暗示这些努力需要耗费不少心力："我不敢奢望证明 π 的超越性。如果有人接受这一任务，那么对于他们的成功，没有人会比我感到更幸福。但是相信我，亲爱的朋友，这必定要他们花费一些努力。"[5] 埃尔米特尽管是一位伟大的数学家，但是他不想参与其他任何数的超越性的证明。经历一次这样痛苦的折磨就已经足够了。

因此，这项工作就落到了费迪南德·林德曼（Ferdinand Lindemann, 1852—1939）的头上，1882 年他完成了 π 的超越性的证明。具有讽刺意味的是，林德曼的证明是建立在埃尔米特的基础性和突破性工作之上的，事实上，它没有预想的那么困难。

至此，这两个伟大的常数 π 和 e 被证明不仅是无理数，而且更糟糕的是，它们都不是任何整系数多项式方程的解。如果说斯蒂费尔正确地刻画了无理数是被隐藏在"无穷云雾之中"的话，那么超越数似乎是被隐藏在代数无法达到的云雾之中。

我们被带到什么地方了呢？笛卡儿简短的代数运算列表开启了通向各种数系的大门，从简单的整数到本章标题中提到的商。但是，我们已经看到商还不足以接纳 $\sqrt{2}$ 的无理性，埃尔米特和林德曼证明无论进行多少次加、减、乘、除和开方都不能产生诸如 π 和 e 这样的数。超越数的发现如早期无理数的发现一样，表明实数比任何人一开始想象的任何数系都更奇怪、更复杂。

罗素悖论
ussell's Paradox

　　伯特兰·罗素（Bertrand Russell）生于 1872 年 5 月 18 日，死于 1970 年 2 月 2 日，享年 97 岁。在将近一个世纪里，他过着非常富裕却动荡的生活，取得了哲学家、社会评论家、作家、教育家等头衔，也曾是英国上议院的议员和布里克斯顿监狱的囚犯。他在全世界很多有声望的机构授过课，从剑桥、哈佛到伯克利。他获得了诺贝尔奖。他还结过四次婚，并且有很多风流韵事。他因持无神论、不可知论而遭到咒骂。他的生平传记读起来就像一本西方文明的名人录。

　　本章的第一部分介绍伯特兰·罗素非同寻常的人生。我们将重点引用他自己的作品或者罗纳德·克拉克在 1976 年所写的传记《伯特兰·罗素的生活》。然后我们讨论罗素悖论，这是他的早期发现之一，在 20 世纪初给数学基础带来了冲击。我们希望能够借此描绘出这个人物以及他的工作。

　　罗素混合了传统价值观和极端激进主义，是和谐与非和谐的"怪物"。在某些方面，他似乎是典型的英国上流社会的产物；而在另一些方面, 他似乎又是这一现状永恒的敌人。罗素的很多肖像照片都展现了他用三件套西装和表链彰显的强烈的反战主张。他曾发誓不"尊敬体面人", 这给他贴上了阶级叛逆者的标签, 但是伯特兰·罗素与他们一样有着显赫的背景。[1]

他的祖父约翰·罗素曾经在 1846 年到 1852 年以及 1865 年到 1866 年担任维多利亚女王的首相。一直活到看到人类在月球上行走的伯特兰回忆说, 当维多利亚女王参观他祖父的庄园时, 他曾坐在女王的腿上。显然, 伯特兰生来就进入了 19 世纪英国社会的最高阶层。

然而, 即便出身权贵, 他的生活却很悲惨。罗素在四岁时失去了父母。因此, 他主要由他的祖母养大, 后者决定不让他去学校接受教育, 而是请家庭教师。因此, 这位聪明且敏感的少年的大部分年少时光在彭布罗克庄园那所寂静的古老宅邸中度过, 他与长辈一起生活, 因此被剥夺了童年时代无忧无虑的快乐时光。据他自己的记述, 他是一个孤独而压抑的年轻人, 每天花费大量时间沉思。他思考好的事情和邪恶的事情, 甚至多次想到过自杀。

但是, 从这孤独的童年开始直到生命的终结, 罗素始终在学习一门课程, 这就是他祖母喜欢的《圣经》经文, 诸如"不可随众行恶"等文字用来描述罗素的人生是再好不过了。[2]

时机到来, 罗素离开彭布罗克庄园去了剑桥大学的三一学院, 这就是在两个多世纪之前迎接了年轻的艾萨克·牛顿的那所学校。因为罗素的特殊背景和超常的智力, 他给人的印象是一个相当古怪的人。但是学术生活却很适合他, 而数学首先引起了他的兴趣。

乍一看数学就很可爱。罗素悲伤地觉得自己在物理或实验科学等方面没有足够的才华, 而数学这门冰冷的学科, 用他的话说, 他深爱着它但得不到爱的回报, 却又沉迷其中。对于罗素来说, 数学能够提供通往确定和完美之路。"我不喜欢现实世界," 他坦白说, "却想在一个永恒的世界里寻求庇护，那里没有改变，没有堕落，没有镜花水月般的进步。"[3] 因此，他为数学谱写了下面这首赞美歌，虽然有些许夸张但令人心悦诚服：

> 对大多数人来说，现实生活是一种漫长而次要的东西，是理想与可能之间不断的妥协；而纯理性的世界没有妥协，没有现实的限制，没有对创造活动设置障碍。创造活动把对于尽善尽美的热烈追求化作一座壮丽的大厦，一切伟业都源于此处。远离人的激情，甚至远离自然的可怜事实，世世代代逐渐创造了一个秩序井然的宇宙。在这个宇宙里，纯粹的思想仿佛如鱼得水，至少，我们某种更高尚的冲动能够在这个宇宙里逃避现实世界的沉闷放逐。[4]

正如这段话所概括的那样，若论及功利方面，数学没有任何吸引力。罗素对数学的爱是纯粹的，更有一种数学推理苦行僧的意味。在他的《数理哲学导论》一书中，罗素描述了数学思想两大对立的方向："（我们）更熟悉的……是构造性方向，即逐渐迈向更复杂的方向：从整数到分数、实数、复数；从加法和乘法到微分和积分，并向着更高级的数学进发。另一个方向，（我们）不太熟悉，即向着……越来越高的抽象性及逻辑简单性迈进。"[5] 正是这另一个方向，远离应用和复杂，趋向基础和简洁，它刻画了罗素数理哲学的特征。正是在这里，他找到了智慧的归宿。

罗素关于数学基础的工作是在剑桥完成的，他先是学生后来成了教员。在这项工作中，他与艾尔弗雷德·诺思·怀特海合作。怀特海是一位颇有建树的逻辑学家，他与罗素在学术上的合作和私人间的争斗长达几十年之久。1900 年夏天堪称一个"才智高潮"期，罗素在数理逻辑方面取得了重要的进展。这位年仅 28 岁的知识分子此时正处在狂热而兴奋的时期，后来他回忆说："我对自己说，现在我终于做了一件值得做的事情。我觉得，在我把它写下来之前必须小心，不要在大街上被车撞倒辗死。"[6]

1903 年，罗素出版了一本 500 页的著作《数学原则》，后来他与怀特海合著了《数学原理》，共分三卷，分别在 1910 年、1912 年和 1913 年出版。这是他们的终极愿望，要把整个数学还原到基本的、不可争辩的逻辑概念。《数学原理》充满了逻辑符号，挤掉了英语词汇。数学历史学家艾弗·格拉顿-吉尼斯恰如其分地描绘书中非常具有代表性的一页看起来有点像"墙纸"。[7]（第 J 章中引用了这一著作。）

这些著作的严谨性无情地耗尽了罗素和怀特海的精力，也可能会耗尽立志要看懂它们的任何人的精力。它们还耗尽了他们的钱财，因为几乎没有人愿意去购买如此恐怖的出版物。罗素承认："我们工作了十年，结局就是每本赚了负 50 英镑。"[8] 更糟的是，罗素和怀特海是否成功地完成了他们让整个数学回归到逻辑的使命，这一点并不清楚。但是清楚的是，他们已经写成了一本著作，它在探究数学基础方面达到了空前的深度。

第一次世界大战的前夕，40 岁的伯特兰·罗素已经在数理哲学领域享有声望。同时代的人猜测他在余生会进一步揭示逻辑的神秘定理。但是同辈们却猜错了，因为罗素的人生注定是向不平凡、无法预料的方向前进。

多方面的力量，包括内在的和外在的力量推动着他，但其中最重要的力量是第一次世界大战的疯狂。罗素同大部分英国知识分子一样，注视着整整一代的年轻人在这场杀戮中消失。突然间，遍布各页的逻辑符号的行进失去了其重要性。面对战争，他坦白地说："我发现我曾经做的工作对我们所生活的世界一点用也没有，一点关系也没有。"[9]

罗素陷入了麻烦。他因持激进反战主义而于 1916 年被捕，继而又被剑桥大学开除，还失去了护照——而这最终使他失去了哈佛大学为他准备的教职。但是这一切都不能使他停止对愈演愈烈的战争进行猛烈的谴责，这必将导致更大的冲突。到了 1918 年，罗素再一次被捕并被关押在布里克斯顿监狱六个月。这位贵族的儿子已经变成了正义的囚犯。

反战姿态不是罗素与英国政府发生冲突的唯一原因。他至少还有其他两种反传统价值观的立场。其一是他公开的不可知论。罗素不仅是特定宗教信仰的批评家，而且还是一般宗教信仰的批评家。他认为推理至高无上，认为神学把人性引入相反和不幸的道路上。他的谴责犀利、有力且毫不留情。[10] 他不断地对罗马天主教会禁止节育的号召发起攻击，而且他对基督教的其他教派也毫不留情。对于那些认为我们的宇宙是上帝的作品的人，罗素质问道："如果赋予你无限的威力和无限的知识，以及数百万年的时间，让你来完善你的世界，你难道会认为自己的造物比三 K 党或比法西斯好不到哪里去吗？"[11] 罗素对"在这个世界中什么是他特别喜欢的？"这一问题的回答，可以作为其观点的一个概括："数学和大海，神学和纹章学，喜欢前两个是因为它们是非人类的，喜欢后两个是因为它们是可笑的。"[12] 因此，发生下面的事件也许是可以理解的，某个宗教杂志发表社论，毫无同情心地、错误地报道罗素在去中国旅行时死了，而且还说："当听到伯特兰·罗素先生去世的消息后轻松地吐一口气的传教士们会得到原谅。"[13]

如果说他的宗教观点有争议的话，那么他关于婚姻的观点同样有争议。他接受的非常传统的教育，按理说不可能导致如此非传统的观点。22 岁时，罗素与一位生活在英格兰的贵格会教徒、美国人艾丽斯·皮尔索尔·史密斯结婚。艾丽斯坚持举办一场贵格会教徒的婚礼，对此罗素非常圆滑地同意了："不要想象我在宗教仪式上会怀着一颗虔诚的心……任何仪式都令人讨厌。"[14]

起初，他们彼此承诺将婚姻维系到永远，但是对于罗素来说，没有任何永久可言。1902 年初的一天, 在剑桥附近骑自行车的时候, 罗素突然意识到他已经不再爱妻子了。

这一顿悟导致了持续半个世纪的一系列情感纠葛, 使这位理智的男人陷入了全世界都认为绝对不理智的行为之中。他显然被伊夫琳·怀特海弄得神魂颠倒, 她是与他合作编写《数学原理》的男人的妻子。他还与奥托琳·莫雷尔女士维系了长时间的恋情, 她是一位著名的英国政治家的妻子。对于一位享誉世界的人士来说, 这一切相当不体面。

随着事态的进一步发展, 罗素最终与艾丽斯离婚, 并于 1921 年与多拉·布莱克结婚。他们的婚姻在名义上持续到了 1935 年, 但是在 1929 年, 关于第二任妻子, 罗素写道:"她和我都不再制造夫妻间保持忠诚的任何伪装。"[15] 在这样的环境下, 1930 年, 当多拉与另一个男人有了孩子时, 罗素应该没有感到震惊。但是, 当她与这个男人有了第二个孩子的时候, 即使是罗素也已经受够了。他提出了离婚。

这为他与海伦·帕特里夏·斯彭斯的第三次婚姻铺平了道路, 这段婚姻从 1936 年持续到 1952 年。而后, 在 80 岁的时候, 罗素与伊迪丝·芬奇结了婚, 她是布林茅尔学院的一位英语教授。他与她一起幸福地度过了人生的最后岁月。

这样的婚姻状况和婚外情使得伯特兰·罗素陷入水深火热之中。在 1940 年发生了一起非常著名的事件, 在某个宗教团体和纽约市长的反对下, 他未能就职纽约市立大学的教师。别人宣称罗素不适合当教师, 因为他反对宗教。作为反击, 罗素曾经发表评论说, 热恋中的数学家与其他人没有什么不同, "也许除了不做推理的假日会使他们热情过剩之外, 其他都一样"。[16] 显然伯特兰·罗素花了相当长的时间在度假。

但是, 他也花了相当多的时间在工作上。在论战的几年间, 他仍有大量的作品出版, 其中有社会评论的图书, 有关于教育的论文, 甚至有为媒体写的文章。然而, 这样一位社会激进主义分子偶尔会为诸如《魅力》（*Glamour*）这样的时尚杂志写文章，而且偶尔还作为名人嘉宾出现在英国广播公司电台的节目上，这略微有点不合时宜。尽管他有这样那样的观点，但是他被公众接纳的一部分原因是其极强的个人魅力，还有一部分原因毫无疑问是他比他的敌人更长寿。

罗素的另一个特点就是他很有写作才能。他写作的主题非常广泛，无论是哲学著作（如《我们关于外间世界的知识》），还是评论小册子（如《精神废物概述》），抑或通俗读物（如《如果你爱上了一位已婚男人》）等，这些作品都很新鲜，富有煽动性，十分吸引人。

他的确有不可否认的写作天赋，而且略带尖刻的讽刺味道。在一篇关于把暴饮暴食归类为犯罪的文章中，罗素谨慎地说："它是一种含糊不清的犯罪，因为很难确定对食物的合理兴趣与犯罪之间的界限。吃任何没有营养的东西就是不好吗？如果是这样，那么每吃一粒腌制的杏仁，我们都要冒着被诅咒的危险。"[17] 他取笑坚定的动物权利支持者时写道："绝对的平等主义者……会发现自己要被迫承认猿与人类一样。为什么限于猿呢？我不知道他要如何反对为牡蛎投票的论点。"[18] 而且他一度拖延写自传，他解释说："开始我有些犹豫……过早动笔会让人担心有什么重要的事情还没有发生。假设我死的时候是墨西哥总统，那么如果自传中没有提及这一事实，它就不完整了。"[19]

1950 年，伯特兰·罗素获得诺贝尔文学奖之时，他在书面语言表达方面的才能才以最公开的方式得到了认可。但是，在描述他的写作秘诀时，罗素却没有给作文教师提供一点安慰：

> 他（一位老师）给我罗列了各种简单规则，但我只记住了两条："每隔四个单词放置一个逗号"和"除了在句子开头之外，不要使用'and'"。他着重强调的一点是你必须反复重写。我认真地尝试着这样做了，但发现我的第一遍草稿总比第二遍要好。这一发现为我节省了大量的时间。[20]

贯穿他的一生，从数学研究到坐牢，从众多风流韵事到诺贝尔奖，罗素与众多有趣和有影响力的人有过交往。他的教父是约翰·斯图尔特·穆勒。我们已经提到他曾经坐在维多利亚女王的腿上。后来他很享受与约翰·梅纳德·凯恩斯、威廉·詹姆士以及 H. G. 威尔斯之间的友谊。他熟悉的作家有比特里克斯·波特、D. H. 劳伦斯、乔治·萧伯纳、约瑟夫·康拉德、阿道司·赫胥黎和罗宾德拉纳特·泰戈尔。他的学生中有路德维希·维特根斯坦和托马斯·斯特恩斯·艾略特。在苏联，他拜见了列宁和托洛茨基。他是阿尔伯特·爱因斯坦和彼得·塞勒斯以及温斯顿·丘吉尔的朋友。说到温斯顿·丘吉尔，罗素说在一次晚宴上，"温斯顿要我用两句话解释微积分，我做得令他非常满意。"[21]

然而，这一切似乎还不足以与伟大联系上，伯特兰·罗素在剑桥大学三一学院担任过艾萨克·牛顿曾经担任过的职位。尽管牛顿与罗素的个人气质几乎没有相似之处，但这两个英国人都拥有惊人的智慧，他们二人都把自己生活的那个时代的数学推向了新前沿。

我们希望研究这些前沿成果中的一个。我们回到 1901 年，当时罗素正在深入研究数学的逻辑基础。这项研究的前提是他要研究事物集合（尽管现代称之为**集合**，但罗素称它为**类**）间的关系。在这些类中"事物"的属性并不重要，重要的是集合论的抽象逻辑。

集合的成员资格似乎平淡无奇。如果我们考虑集合 $S = \{a, b, c\}$，那么 b 是集合 S 的成员，但 g 不是。如果我们考虑所有偶数的集合，那么 2, 6, 1600 都是这个集合的成员，而 3, 1/2, π 不是。

把抽象层次再提高一点，我们发现一个集合的成员本身也可以是集合。对于两个成员的集合 $T = \{a, \{b, c\}\}$，第一个成员是 a，而第二个成员是集合 $\{b, c\}$。或者，设 W 是一个集合，它是由所有偶数的集合和所有奇数的集合组成的，即

$$W = \{\{2, 4, 6, 8, \cdots\}, \{1, 3, 5, 7, \cdots\}\}$$

这个集合 W 有两个成员，每一个成员本身也是由无限多个数组成的集合。

集合可以有集合作为成员的事实促使罗素提出一个非常迷人的问题：一个集合能否以它自己为成员？他写道："有时候我觉得好像类本身是一个成员，有时候又不是。"[22]

他举了一个例子，所有茶匙的集合，这个集合肯定不是一把茶匙。因此，所有茶匙的集合不是其自身的成员。同样，所有人的集合也不是一个人，因此也不是其自身的成员。

对罗素来说，似乎某个集合的确包含它自己作为成员。他的例子是一个所有不是茶匙的事物的集合。非茶匙的集合中包含叉子、英国首相、8 位数字，等等。的确，这些当中任何一个都不是茶匙。但是这个集合本身的确也不是茶匙（没有人能够用它搅拌茶），所以它的确作为另一个非茶匙的事物属于这个集合。

或者，考虑能够用 20 个或者少于 20 个英语单词描述的所有集合的集合 X。所有水牛的集合是 X 的一个成员，因为它的描述"所有水牛的集合"（the set of all buffaloes）只需要 5 个单词。同样，所有豪猪刺的集合（the set of all porcupine needles）（6 个单词）也应该在 X 中，生活在南美洲的所有蚊子的集合（the set of all mosquitoes living in South America）（9 个单词）也在 X 中。但是，这种成员资格标准保证，能够用 20 个或者少于 20 个英语单词描述的所有集合的集合（the set of all sets that can be described in 20 or fewer English words）X 可以用 15 个单词描述，因此它也包含它自己。

显然，每个集合都将属于两个范畴之一。要么像茶匙的集合那样，它是一个不包含自己的集合，我们把这种情况称为**罗素集合**；要么像 X 那样，它是自身的一个成员。

当罗素决定考虑所有不是其自身的成员的集合的集合时，这些天真的思考却带来了一个不祥的转向，即把所有罗素集合都收集起来形成一个大的新集合，我们记为 R。于是，R 中就有这样一些成员：所有茶匙的集合，所有人的集合，很多很多其他的集合。

此时，出现了一个撼动基础的问题：R 是它自己的成员吗？即所有罗素集合的集合是罗素集合吗？这个问题只有两个可能的答案："是"或"不是"。

假设答案是"是"。那么 R 是 R 的一个成员。为了成为一个成员，R 必须满足成员资格标准，即上面用楷体字强调的：R 不是其自身的成员。因此，如果 R 是 R 的成员，那么 R 不能是 R 的成员。这个明显的矛盾排除了这个致命问题的答案为"是"的可能性。

但是，如果答案是"不是"，即 R 不是 R 的成员又如何呢？那么 R 一定不是其自身的成员，像我们的茶匙的集合一样，满足进入 R 的成员资格标准。所以，如果 R 不是 R 的成员，那么它一定自动地成为 R 的一个成员。我们再一次面临矛盾。

对于罗素来说，这一集合应该很简单。然而，不知何故，"每种选择都导致与它相反的情况，产生一个矛盾"。在这样一个他所创建的"至今看似毫无问题的非常特殊的类"[23] 面前，他变得不知所措。这就是今天我们所说的罗素悖论。

使用更加具体的事例来说明罗素提出的逻辑扭曲，会有助于理解。假设一位著名的艺术鉴赏家决定把全世界的油画分类成两个互斥的范畴。第一个范畴是由这样的油画组成的：在画布上的油画中有油画本身的像，当然这样的油画相当稀少。例如，我们可以作一幅画，标题是《内部》，它画的是一个房间及其里面的家具：飘动的织物、一座雕像、一架三角钢琴；钢琴上方挂着一幅画，它是油画《内部》的缩小版。因此，我们的画包含它自己的像。

另一个范畴更普遍，它是由所有不包含自己的像的油画组成的。

我们把属于这一范畴的油画称为"罗素油画"。例如，《蒙娜丽莎》就是一幅罗素油画，因为它里面没有展示它的缩小版本。

进一步假设我们的艺术鉴定家安排了一个巨大的画展，它展出了全世界所有的罗素油画。经过巨大的努力之后，这些油画被收集起来，并被挂在一个巨大的大厅里的一面墙上。这位鉴定家对自己的成就很自豪，他雇用一位画家作一幅包含这面墙和上面东西的画。

当这幅画完成时，这位画家非常准确地给这幅画起名为《全世界所有罗素油画》，并把它送给这位鉴定家。鉴定家仔细地检查着画家的作品并发现了一个小瑕疵：在这幅画上，靠近《蒙娜丽莎》的画像是一幅《全世界所有罗素油画》的油画像。这表明《全世界所有罗素油画》是包含它自己的一幅画，因此它不是罗素油画。既然它不属于这一展览，就不应该挂在墙上展示。他要求画家把它涂掉。

这位画家照做了并再一次把她的作品送给鉴定家。经过仔细检查之后，后者认识到存在一个新问题：这幅油画，《全世界所有罗素油画》现在不包含它自己的像了，所以它是属于这次展品的罗素油画。于是它应该被挂在这面墙的某个地方以免这次展览没有包含所有罗素油画。因此，这位鉴定家再一次把这位画家叫来，要求她再加上这幅《全世界所有罗素油画》的像。

但是，一旦这幅油画被加上，我们就又回到了起点。这幅油画必须被涂掉，这样一来它必须得到恢复，然后再涂掉，以此进行下去。经过几个往复之后（希望是这样），画家和鉴定家将会意识到一定是什么事情出现了错误：他们偶然发现了罗素悖论。

这一切好像完全不相关。但是回想一下，罗素的工作目标是把整个数学建立在不可撼动的逻辑基础之上。他的悖论使这一计划陷入困境。正如当高级公寓顶楼套房的居住者知道地下室开裂时会感到很不安一样，当数学家们知道他们学科的基础存在逻辑缺点时，也会感到很不安。这表明整个数学事业就如公寓塔楼一样，随时可能倒下。

不用说，罗素对他的悖论的存在感到很震惊。他写道："我就像虔诚的天主教徒琢磨邪恶的罗马教皇一样琢磨这个矛盾。"[24] 罗素与逻辑学家戈特洛布·弗雷格（Gottlob Frege, 1848—1925）之间的交流明显表现出了他们的不安，同样其他人也感到沮丧。弗雷格已经出版了《算术的基本法则》，这是一部巨作，目的在于揭示算术的基础。在这本书中，弗雷格也是以罗素导出悖论时同样朴素而随意的方式利用集合进行研究的。罗素把他的例子给弗雷格看，弗雷格立即意识到这把他的事业判处了死刑。在他的《算术的基本法则》的第二卷里，弗雷格不得不面对每一位学者的最大梦魇：他的著作在最后的关头被宣判有错，因为这本书在罗素的信到来时已经准备出版了。弗雷格极度真诚而辛酸地写道："一位科学家最不想见到的就是在工作即将完成之际，其基础倒塌了。当收到伯特兰·罗素先生的来信时，我就置于这样的境地，此时这本书就要出版了。"[25]

这一悖论的陈述是清晰的，但是它的解决方案不清晰。经过多年不成功的尝试之后，逻辑学家们最终尝试着通过规定包含自身为成员的集合不是真正的集合来使其合法化。通过这样的逻辑策略，还有若干已经精心创造的定义，这样的类被宣告为不合法。

这一方法的合理性也许还可以通过我们的油画故事解释清楚。允许谈及包含自己的像的油画吗？如果《全世界所有罗素油画》包含自己的像，那么我们可能需要在放大镜的帮助下，对这幅画仔细检查并发现《全世界所有罗素油画》的迷你版。它里面一定还有一个《全世界所有罗素油画》的迷你版。因此，它应该像衣橱上的镜子一样永远无止境地反射。像这样无限回归的油画不可能真正画出来。

在粗略的意义下，这阐述了罗素设想的这一悖论的解决方案。他写道："包含某个类的所有成员的那个东西不能是这个类的成员。"[26]

因此，罗素集合中成员的自引用性是不合法的。罗素集合根本不是集合。

经过反复的痛苦思考后得出的这一解决方案似乎很讨厌且有人为的意味。罗素把它说成是"也许为真但绝不优美的理论"。[27] 但重要的是，它把对集合的研究从朴素的前罗素领域转换到了非直观领域。

伯特兰·罗素
（麦克马斯特大学伯特兰·罗素档案馆惠允）

对那些不关心数学基础的数学家来说，整个事件似乎需要更加深入的思考。最终罗素相信，把数学还原到逻辑的终极目标不会像他年轻时所乐观预测的那样令人满意。

大脑的过度疲劳和令人失望的结果给他带来了严重的伤害。罗素回忆说自那以后，他对"数理逻辑产生了极度厌恶的情绪"，[28] 甚至多次想到自杀——虽然他放弃了轻生的念头，因为正如他所说的那样，他应该活着哀悼它。渐渐地，这种失望过去了，人们看到，他仍然保持旺盛的斗志，继续活了六十多年。

总之，我们很难概括他漫长的一生。罗素是一股不可抗拒的知识力量，是 20 世纪伟大的乖戾之人。他对人类环境感到失望，立志改善它。他被贴上恶棍的标签，也被贴上英雄的标签。但是，甚至他的敌人也不能否认这个男人有捍卫自己信念的勇气。正如他的祖母所忠告的那样，他不可随众行恶。

我们用一段话结束他的故事。在 1925 年的一篇名为《我相信》的短文中，伯特兰·罗素说明了支撑他走过漫长而动荡的一生的精神支柱。这位伟大的无神论者写道：

幸福不是真正的幸福，因为它终将结束，思考和爱也失去了它们的价值，因为它们不是永恒的……我们曾流连在传统教化神话的温暖之中，"理性"之窗开启之初会让我们战栗，但是最终新鲜的空气带来了活力，广袤的空间展现出了自己的辉煌。[29]

球 面

Spherical Surface

$S=4\pi r^2$

　　球本身很简单。没有哪个三维体能够更简单地定义，也没有哪个三维体能够展示如此完美的对称。它的纯粹无可争议。

　　同自古以来许许多多的人一样，哲学家柏拉图也称赞球的完美。他说宇宙的创造者"以在各个方向到中心绝对相等的距离把它旋转成一个圆球，一个极其完整和均匀的图形，因为他（宇宙的创造者）判定均匀是压倒对手的绝对优势"。[1] 更近一些，（法国画家）塞尚认识到这种优越性，并奉劝艺术家说："要完全符合比例地用圆柱、球体或圆锥来处理自然。"[2] 他的"画家眼睛"到处都能看到球体，无论是头顶还是脚下。实际上，在为数不多的航天员的眼中，人类大家庭自古以来就一直行走于一个非常巨大的球体上。

　　球体无所不在，并拥有不可否认的优美，本质上的单纯使其优雅，使其有别于所有其他形状。没有哪个立体能够像球那样吸引我们的注意。

　　除此之外，球体实际上是一个数学实体。严格说来，**球体**被定义为空间中到一个固定点有给定距离的所有点的集合。这个给定的距离就是**半径**, 这个固定点就是**球心**。然而, 欧几里得在用这些术语定义球时却采用了一个更动态的观点: "固定半圆的直径, 围绕这条直径旋转半圆直至回到它运动的起始位置, 如此形成的图形是一个球。"[3]

　　球是由旋转的半圆扫出的图形的想法, 正如图 S-1 所示的那样, 给人带来运动的愉快感。当然, 它也表明一个真实的半圆一定要被物理地在空间移动才能形成球体。现代数学家更喜欢植根于纯逻辑的球定义而不是那些基于物理运动的定义。尽管如此, 欧几里得通过运动产生球的概念对确定其表面积非常重要, 而把方方面面综合到一起的数学家显然是锡拉库扎的阿基米德。

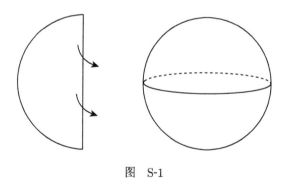

图　S-1

　　本章的目标简单说来就是跟随阿基米德去求球的表面积。这是一个诱惑他跳入深水的问题。在自己跳进去之前, 我们应该先推导挑战性较小的三维图形——圆柱的表面积。

　　如图 S-2 所示, 标准的推导过程是把这个圆柱沿垂直方向切开, 展开它, 并展平 (注意, 假设这个圆柱既没有顶也没有底)。展开的结果就是一个矩形, 它的高是原来圆柱的高度, 而它的宽是这个圆柱底面圆的

周长。如我们在第 C 章中所看到的那样，这个周长是 $\pi D = 2\pi r$。因此，

$$圆柱的表面积 = 矩形的面积 = b \times h$$
$$= (2\pi r) \times h = 2\pi rh$$

这个推理如此简单，说明圆柱虽然有弯曲的表面，但它不是无法想象的弯曲。

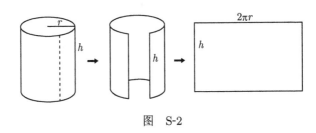

图 S-2

然而，求出球体的弯曲表面的面积却远不是这样简单。首先，我们不知道从什么地方开始。我们从圆柱那里得到一些启发，可以尝试着切开并展开一个球面，但是其结果不是一个简单或者熟悉的图形。我们还可以尝试着把许多小正方形贴在这个球体的表面上从而得到它的面积，但是这些小正方形无法完全包裹它。利用正方形测量球的表面积就如同把苹果和橘子比较。

这些困难都无法阻止阿基米德去探索它最深层的秘密。在第 C 章，我们提到他在数学方面取得了一系列空前绝后的成功，而他自己以及后人认定的最伟大的胜利就是确定了球的表面积和体积，这是他的著作《论球和圆柱》中的绝妙发现。正如我们将看到的那样，这其中只涉及少量的几何知识，却需要一定的智慧。

数学中有这样一个公认的真理，即一个困难的问题通常可以通过一系列略微简单的子问题加以解决。（实际上，在处理生活中的问题时，

这也不失为一种好的经验。）同样, 阿基米德也没有放过这一真理, 他没有直接"进攻"球体, 而是依赖于两个更容易接近的立体——圆锥和圆台的性质。追随他的步伐, 我们导出它们的表面积公式。

假设我们有一个如图 S-3 所示的圆锥。它底上的圆的半径是 r, 沿圆锥表面从顶点到底部的直线长度, 即所谓的**斜高**是 s。

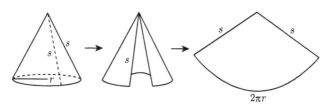

图　S-3

为了确定这个圆锥的面积（不包含底部面积）, 我们从底到顶部如图所示那样剪开, 然后展平这个表面得到一个圆的一部分, 术语为**扇形**。注意, 原来圆锥的斜高 s 此时变成了这个扇形的半径。

现在我们补全这个扇形, 形成一个圆, 如图 S-4 所示。显然这个扇形面积与整个圆面积之比等于这个扇形的边缘长度与这个圆的总周长之比。换句话说

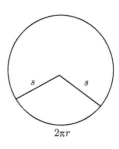

图　S-4

$$\frac{扇形面积}{圆面积} = \frac{扇形弧长}{圆的周长}$$

例如, 如果这个扇形面积是复原后的圆的面积的三分之一, 那么它的弧长同样是这个复原后的圆的周长的三分之一。

当然, 这个半径为 s 的复原后的圆的面积为 πs^2, 而周长是 $2\pi s$。从图 S-3 我们可以看到, 这个扇形的弧长正好是这个圆的周长与原来

圆锥底重合的那部分：$2\pi r$。综合这些信息，我们得到

$$\frac{扇形面积}{\pi s^2} = \frac{2\pi r}{2\pi s} = \frac{r}{s}$$

交叉相乘后得到

$$扇形面积 = \frac{r}{s} \times \pi s^2 = \pi rs$$

因为展平后的扇形面积正好是原来的圆锥的表面积，所以我们已经证明了：

公式 A 圆锥表面积 $=\pi rs$，其中 r 是底部半径，s 是斜高。

阿基米德所需的第二个表面是圆台的表面。**圆台**就是当一个圆锥被一个平行于它的底的平面切割且移走顶部后，所剩余的下面的立体，如图 S-5 所示。设 r 是这个圆台顶部圆的半径，R 是底部圆的半径，而 s 是这个圆台的斜高，即它是沿着圆台表面笔直地从上圆画到下圆的直线长度，我们必须确定这个圆台的表面积（同样，不包含它的顶部或者底部面积）。

最自然的方法是恢复它失去的圆锥的顶部，然后再利用公式 A 去求这个恢复后的大圆锥的表面积（不包含底部面积），以及上半部分小圆锥的表面积（不包含底部面积），二者之差就是圆台的表面积。

为了记法上的方便，我们把这上半部分的斜高称为 t，如图 S-6 所示。因为上半部分圆锥的底部半径是 r，斜高是 t，所以根据公式 A，它的表面积是 πrt。对于恢复后的大圆锥，底部半径是 R，斜高是 $s+t$，即上半部分圆锥的斜高与圆台斜高之和。因此，它的表面积是 $\pi R(s+t)$。于是有

$$圆台的表面积 = 恢复后的圆锥的表面积 - 上半部分圆锥的表面积$$
$$= \pi R(s+t) - \pi rt$$
$$= \pi Rs + \pi Rt - \pi rt = \pi[Rs + (Rt - rt)]$$

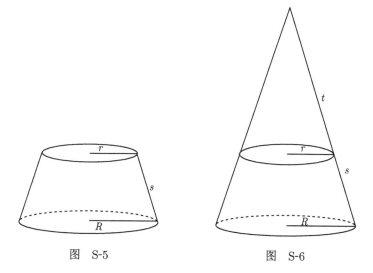

图 S-5   图 S-6

遗憾的是, 这个表达式里还有几个需要计算的量, 因为我们需要知道 t 的长度。我们更希望导出一个只包含 R、r 和 s 的公式, 这些是原来圆台的数据, 而不希望公式包含这个 "幽灵量" t, 它测度的是已经被抛弃的那部分圆锥。我们的表达式尽管是正确的, 却无法摆脱 "挫折"。

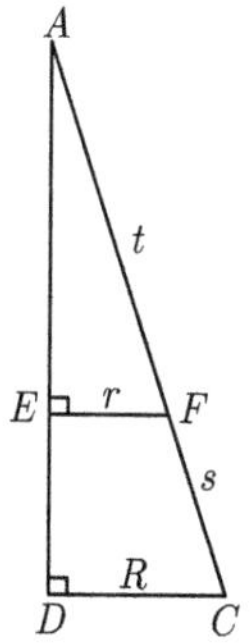

通过引入相似三角形的关系, 我们可以扭转这种局势。假设我们用一个垂直平面切割这个恢复后的圆锥, 由此产生了图 S-7。显然上面的直角三角形 AEF 与大直角三角形 ADC 相似, 因为它们都包含一个直角和 $\angle DAC$。根据相似性, 对应边成比例, 特别地在这两个直角三角形中, 斜边与水平底边之比是相同的。因此有 $t/r = (s+t)/R$。

图 S-7

交叉相乘并代数化简得到

$$Rt = r(s + t) = rs + rt \ \text{或者} \ Rt - rt = rs$$

然后, 我们把上面这个表达式代入早前得到的圆台表面积的公式, 得到

$$\text{圆台的表面积} = \pi[Rs + (Rt - rt)] = \pi(Rs + rs)$$
$$= \pi s(R + r)$$

综上所述, 我们已经证明了如下结论。

公式 B 圆台的表面积 $= \pi s(R + r)$, 其中, 圆台有上半径 r、下半径 R 及斜高 s。

使用文字描述, 这个公式表述的是圆台的表面积是 π、斜高和两个底面圆的半径之和的积。

到此预备工作已经完成, 但是球体仍不见踪影。事实上, 此时阿基米德出乎预料地把他的注意力转向了二维的圆而不是三维的球体。你坐稳了, 不要吃惊。

如图 S-8 所示, 在半径为 r、直径为 AA' 的圆内, 他内接了一个边数为偶数、边长为 x 的正多边形。我们在图中已经使用了正八边形 $ABCDA'D'C'B'$, 但是该推理适合任意偶数边正多边形。阿基米德画出直径 AA' 的垂线 BB'、CC'、DD' 分别交 AA' 于 F、G、H; 虚线 $B'C$ 和 $C'D$ 交直径于 K 和 L; 还画了一条似乎不太重要的线 $A'B$, 它的长度标记为 y。利用这些, 他的图形被分成很多大大小小的三角形。

这些图形中存在两个显然的结果。一个是线段 BF 和 $B'F$ 长度相等, 我们记为 b; CG 和 $C'G$ 也有相同的长度, 记为 c; DH 和 $D'H$ 的长度也相等, 记为 d。

我们下面要做的是引用欧几里得的《几何原本》第三卷中的一个结果, 相等弧所对的圆周角相等。因为我们用的是正多边形, 所以这个

圆被这个正多边形的边分成的小弧是相等的, 从而, 这些弧所对的所有圆周角都相同。因此, $\angle BA'A = \angle ABB'$, 因为它们分别是等弧 AB 和 AB' 所对的圆周角; 基于同样的原因, $\angle ABB' = \angle BB'C = \angle B'CC'$, 等等。在图 S-8 中, 每个这样的角的大小记为 α。

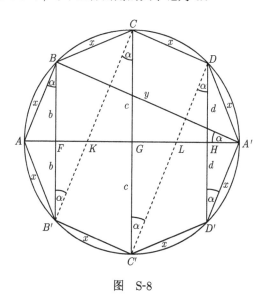

图 S-8

现在, 我们跟随阿基米德寻找一系列比例。注意, $\triangle ABA'$ 和 $\triangle AFB$ 相似, 因为它们有公共角 $\angle BAA'$, 而且都有一个大小为 α 的角。根据对应边的比例, 我们得到

$$\frac{\overline{AF}}{\overline{BF}} = \frac{\overline{AB}}{\overline{A'B}} \ \text{或} \ \frac{\overline{AF}}{b} = \frac{x}{y}$$

交叉相乘得 $xb = (\overline{AF})y$, 这个结果我们过一会儿会用到。

注意到 $\triangle AFB$ 和 $\triangle KFB'$ 相似, 因为它们都有一个大小为 α 的角, 且 $\angle AFB$ 和 $\angle KFB'$ 是直角。于是有下面的比例

$$\frac{\overline{FK}}{\overline{B'F}} = \frac{\overline{AF}}{\overline{BF}} \text{ 或 } \frac{\overline{FK}}{b} = \frac{\overline{AF}}{b} = \frac{x}{y}$$

其中, 最后面的等式就是上个段落的公式的简单重复。交叉相乘得到 $xb = (\overline{FK})y$。

我们继续在这个圆里"追击"相似三角形。下一对三角形是 $\triangle KFB'$ 和 $\triangle KGC$, 它们都有一个大小为 α 的角, 且都含有直角 $\angle FKB'$ 和 $\angle GKC$。因此有

$$\frac{\overline{KG}}{\overline{CG}} = \frac{\overline{FK}}{\overline{B'F}} \text{ 或 } \frac{\overline{KG}}{c} = \frac{\overline{FK}}{b} = \frac{x}{y}$$

同样, 最后面的等式是上面段落的公式的重写。因此有 $xc = (\overline{KG})y$。

继续, $\triangle KGC$ 和 $\triangle LGC'$ 相似, 因此, 同上, 我们有表达式 $xc = (\overline{GL})y$。同样, 由于 $\triangle LGC'$ 和 $\triangle LHD$ 相似, 由此可得 $xd = (\overline{LH})y$, 而 $\triangle LHD$ 和 $\triangle A'HD'$ 相似, 由此可得 $xd = (\overline{HA'})y$。

这一连串的等式用来做什么呢? 阿基米德把它们加起来得到

$$xb = (\overline{AF})y$$
$$xb = (\overline{FK})y$$
$$xc = (\overline{KG})y$$
$$xc = (\overline{GL})y$$
$$xd = (\overline{LH})y$$
$$+ \quad xd = (\overline{HA'})y$$

$$\overline{\quad xb + xb + xc + xc + xd + xd \quad}$$
$$= (\overline{AF} + \overline{FK} + \overline{KG} + \overline{GL} + \overline{LH} + \overline{HA'})y$$

化简上面的表达式, 得到更简单的表达式:

$$x(2b + 2c + 2d) = (\overline{AA'})y$$

因为右边的线段合起来就形成了这个圆的直径。而这个圆的半径是已知的 r, 我们知道 $\overline{AA'} = 2r$。因此我们证明了:

$$x(2b + 2c + 2d) = 2ry \qquad (*)$$

尽管我们还不清楚阿基米德会如何使用这一结果, 但是式 $(*)$ 的关系在下面的推理中起着重要的作用。

在接下来的步骤中, 我们终于遇到了球体。阿基米德把图 S-8 的整个图形绕水平轴 AA' 旋转。正如欧几里得的定义所允许的那样, 这样的旋转将扫出一个球; 与此同时, 被旋转的多边形则产生了一个立体图形, 它是由中间的圆台和两头的圆锥组成的立体图形, 如图 S-9 所示。

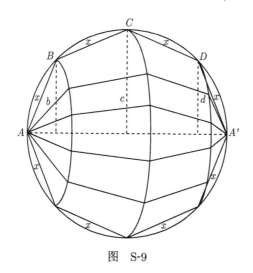

图 S-9

有一点非常重要: 每一个圆锥和圆台的斜高都是 x, 这是原来内接于圆的正多边形的边长。

现在, 我们来确定这个立体图形的表面积。对于左边的圆锥来说,

它的斜高是 x, 底半径是 b, 根据公式 A, 其表面积是 $\pi x b$。左边的圆台斜高是 x, 上面圆的半径是 b, 下面圆的半径是 c, 因此根据公式 B, 我们知道它的表面积是 $\pi x(b+c)$。同样, 右边的圆台表面积是 $\pi x(c+d)$, 而右边的圆锥表面积是 $\pi x d$。把这些结果综合起来, 我们有

$$内接立体的表面积 = \pi x b + \pi x(b+c) + \pi x(c+d) + \pi x d$$
$$= \pi x[b + (b+c) + (c+d) + d]$$
$$= \pi x(2b + 2c + 2d)$$

令人惊奇的是, 我们得到了包含上页式 $(*)$ 等号左边部分的一个表达式。替换后, 我们就到达了这一漫长推理的关键点:

$$内接立体图形的表面积 = \pi x(2b + 2c + 2d) = \pi(2ry)$$

现在, 我们就很清楚为什么阿基米德要引入那条神秘的线 $A'B$ 了 (在图 S-8 中): 它的长度 y 刻画了这个球内的立体图形的表面积。同样我们也很清楚他为什么需要偶数边正多边形。这样一来, 每一个内半径 (在我们的图中是 b, c, d) 都属于两个立体图形。如果阿基米德使用的是奇数边的正多边形, 他可能就得不到两端的圆锥; 其中一个半径不再是圆台和相连接的圆锥的共同部分, 因此就不能使用式 $(*)$。

无论如何, 我们已经确定了这个内接立体图形的表面积, 而不是这个球体本身的表面积。但是, 前者是后者的近似, 当正多边形的边数增大时, 这个近似就会变得更好。取代内接正八边形, 我们可以作 10 边形、20 边形或者 20 000 000 边形。根据上面的推理, 这个内接立体图形的表面积是 $\pi(2ry)$, 与边数无关。同时, 其表面积将趋向这个球的表面积。因此, 我们可以利用第 D 章的 "limit", 得到:

$$球的表面积 = \lim(内接立方体的表面积) = \lim \pi(2ry)$$

当正多边形的边数无限增加时，上式中的球半径 r 的大小不变。但是 y 是线段 $A'B$ 的长度，它的值会发生变化。显然，当多边形的边数增大时，图 S-8 中的点 B 将沿着圆弧向 A 移动，所以线段 $A'B$ 接近直径 AA'。换句话说：

$$\lim y = \lim \overline{A'B} = \overline{A'A} = 2r$$

为此我们得到想要的结果：

$$球的表面积 = \lim[\pi(2ry)] = 2\pi r(\lim y) = 2\pi r(2r) = 4\pi r^2$$

这个结果叙述起来很简单，但证明起来很复杂。∎

阿基米德在《论球和圆柱》中，用不同的方式陈述了这个定理。他工作的时间是在代数记法出现的近 2000 年前，当时诸如 $4\pi r^2$ 这样的公式还没有意义。他用一首小诗陈述了这个定理："任意球体的表面积是其中最大圆的面积的 4 倍大。"[4] 当然，这与我们上面的说法是一致的，因为球体中的"最大圆"就是通过球的直径的圆。这个圆截面的半径是 r，面积是 πr^2，所以当阿基米德说"4 倍大"时，就是说这个球体的表面积是 $4\pi r^2$。无论表示成一个公式还是一句话，这都不愧为一个奇妙的推理。

为了保证历史的准确性，我们必须再加上几句说明。我们的推理跟随着阿基米德所采用的路线，但是也做了一些有意义的修改。首先，正如提到的那样，他采用的是纯几何模式，而不是代数模式。其次，他没有使用极限。过了这一推理的关键点，即确定了内接的近似立体图形的表面积之后，我们简单地让正多边形的边数趋向于无穷大，取了极限，完成证明。

但是阿基米德没有极限的概念，也没有相应的代数记法，他使用了一种被称为双归谬法的证明技巧，我们在第 G 章对欧几里得工作的讨

论中看到过这一证明技巧。阿基米德首先证明了球体的表面积不可能
比这个球体的最大圆面积的 4 倍还要大。然后, 他再回过头来证明球
的表面积也不可能小于它的最大圆面积的 4 倍。在这两个方面被证明
之后, 他得出结论说球的表面积正好等于它的最大圆面积的 4 倍, 一点
也不大, 一点也不小。

我们绝不会因阿基米德使用了间接推理方法而指责他。用他那娴
熟的手法, 双归谬法足以建立这一定理和其他更有意义的几何结果, 而
且 1500 多年以后数学家仍然使用这一技巧。他的确熟练利用这些工具
做了一项非常了不起的工作。只有利用代数记法和极限, 数学家们才能
采用上面的捷径。

这就是《论球和圆柱》中那个伟大的定理。在这本书的不同地方,
阿基米德给出了这一结果的不同版本, 其中一个版本解释了这一标题
的意义。他写道："以这个球里的最大圆为底, 而且高等于这个球的直
径的任何圆柱是……这个球面面积再加上一半。"[5] 他所说的 "球面面
积再加上一半" 的意思就是

$$圆柱的表面积 = 球面面积 + \frac{1}{2} \times 球面面积$$

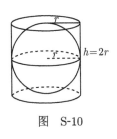

图 S-10

这里, 阿基米德把圆柱和嵌在这个圆柱里的
球体联系到了一起（参见图 S-10)。但是这个陈
述与前面的陈述等价吗? 当然, 答案是肯定的, 我
们下面会看到其中的原因。

在本章的前面, 我们已经证明了圆柱的表面
积是 $2\pi rh$, 因为这个球是嵌在这个圆柱里面的,
而圆柱的高恰好是这个球的直径, 即 $h = 2r$。因
此这个圆柱的表面积是 $2\pi r(2r) = 4\pi r^2$。

但是, 当阿基米德谈起圆柱面积的时候, 他是要包含它的上底和下

底的。这个圆柱的上底的面积是 πr^2，而下底面积与此相等。因此整个圆柱的表面积是

$$\text{侧面面积} + \text{上底面积} + \text{下底面积} = 4\pi r^2 + \pi r^2 + \pi r^2 = 6\pi r^2$$

阿基米德陈述道，这个圆柱的表面是"球面面积再加上一半"。设 S 表示球面面积，那么我们有

$$6\pi r^2 = \text{圆柱的表面积} = S + \frac{1}{2}S$$

等式两边同时乘 2，得到 $12\pi r^2 = 2S + S = 3S$，因此，$S = (1/3) \times 12\pi r^2 = 4\pi r^2$，同前面完全相同。

圆柱体和球体之间的这一关系激发了阿基米德的激情，他有理由为这一发现而骄傲。据传说，他要求把嵌在圆柱里面的球体的图形刻在自己的墓碑上，作为这一伟大几何真理的纪念。这就是他的纪念碑。

最后，我们谈一些对历史的看法。身处现代科学和技术进步之中，我们很容易觉得自己的智力优越于以往任何时代的人。毕竟，亚里士多德没有得到博士学位，欧几里得也没有得到诺贝尔奖。我们坐下，打开电视，深深同情智力有限的祖先。

本章应该消除了任何这样的错觉。显然，我们刚刚看到的数学推理驱散了这种观念：全世界聪明之人都活在今天。在 20 多个世纪之前的阿基米德的敏锐注视之下，球面面积的神秘面纱被永远地揭开了。

三 等 分

risection

$\angle ABD = \dfrac{1}{3} \angle ABC$

那些勇敢探索"不可能"的英雄身上有着永不磨灭的迷人魅力。从圣杯到基德船长掩埋的宝藏，从西北航道到青春之泉，探险家们满怀希望地出发了。有很多人消沉、失望地回来了。有些人再也没有回来。少数人克服了重重困难，取得了成功：詹森发现了金羊毛，居里夫妇分离出了镭，埃德蒙·希拉里和丹增·诺盖登上了珠穆朗玛峰。如同神话一般，这样充满坚定不移的意志和勇气的故事对我们有强大的吸引力。

数学肯定也有属于它自己的追求，其中有成功也有失败，当然这一领域是纯推理领域，而不是喜马拉雅山脉。其中最著名的故事就是历时千年之久的三等分角的探索。

像其他很多数学故事一样，这个故事来自古希腊几何学家。这一挑战的表述十分简单：把任意角精确地三等分。这一任务似乎相当简单，但是首先我们应该阐明其规则。

首先，我们被限制只能使用几何工具：第 G 章讨论过的圆规和没有刻度的直尺。利用其他工具的三等分即使再精妙也不算解决这一问题。的确，古希腊几何学家通过引入诸如希庇亚斯的割圆曲线或者阿基米德的螺旋曲线等辅助曲线解决了这一问题，但是这些曲线本身是不能用圆规和直尺构造出来的，所以这样做违反了游戏规则。这就如同乘坐直升机登顶珠穆朗玛峰一样：使用了不允许的手段实现目标。为了合法地实现三等分，我们只能利用圆规和直尺。

第二个规则是，这一构造必须在有限步骤内完成。构造过程必须能够结束。一个"无限构造"即使能够在一定限制下实现三等分也是毫无价值的。永远进行下去的构造对于州际高速公路也许是正常的，但是在几何里是不允许的。

最后，我们必须设计一个三等分任意角的过程。三等分一个特殊角，甚至一千个特殊角也是不充分的。如果你的解决方案不具有普遍性，那么它就不是解。

最后一点在图 T-1 中得到了说明。假设使用圆规和直尺，我们可以作 AB 垂直于 BC（一个简单的过程）。以 AB 为底，下一步是构造一个等边三角形 ABD。正如我们在第 G 章中所讨论的那样，这是《几何原本》的第一个命题，所以它是合法的。现在，∠ABD 是 60°，∠ABC 是 90°，所以 ∠DBC = (1/3)∠ABC = 30°。利用圆规和直尺，我们已经完美地把直角三等分。

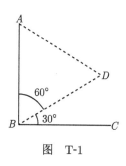

图　T-1

这值得庆祝吗？当然不，因为三等分直角不是我们的目标。我们的目标是一般角，上面的过程不具有一般性。

有一个现象可能激发了三等分角的探索，就是能够用圆规和直尺完成两个显然相关的构造。一个是任意角的二等分，另一个是任意线段的三等分。我们离开一下，去看一看这些是如何实现的。

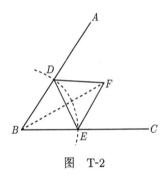

图 T-2

首先, 假设我们有如图 T-2 所示的任意角 $\angle ABC$, 而且希望用圆规和直尺把它二等分。我们使用的这一过程是《几何原本》第一卷的命题 9。首先在线段 AB 上选择任意一点 D。利用圆规以点 B 为中心、BD 为半径, 画一条弧交 BC 于点 E, 因此 $\overline{BD} = \overline{BE}$。使用直尺连接 DE, 在 DE 上构建等边三角形 DEF。最后, 连接线段 BF。

三角形全等理论可证明 BF 二等分 $\angle ABC$, 因为根据构造, $\overline{BD} = \overline{BE}$; 因为 $\triangle DEF$ 是等边三角形, 所以 $\overline{DF} = \overline{EF}$; $\overline{BF} = \overline{BF}$。根据 SSS, 我们得出结论: $\triangle BDF$ 全等于 $\triangle BEF$, 所以 $\angle ABF$ 与 $\angle CBF$ 相等。换句话说, $\angle ABC$ 被一分为二。

我们注意到, 用圆规和直尺在有限步骤内把任意角二等分, 因此符合我们的规则。角的二等分显然相当初等。

把一个角四等分也很容易, 即把它分成四个相等的部分。我们注意到, 只需重复前面的过程, 分别把 $\angle CBF$ 和 $\angle ABF$ 二等分就能够得到完美的四等分。再把它们每一个二等分就能够八等分, 以此类推。显然, 不难把任意角 2^n 等分。当然, 这一切对我们如何把一个角三等分是没有什么帮助的。

另一个相关的构造是利用圆规和直尺三等分任意一条线段。我们再看一下欧几里得的做法, 他在《几何原本》第六卷的命题 9 中描述了下面的过程。

从任意的线段 AB 开始, 我们希望把它三等分 (参见图 T-3)。从点 A 出发画任意一条直线 AC, 取 AC 上任意一点 D。利用圆规在直线 AC 上构造线段 DE 和 EF, 令它们与 AD 有相等的长度, 这样就

使得 AD 的长度是 AF 的长度的三分之一。

接下来连接 BF, 形成 $\angle AFB$, 它的大小记作 α。利用圆规和直尺, 构造 $\angle ADG$, 其大小也等于 α（欧几里得在《几何原本》第一卷的命题 23 中描述了这一构造）。这表明 $\triangle ADG$ 和 $\triangle AFB$ 是相似的, 因为它们都有大小为 α 的角而且共有顶点 A 处的角。根据相似性, 对应边的比相等。特别地, 我们有

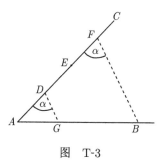

图　T-3

$$\frac{\overline{AG}}{\overline{AB}} = \frac{\overline{AD}}{\overline{AF}} = \frac{1}{3}$$

所以线段 AG 也是 AB 的三分之一。这样, 我们利用圆规和直尺在有限步骤内把一条一般线段三等分了。

我们能够二等分角和三等分线段, 似乎有理由期望我们可以三等分角。古希腊人也许就是这样想的, 而且几个世纪以来无数的数学家可能也是这样想的。

还有一件事也给三等分研究者以希望：利用圆规和直尺能够完成一些奇妙的构造。没有人会因为可以构造等边三角形或者正方形而感到惊讶, 但是利用圆规和直尺构造正五边形却不是那样一目了然, 欧几里得在《几何原本》第四卷描述了一个构造过程。另外, 我们可以构造正六边形、正八边形、正十边形和正十二边形, 甚至是正十五边形, 这最后的正十五边形的构造法是《几何原本》第四卷的最后一个命题。

如果圆规和直尺有如此大的威力, 我们也许可以乐观地构造出诸如正九边形。自然的起点应该是构造等边三角形 ABC, 并把其中一条边延长到 D, 如图 T-4 所示。那么 $\angle DAC$ 的大小是 $180° - 60° = 120°$。现在, 如果我们能够把 $\angle DAC$ 三等分, 就构造出了一个 $120°/3 = 40°$

角，这就是 360° 圆的九分之一。把这个 40° 转移到圆的圆心，重复九次就可以产生一个正九边形，如图 T-5 所示。

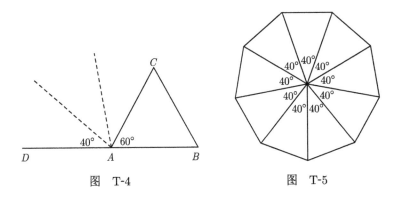

图 T-4　　　　　　　　图 T-5

当然，这一构造中包含着"如果"的条件。毫无疑问，构造正九边形的愿望是利用圆规和直尺三等分角的另一个潜在的推动力。

此时，我们应该看一下两个"近乎成功"的案例，它们能够把任意角三等分，只不过要破坏前面提到的某条构造规则。

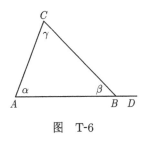

图 T-6

第一个是阿基米德的一个聪明的推理。这个方法利用了一个著名的结果，即三角形的外角等于两个内对角之和。为了证明这一结果，只需简单地把边 AB 延长到 D，生成图 T-6 所示的外角 DBC。我们知道 $\alpha + \beta + \gamma = 180°$，因为它们是三角形的三个内角。同样，因为 AD 是一条直线，故 $\angle DBC + \beta = 180°$。因此 $\alpha + \beta + \gamma = \angle DBC + \beta$，在这个等式的两边减去 β，得到 $\alpha + \gamma = \angle DBC$，证明完毕。

现在，我们看一下阿基米德把一般角 AOC 三等分的方法，如图

T-7 所示。以 O 为圆心、以任意的半径 r 构造一个半圆, 延长线段 CO 交半圆于 B 点。

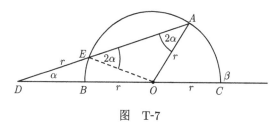

图 T-7

　　向左以正确的距离延长这条线是整个过程的关键。我们这样做: 取一把直尺, 把它的一端放在点 A, 另一端放在这条延长线上的一点 D, 使得沿着直尺从 D 到 E (E 是半圆与直线 AD 的交点) 的距离等于这个半圆的半径。换句话说, 构造 AD 使 $\overline{ED} = r$。我们说, 这样形成的 $\angle ADC$ 是原来 $\angle AOC$ 的三分之一。

　　为了证明这一结论, 设 $\angle ADC$ 的大小是 α。画半圆的半径 EO, 创建 $\triangle DEO$, 这时有 $\overline{ED} = \overline{EO} = r$。$\triangle DEO$ 是等腰三角形, 所以 $\angle EOD = \alpha$。接下来, 观察 $\triangle DEO$ 的外角 $\angle AEO$ 的大小是两个内对角之和, 即 $\angle AEO = \alpha + \alpha = 2\alpha$。同时, $\triangle EOA$ 也是等腰三角形, 因为它的两条边是半径, 所以 $\angle EAO = \angle AEO = 2\alpha$。

　　现在我们得出关键的结论: $\triangle AOD$ 的外角 $\angle AOC$ 等于两个内对角之和。因此,

$$\angle AOC = \angle ODA + \angle DAO = \alpha + 2\alpha = 3\alpha$$

这表明原来的 $\angle AOC$ 正好是 $\angle ADC$ 的 3 倍, 相当于我们构造出的 $\angle ADC$ 等于给定角 $\angle AOC$ 的三分之一。因此, 我们在 $\angle AOC$ 内作一个同样大小的角, 借此使用圆规和直尺完成了三等分。

　　这是真的吗? 遗憾的是, 在整个推理过程中存在一个不合法的步骤。这是在寻找 D 点的过程中发生的。事实上, 我们是如何使用无刻

度直尺来确定 D 点（进而 E 点）的呢？我们又是如何从 A 点校正直尺以保证线段 ED 的长度是 r 的呢？你可以想象在直尺上作标志，然后来回转动它得到理想位置，但是这是不允许的操作。直尺一定是没有刻度的，不能仅凭转动和滑动它来目测某个长度。虽然这一构造确实三等分了这个角，但是它显然违反了游戏规则。

我们应该公平地评价阿基米德，他认识到了这一不合理之处。古希腊人甚至有术语"逼近"来描述直尺的这种转动和滑动。所以，我们不应该指责阿基米德犯了一个大错，而是应该赞扬他给出了一个非常聪明的推理思路。

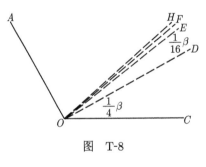

图 T-8

第二个近乎成功的案例也采用了不合法的方式来进行三等分。这一次还是从 $\angle AOC$ 开始，其大小为 β，如图 T-8 所示。通过两次二等分，我们得到一个大小为 $(1/4)\beta$ 的 $\angle DOC$。如果我们再进行两次二等分 $\angle DOC$，就会得到一个大小为 $(1/4)(1/4)\beta=(1/16)\beta$ 的角。我们复制这个角，构成 $\angle EOD$。对这个角作两次二等分，得到一个大小为 $(1/4)(1/16)\beta=(1/64)\beta$ 的角，把这个角放置成 $\angle FOE$。

以这样的方式无限地继续下去，我们构造出如下大小的 $\angle COH$：

$$\frac{1}{4}\beta + \frac{1}{16}\beta + \frac{1}{64}\beta + \frac{1}{256}\beta + \cdots$$

这是一个**无穷几何级数**的例子，下面我们给出一个评估它的（尽管是朴素的）快速方法。

设 S 是上面表达式的和, 即

$$S = \frac{1}{4}\beta + \frac{1}{16}\beta + \frac{1}{64}\beta + \frac{1}{256}\beta + \cdots$$

我们从 S 中减去 $(1/4)S$, 得到

$$\begin{aligned}
S &- \frac{1}{4}S \\
&= \left(\frac{1}{4}\beta + \frac{1}{16}\beta + \frac{1}{64}\beta + \frac{1}{256}\beta + \cdots \right) \\
&\quad - \frac{1}{4}\left(\frac{1}{4}\beta + \frac{1}{16}\beta + \frac{1}{64}\beta + \frac{1}{256}\beta + \cdots \right) \\
&= \left(\frac{1}{4}\beta + \frac{1}{16}\beta + \frac{1}{64}\beta + \frac{1}{256}\beta + \cdots \right) \\
&\quad - \left(\frac{1}{16}\beta + \frac{1}{64}\beta + \frac{1}{256}\beta + \frac{1}{1024}\beta + \cdots \right) \\
&= \frac{1}{4}\beta + \frac{1}{16}\beta + \frac{1}{64}\beta + \frac{1}{256}\beta + \cdots - \frac{1}{16}\beta - \frac{1}{64}\beta \\
&\quad - \frac{1}{256}\beta - \frac{1}{1024}\beta - \cdots \\
&= \frac{1}{4}\beta
\end{aligned}$$

因为右边除了一项之外, 所有项都消掉了, 所以我们得到

$$S - \frac{1}{4}S = \frac{1}{4}\beta$$

所以有

$$\frac{3}{4}S = \frac{1}{4}\beta \rightarrow S = \frac{4}{3} \times \frac{1}{4}\beta = \frac{1}{3}\beta$$

使用文字描述, $\angle COH$ 的大小（即 S）是原来 $\angle AOC$ 的大小（即 β）的三分之一。三等分完成。

上述推理中的缺陷是显然的：我们需要一个无限的构造。的确，我们作的两次二等分越多，就能得到一个越趋近完美的三等分。这一过程足以使我们构造出精确度达到若干分之一度以内的三等分。但是，三等分的挑战需要精确，而不是近似。对于这个过程，生成精确的三等分需要无限次构造，这不仅违反了事先规定的规则，而且超出了我们有限的生命周期。它是一个我们永远都无法完成的过程。

尽管有这样充满希望的尝试，但是三等分问题仍然是古典时代没有解决的问题。到了公元 4 世纪，帕普斯（我们曾在第 I 章遇到他，他赞扬了蜜蜂的智慧）记录说："古代几何学家希望把给定的直线角分成三个相等的部分，但是他们失败了。"[1]

这种迷茫经过文艺复兴时期一直延续到今天。一个又一个世纪，一次又一次失败，三等分问题的地位逐渐升高。就像一个被重金悬赏缉拿的逃犯一样，三等分受到许许多多的数学家的热烈追逐。学者和伪学者纷纷设计三等分过程，并大肆向全世界宣布自己的成果。然而无一例外，这些不幸的学者都眼睁睁地看着他人发现了他们推理过程中的缺陷。大量不正确的证明如同潮水般涌来，迫使法兰西科学院于 1775 年宣布不再接受三等分的证明。[2] 携带着三等分证明的人们就如携带着瘟疫一样被拒之门外。

这一策略反映出数学界的某些人已经开始相信任意角的三等分也许是圆规和直尺力所不及的问题。不乏像勒内·笛卡儿这样的权威早在一个多世纪前已经开始怀疑并暗示，没有正确的证明不能说明数学家们不够聪明，或许这个解决方案根本不存在。[3] 然而到了 1775 年，这仍然是一个猜测；人们更多的是投入精力把一个角三等分，而不是证明它的不可能性。

在法兰西科学院颁布禁令的二十年后，一个事件重新点燃了三等分可行的希望。1796 年，18 岁的高斯证明利用圆规和直尺可以构造出正十七边形。这是一个惊人的事件。高斯之前的所有人都没有想到这一构造是可能的,如果说,几个世纪以来人们对构造正十七边形的兴趣没有对三等分大,这是因为前者看似更加不可能。高斯的惊人发现表明圆规和直尺隐藏着威力。如果正十七边形可以构造出来,也许某个拥有高斯那样智慧的人会攻克三等分这一谜题。

此后,几十年过去了,这个问题仍旧没有解决,直到皮埃尔·旺策尔(Pierre Wantzel, 1814—1848)给出最终答案。旺策尔是数学家、工程师和语言学家,他就学于法国巴黎综合理工学院,这是当时重要的科学培训基地。当一个人有如此之多的兴趣时就会发生这样的事情:他的注意力分散到各个学科,因而没有留下任何巨作或威名。甚至在数学家当中,也有很多人不知道皮埃尔·旺策尔。

旺策尔名不见经传还要归因于他太短命,这全要怪他无节制的生活习惯。一位同事回忆旺策尔时说了下面一段话:

> 他通常在夜间工作,一直工作到很晚才躺下;然后他看书,几小时都不能入睡,于是他滥用咖啡和鸦片,并且在结婚前饮食没有规律。他对自己的身体绝对自信,觉得自己身体素质非常好,最终,肆意妄为的享乐损害了健康。他的早逝让人们十分悲伤。[4]

旺策尔在 1837 年关于三等分角的论文的题目是"关于一个是否能够用圆规和直尺解决的几何问题的已知方法的研究"。[5] 对于如此重要和年代久远的问题,这一成果却仅仅用了七页纸,但这是非常重要的七页。他的证明细节超出了本书的范围,我们在此只提供一个梗概。

旺策尔证明的关键是把这个纯几何领域的问题转化成一个代数和算术领域的问题。他希望确定哪些量可以用圆规和直尺解决,哪些量不能用圆规和直尺解决。为此,他不是把这些量考虑成几何线段而是考虑成数值长度。

旺策尔分析说,如果我们能够三等分一般角,那么我们肯定能够三等分 60° 角。然后, 他利用代数观点并引用少量三角学知识, 证明了如果 60° 角可以三等分, 那么三次方程 $x^3 - 3x - 1 = 0$ 一定有一个可构造解, 即这个解的长度可以用圆规和直尺构造出来。(实际上, 旺策尔使用的方程与此略微不同, 但与此是完全等价的, 在这里我们就不再考虑了。)

旺策尔在证明下面的结果时充分显示了他的聪明才智: 如果上面这个三次方程有构造解, 那么它也一定有一个有理数解, 即一定存在一个有理数 (如在第 Q 章定义的) 满足这个方程。于是, 这个问题就被转化成研究是否存在满足三次方程 $x^3 - 3x - 1 = 0$ 的有理数的问题。

为了方便推理, 假设存在一个分数 c/d 满足这个方程。我们可以假设这个分数是最小项分数, 即除了 1 和 −1 之外, 它的分子 c 和分母 d 没有公因子。假设 $x = c/d$ 满足这个三次方程, 我们有

$$(c/d)^3 - 3(c/d) - 1 = 0$$

两边乘以 d^3, 将把这个等式转化成 $c^3 - 3cd^2 - d^3 = 0$。

现在我们用两种方法重写这个等式。首先, 观察 $c^3 - 3cd^2 = d^3$, 它等价于 $c(c^2 - 3d^2) = d^3$。显然, 整数 c 是左边的 $c(c^2 - 3d^2)$ 的因子, 因此, c 也是右边的等价物 d^3 的因子。但是, 因为我们假设 c 和 d 没有公因子, 因此, 如果 c 能够整除 d, 只能是 $c = 1$ 或者 -1。

返回等式 $c^3 - 3cd^2 - d^3 = 0$, 用不同的方式排列它, 我们看到 $3cd^2 + d^3 = c^3$, 或等价地写成 $d(3cd + d^2) = c^3$。同样, 显然 d 是左边的一个因子, 所以 d 也一定是右边的 c^3 的一个因子。因为 d 和 c 是没有公因子的, 所以 d 是 1 或者 −1。

概括起来: 如果 c/d 是方程 $x^3 - 3x - 1 = 0$ 的最小项有理数解, 那么 $c = \pm 1$ 或者 $d = \pm 1$。但这样一来, 分数 c/d 只能是 1 或者是 −1。

因此, 我们把研究局限于这两个有理数选项, 一个一个地检查。如

果 $x = c/d = 1$，我们得到 $x^3 - 3x - 1 = 1 - 3 - 1 = -3 \neq 0$，所以 $c/d = 1$ 不是这个三次方程的解。类似地，如果 $x = c/d = -1$，我们代入发现 $x^3 - 3x - 1 = (-1)^3 - 3(-1) - 1 = -1 + 3 - 1 = 1 \neq 0$，所以 $c/d = -1$ 也不是这个方程的解。我们知道，± 1 是仅有的可能的有理数解，但二者都不是解，因此我们得出结论，这个三次方程没有有理数解。

我们走到哪一步了？我们只需把这些结论综合起来说明三等分的不可能性即可。推理的过程如下：

(1) 如果我们能够用圆规和直尺三等分一般角；

(2) 那么我们就能够三等分 60° 角；

(3) 那么我们就能够寻找到方程 $x^3 - 3x - 1 = 0$ 的一个可构造解；

(4) 那么我们就能够寻找到方程 $x^3 - 3x - 1 = 0$ 的一个有理数解；

(5) 而这个有理数解只能是 $c/d = 1$ 或者 $c/d = -1$。

但是，正如我们检验过的一样，陈述 (5) 为假，因为无论是 1 还是 -1 都不是方程 $x^3 - 3x - 1 = 0$ 的解。我们得到了一个矛盾。因为陈述 (1) 一定能导出陈述 (5)，所以我们得出陈述 (1) 不正确的结论。总之，利用我们的老朋友"反证法"，我们解决了这个困扰了多少代数学家的问题：用圆规和直尺三等分一般角是不可能的。

旺策尔的证明肯定不是一个简单的推理，没有人期望一个已经争论了 20 多个世纪的问题最后草草收尾。但它还是终结了。旺策尔为自己第一个证明了此问题而骄傲地说："'通过几何构造三等分一般角是否可能'这个历史上著名的问题似乎不存在严格的证明。"[6] 所以到了 1837 年，这个问题得到了解决。

对严肃的数学家来说，结论就是这样的。但奇怪的是，许多看似严肃的人、误入歧途的人以及愚蠢的人还在坚持寻找三等分的方法。甚至到了今天，三等分研究者仍然在忙碌着。他们每个人都声称已经发现了奇妙的方法，可以三等分角，希望在某部数学史籍中赢得一席之地。

他们都错了。旺策尔的证明是最终结论，三等分是无法实现的。用安德伍德·达德利的话说，你还不如去尝试"寻找两个偶数，其和等于奇数"。[7] 然而，忠实的三等分研究者们不会轻易相信。正如罗伯特·亚特斯评论的那样："这种奇异疾病的病毒一旦侵入大脑，如果不能立即正确地使用抗毒剂，那么受害者就开始进入从一个逻辑暴行到另一个逻辑暴行的邪恶圈套。"[8]

这类行为有一个解释，就是有人没有理解不可能这个词的意义。对于某些人来说，不可能听起来与其说是一种结论，不如说是一种挑战。毕竟，人类曾一度认为诸如飞行、架桥于金门海峡、登月之类的事情都是不可能的。但是，这些"不可能"的挑战都成功了。我们都听过这样铿锵有力的口号："在美国，没有什么不可能！"不要忘记，说这种话的人通常是政治家或者自助出书的作家。

数学家对此的理解更深刻。正如我们在第 J 章中所说的那样，数学家们能够切切实实地证明否定的结果。在这种情况下，"不可能"就真正意味着不可能。

所以，我们应该劝告那些还在寻找三等分这一"圣杯"的人，在1837 年，旺策尔已经证明了如果能够三等分角，那么就能够为没有有理数解的方程找到有理数解。后者的逻辑不可能已经表明前者也是逻辑不可能的。

用圆规和直尺三等分一般角确实是不可能的。案子终结。

实用性
Utility
tan α = a/b

数学有用。

这真是老调重弹了，从经验老到的数学研究人员到数学恐惧症患者都知道数学在现实世界中有广泛的应用。年复一年，大量的数学课程和教科书充分展现了这一观点，并传达给以数学为不可或缺的工具的人们。工程学、建筑学、物理学、经济学、天文学以及其他数不清的专业的学生们被告知，他们必须掌握数学知识才能在预期的职业生涯中获得成功。就实用性而言，很少有人类活动能与数学相提并论。

这样老套的观点却折射出一个非常敏感的哲学问题：为什么数学在实用领域表现得如此出众呢？毕竟，纯数学是一个抽象的思想网络，是一个内在统一和逻辑完美的思想体系，但是，这仍然只是思想。逻辑一致性本身不能够保证它有用。例如，克里比奇牌游戏的规则是逻辑一致的，但它不能阐释月亮轨道。

我们再说第 G 章描述的欧几里得几何。毫无疑问，它是由公设出发进行完美推理的极好例子，但这并不意味着欧几里得几何的命题描述了穿越街区的空地的几何。然而，只要有一张纸和一些欧几里得几何知识，我们就可以坐在家里计算空地的周长和面积，户外的实际测量将验证这些计算正确。没有必要真的走出门去，数学的抽象能产生如此精确的结果，甚至超出了空地本身的实际需求。

然而，欧几里得几何描述的不是空地，也不是物理对象，它描述的是思想。这到底是怎么回事？为什么数学家们通常认同开尔文伯爵把它描述成"常识的精微化"[1] 呢？

是否如人们常说的那样，自然服从数学法则？如果服从则表明，在某种程度上，外部世界受到数学原理的制约。还是说，自然和数学展示出一种平行，而实质上行为毫不相干呢？数学因其规律性特质是描述世界内在秩序的最完美的语言，这只是偶然吗？也许数学的无形节奏和结构恰好与现实的无形节奏和结构相吻合，虽然它们之间互不约束。

在这些哲学论点之外，还应该注意一个平凡的事实：很多自然现象与数学解决方案相抵触。有时候，数学家们无法胜任这样的任务。这就是腓特烈大帝的观点，1778 年，他写信给伏尔泰说："英国人按照牛顿给出的最好样本制造了船只，但他们的舰队司令明确地对我说，这些船只几乎不可能像凭经验制造的船那样正常行驶……全都无用，几何无用！"[2]

我们得承认，没有哪个数学模型能够完美地预测天气。一个"完美"的天气预测方程也许要考虑在如风速、气压和日照量等相互影响的变数之下的暴雪，而这种复杂度超出了数学所能够控制的范围。这并不是说我们应该放弃。天气预测不断地得到改善，描述它的数学模型越来越精妙。但是，没有哪个模型能够精确地预测，例如，二月期间落在迪比克市政厅屋顶上的雨滴的精确数量是无法预测的。这样的精确度超出了我们的能力范围。当然，二月份落在那个屋顶上的雨滴应当有确切的数值，而数学家们的能力不足，不能阻止下雨。用奥古斯丁·弗雷内尔尖锐的话说:"分析的困难不能阻碍大自然。"[3]

在下面的内容中, 我们将尝试着避开阻碍。我们的目标是从不计其数的数学应用中选出两个, 它们既简单又能揭示出我们所生活的世界中的某些有意义的东西。第一个是应用数学来测量空间, 第二个是应用数学来测量时间。

考虑这样的情形: 我们站在河岸, 正对着河对岸一棵高大的冬青树。遗憾的是, 我们不会游泳, 而且还有恐高症。在这样一些限制之下, 我们如何求得这棵树的高度呢?

答案就在三角学(trigonometry)中, 这是一个古老且非常有用的数学分支。它的名字揭示出了它的内容: tri(三)gono(角)metry(测量), 即三角形的测量。更精确地说, 三角学利用直角三角形的相似性质。

考虑图 U-1 中的直角三角形。每个三角形都是包含一个 40° 角的直角三角形, 所以每个三角形的另一个角都是 $180° - 90° - 40° = 50°$。因为这些三角形有相等的角, 所以它们是相似的, 因此它们的对应边成比例。例如, 在左边的三角形与右边的三角形中, 40° 角的对边与 40° 角的邻边的比是相同的。用符号表示就是:

$$\frac{a}{b} = \frac{c}{d}$$

所以, 如果我们知道 $a = 83.91, b = 100, c = 55$, 那么代入这些数值并交叉相乘就可以求得未知边:

$$\frac{83.91}{100} = \frac{55}{d} \rightarrow 83.91d = 5500 \rightarrow d = \frac{5500}{83.91} \approx 65.55$$

利用比例性质并知道三条边长, 就可以确定第四条边长。

上面的计算表明需要一对直角三角形, 但是没有理由要求它们必须同时出现在问题中。如果只给定图 U-2 的直角三角形, 那么我们能求得 d 吗?

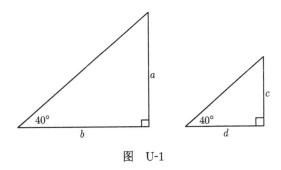

图 U-1

答案当然是"能"，因为我们很容易想象另一个有一个角是 40° 的直角三角形，从而用纯数学的方式确定未知比例。采用这样的观点，三角学家定义了直角三角形的一个角 α 的**正切**为这个角的对边与邻边的比，记为 $\tan \alpha$。在图 U-3 中，

$$\tan \alpha = \frac{对边}{邻边} = \frac{a}{b}$$

不用实际测量三角形就可以计算出这个值。古希腊数学家丢番图和托勒密在 2000 年前就这样做了，后来通过古印度和阿拉伯数学家的工作生成了三角函数表，给出任意角 α 的 $\tan \alpha$ 值。这些发现已经进入现代的计算器，轻轻敲几下键盘就可以得出 $\tan 40° \approx 0.839\ 099\ 6$。

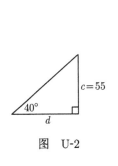

图 U-2

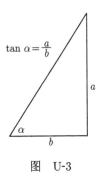

图 U-3

回到图 U-2 的三角形，我们利用三角学推理得到：

$$\tan 40° = \frac{对边}{邻边} \rightarrow 0.839\,099\,6 = \frac{55}{d}$$

因此 0.839 099 6×d=55，于是 d=55/0.839 099 6≈65.546，与之前的答案一致。

重要的是，数学家能够计算出理想的直角三角形的正切值，并在解决实际问题时把这个理想的三角形作为一对相似三角形中的一个。这正是我们求河对岸这棵树的高度要用的方法。

第一个目标是确定这条河的宽。沿着河岸走一段距离，比如说 100 英尺，然后测得从我们到达的新位置到这棵树的角度。假设这个角是 58°。图 U-4 给出了这个构造图。在直角 △ABC 中，这条河的宽度是 b 英尺（未知长度），边 BC 的长度是100 英尺（沿河岸仔细测量的距离），而且已知 ∠ABC 的大小是 58°。因此

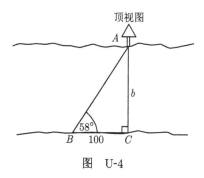

图　U-4

$$\tan 58° = \frac{对边}{邻边} = \frac{b}{100}$$

交叉相乘得出 b=100×tan 58°≈ 100 × 1.600=160.0，其中 tan 58° 的数值可以由计算器来得到。这就是这条河的宽度。

但是，我们还没有完成任务，因为树的高度还不知道。我们可以简单地走回到冬青树的正对岸，并测量到树顶的角度。假设这个角度是 30°。我们还是生成一个直角三角形，这是如图 U-5 所示的一条边垂直于地面的直角三角形。这个三角形的底是河宽，即前面给出的 160 英尺；

这棵树的高度是 x（未知数）英尺；角度是 30°。再次利用正切比值，我们求得

$$\tan 30° = \frac{\text{对边}}{\text{邻边}} = \frac{x}{160}$$

所以有

$$x = 160 \times \tan 30° \approx 160 \times 0.577\,35 \approx 92.4$$

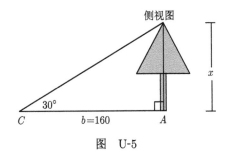

图 U-5

　　我们不用离开地面或者弄湿自己的脚就可以求得这棵树的高度。尽管这是相当简单的应用，却展示了不可否认的力量。

　　当然，持不同意见的人可能认为没有必要这么麻烦。毕竟，我们可以找一条船，划过这条河，砍倒这棵树，然后测量它的高度。不是只有通过三角学的知识才能求解，通过其他方法就不可能求解了。

　　为了削弱这种"满不在乎"的态度，我们给出三角学应用的一个更生动的例子。我们回到 1852 年，回到当年的印度测绘局长办公室，在那里，大家正使用一支野心勃勃的英国测量队测得的喜马拉雅山脉三角测量数据计算那些遥远山峰的高度。

　　获取这些信息非常复杂。首先，存在很多比例问题。与河对岸的树

不同, 喜马拉雅山脉与测绘员相隔一百英里①之远。间隔那样的一个距离, 必须考虑大气的失真和地球的曲率。当时, 测绘队无法进入以喜马拉雅山群峰为边界的尼泊尔和中国西藏。山峰如此巨大, 从印度山脚下根本无法看到这些山顶, 从地平线上也看不到更小的山脉。

尽管有如此多的困难, 但是工作要继续。在查阅了大量的山峰资料之后, 在测绘局长办公室里职员们对这些数据进行了分析。就在那里, 根据登山运动的知识, 一位孟加拉计算员 (这是一个人, 而不是一台机器) 一遍又一遍核实了他的计算, 然后兴奋地对外宣布他发现了地球上最高的山峰。[4]

这次测量只把它标注为山峰 XV。事实上, 它看上去不是地平线上的最高峰, 这是因为它的距离要远得多 (这个距离就如上面例子中的河宽, 是可以根据三角数据计算的)。山峰 XV 的海拔大约为 29 000 英尺。它的顶峰高耸入云。通过比较, 欧洲第一高峰勃朗峰的高度要比它低大约 13 200 英尺。

当然, 这座巨峰的存在对居住在其山脚下的人们来说不是秘密。居住在其北边的西藏人很久以来一直称它为珠穆朗玛峰, 意思是 "大地之母"。

这个故事的重点, 是这座山峰的高度是在 1852 年利用三角学得到的。这一时间是丹增・诺盖和埃德蒙・希拉里于 1953 年 5 月末代表人类第一次登上珠峰的大约一个世纪之前。攀登这一山峰需要背包、冰斧和非凡的勇气, 而确定它的高度只需要三角学。

如果这个寻常的例子揭示了数学的实用性, 那么我们再举一个更不平凡的例子。人类采用与测量冬青树及珠穆朗玛峰相同的方法去测量远得无法想象的、地球到月亮、太阳和行星的距离。

---

① 1 英里 ≈ 1609 米。

这个故事至少要回溯到古希腊和阿拉伯学者，他们对地日距离和地月距离的估测是基于对日蚀的裸眼观测和三角学知识的。例如，大约公元 850 年，天文学家阿尔-法尔甘尼（al-Farghani）计算的从地球到太阳的平均距离大约是地球半径的 1170 倍。这是一个大致的估测，因为它使得我们与太阳之间的距离缩短了 500 万英里，如果真是这样一个距离的话，那么我们的星球会被烧成灰烬。然而这只是一个开始。[5]

17 世纪，随着望远镜的出现，更精确的观测成为可能。在从地球延伸到太阳的三角形计算中，这些观测是必需的，因为测量上的微小误差将导致的不是几英尺的误差（如冬青树的观察），而是千百万英里的误差。对精确度的这种要求已经逼近当时仪器的极限。尽管有这样的挑战，但是到了 17 世纪末，乔万尼·卡西尼（Giovanni Cassini，1625—1712）计算出的地球与太阳的距离大约是地球半径的 22 000 倍。[6] 这个数据转化过来就是大约 87 000 000 英里（非常接近当前认可的 93 000 000 英里）。这是三角学解决了看似不太可能的地球外问题的一个非常了不起的例子。

正如科学中常有的事，一个问题得到解决常常使另一个问题的解决成为可能。在上面的案例中，知道了地日距离引发了对光速的第一次估测，这是整个物理学中最有意义的常量之一。下面讲讲这是如何实现的。

早在 1610 年，伽利略已经利用他的"小望远镜"发现了绕木星旋转的四颗卫星。随后，天文学家们记录了这些遥远卫星的运动。到了 17 世纪 70 年代，卡西尼已经制作出精确的表格，给出最里侧的卫星 Io 可能消失在这颗大行星后面的次数。Io 的这些月食每隔 42 小时 27 分钟发生一次。

但是，人们观察到了一个意外的现象。当地球和木星分别位于太阳的两侧（如图 U-6 所示）时，Io 躲在木星的后面，消失得总比预测的晚一些, 而当这两颗行星位于太阳同侧的一条直线上（同样如图 U-6 所示）时, 它消失得总比预测的早一些。在 Io 绕木星的运动中, 似乎存在无法说明的无规律性。

注意到这种延迟的人是卡西尼的助手奥利·罗默（Ole Roemer, 1644—1710）。他很奇怪: 当行星相距最远时月食变得缓慢, 而当它们靠近时月食又逐渐加快, 这说明了什么呢？当然, 有一个解释是 Io 以变速绕木星旋转: 当地球靠近时, 速度变快, 而当地球远离时, 速度变慢。遗憾的是, 这违反了物理定律, 而且不管怎样, 木星的卫星与地球的行踪有什么相干呢？

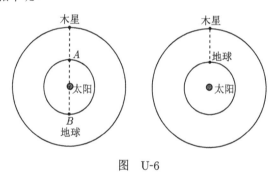

图　U-6

罗默认可的一种比较简单的解释是 Io 以恒定的速度运动, 但是当它不得不移向更远的地方时, 它的光要花更长的时间到达地球。表面的延迟不是由于在木星靠近过程中发生了什么事情, 而是由于光穿越地球的轨道到达地球花费了额外的时间。

当然, 人们知道声音从一点传到另一点是要花一些时间的, 比如在看到遥远的闪电之后, 我们才听到那迟到的雷声这一很容易观察到的现象。但是, 人们普遍认为光是瞬间传播的, 因此在一个地方发生的事情会立即在另一个地方看到。像古典时期的亚里士多德和 17 世纪初期的笛卡儿这样的权威都是这样认为的。但是, 罗默对木星的卫星运行速度减慢和加快的解释与人们对雷声延迟的解释完全一样，而重要的差异是，现在是光从一个地方到达另一个地方需要花费时间。

罗默自己对确定光的实际速度没有太大的兴趣，他感兴趣的是证明光的传播不是瞬间的。[7] 但是，我们可以利用罗默的数据生成光速的"17世纪"估测。观察表明，当地球从距离木星的最近点移动到最远点时，Io 的月食延后了 22 分钟。罗默把这丢失的 22 分钟归因于光穿越地球轨道直径所必需的时间，即从图 U-6 中的点 A 到点 B 所需的时间。因此，光利用了这个时间的一半，也就是 11 分钟穿越了从地球到太阳的这段距离。如果我们使用卡西尼对这段距离的估测值 87 000 000 英里，那么会得出光每分钟传播大约 87 000 000/11 ≈ 7 910 000 英里，或者每秒传播大约 7 910 000/60 ≈ 132 000 英里的结论。

这是一个惊人的速度。克里斯蒂安·惠更斯惊叹道："我带着非常喜悦的心情了解到由罗默先生做出的美妙发现，它说明来自光源的光的传播需要时间，甚至测量出了这个时间。这是一个非常重要的发现。"[8] 这一时期的另一位天文学家也惊讶地评论道："我们会因这个距离之巨大和光运动之快速而感到恐怖。"[9]

事实证明，这个速度值还是低了。地球轨道半径被低估了足足 6 000 000 英里，而光穿越它所需要的时间也被高估了很多分钟。事实上，光穿越这段距离花费的时间是 16.5 分钟多一点，而不是罗默估测的 22 分钟。现在，光的速度取作每秒 186 282 英里。

所以，在测量跨越空间的巨大距离时，数学的确显示出了它的实用性。但是，本章的另一个例子同样引人注目：利用数学去推测穿越时间的巨大距离。

多少世纪以来，当我们挖掘出石油层或者岩石层时，学者们追溯过去，通过简单的观测来推测史前遗迹的相对年代。这是很容易的。但是，一个被挖掘出来的鹿角、一块古埃及人的裹尸布、一块来自窑洞的烧焦了的木头，它们的绝对年代是什么呢？考古学家如何估测这些物品自出现以来已经历时十年、一百年甚至是一千年了呢？这样的信息似乎不可知并永远丢失了。

但事实并非如此。科学最深刻的属性之一就是不懈的探索，即使面对绝望的境地。用托马斯•布朗（Thomas Brown）爵士一段风趣的话说："塞壬女妖唱的什么歌，阿喀琉斯用的是什么名字混在女人堆里，这些问题都令人费解，尽管如此，它们却并非琢磨不透。"[10]

正是有了这种精神，化学家威拉德•利比（Willard Libby）和他的助手在第二次世界大战爆发后的几年间做出了放射性碳测年法的重大发现。因为这项成果，利比在 1960 年获得了诺贝尔化学奖，他也因为揭示了古代取火及史前骨骼的秘密而得到了充分的认可。利比发现，那些古老的骨头和木头碎片的确是微小而精确的时钟。而破译其中隐藏着的信息，需要了解碳的化学性质和自然对数的数学性质。

首先看一下化学。碳存在着三种同位素。其中两种在地球上含量丰富而且比较稳定，分别被称为碳 12 和碳 13；而第三种比较稀有且不稳定，是碳 14，这是一种放射性同位素，半衰期约是 5568 年①。半衰期是一个术语，具有简单的含义：经过 5568 年，碳 14 的质量的一半将由于放射性衰变而失去。因此，今天质量为 1 磅的碳 14 在不受干扰的情况下在 5568 年之后将降低到半磅，从那时开始再过 5568 年将降低到四分之一磅。

碳 14 源于高层大气的宇宙辐射，在那里碳 14 与氧反应生成放射性二氧化碳。最终放射性二氧化碳沉积到地球表面，成为所有生物赖以生存的碳混合物的一部分。利比直截了当地指出："因为植物的生存依赖于二氧化碳，所以所有植物都是放射性的；因为地球上所有动物的生

---

① 碳 14 的半衰期新调整为约 5730 年。——编者注

存都依赖于植物, 所以所有动物也是放射性的。"[11] 因此, 放射性碳就存在于你用作午餐的胡萝卜之中, 存在于你花园里的牵牛花里, 存在于你的宠物仓鼠的身体里, 存在于副总统的身上。它是地球上生物的共同标志。

利用复杂而巧妙的化学, 我们可以确定活体组织中放射性碳和非放射性碳的比例, 从而合理地假定过去的动物和植物体内也有类似的比例。有机体从事着生命活动, 它们不断地从食物链中补充丢失的碳14, 该比例能维持相当持久的平衡。

但是, 在庞大的动物死去或树木倒下之际, 它补充碳的日子就结束了。自此, 它体内组织中的碳将永远不会增加了。随着年代的流逝, 非放射性碳保持不变, 而碳 14 进行放射性衰变, 也就是说, 它在逐渐消失。放射性碳和非放射性碳之间的相对比例因此会随着时间的流逝减小。就如一台失调的老钟一样, 放射性的释放成比例地减慢。碳 14 的这种衰变是从有机体的死亡开始的, 一直持续到这些骨头或木制物品被从地里挖出来的那一天。

使用特殊的仪器, 化学家能够确定物品中碳 14 的当前放射量, 生命逝去的时间越长, 放射性的量就越少。因为我们知道碳 14 衰变的速率, 所以能够在一定的精度范围内计算出某一物品已经花费了多长时间到达目前这一减少了的放射水平。当然, 这就是一块骨头或木头不再是生物体的一部分的精确的时间长度; 再简洁点说, 这就是这个物品的年龄。这就是我们在这里展示的科学侦探的杰作, 它的确应该获得诺贝尔奖。

但是, 正如科学中常有的事, 整理最终的细节需要数学。对放射性碳测年法来说, 重要的方程是

$$A_s = \frac{A_o}{e^{0.693t/5568}}$$

其中, A_s 是这件物品当前的放射水平, A_o 是该物品"活着"时的放射水平, 而 t 是自它死亡以来经过的时间。注意, 嵌在方程里的是碳 14 的 5568 年的半衰期。还要注意的是, 数 e 以主角的身份又出现在我们眼前。

下面的例子与利比自己考虑的例子类似, 它具体说明了其中涉及的数学。[12] 假设考古学家从古埃及法老的陪葬船上挖掘出一块木头。假设制成这块木头的树大约就是在法老死去的时候被砍倒的。化学家在实验室分析这块木头, 确定它当前的放射水平是每分钟每克碳分解 A_s=9.7。与之相比较, 新砍倒的同品种树产生每分钟每克碳 A_o=15.3 的放射分解。目标是计算 t, 即这块木头的年龄。

把 A_s 和 A_o 代入方程中得到:

$$9.7 = \frac{15.3}{e^{0.693t/5568}}$$

交叉相乘得到 $9.7e^{0.693t/5568} = 15.3$, 所以有 $e^{0.693t/5568} = 15.3/9.7 \approx 1.577$。

现在, 我们的目标是确定指数中未知的 t。首先, 我们在这个方程两边取自然对数:

$$\ln(e^{0.693t/5568}) = \ln 1.577$$

引用第 N 章的内容, 我们有 $x = \ln(e^x)$。因此, 我们得到

$$\frac{0.693t}{5568} = 0.456$$

其中, $\ln 1.577$ 的值可以用计算器计算得到。因此有

$$0.693t = 5568 \times 0.456 = 2539.0 \to t = \frac{2539.0}{0.693} \approx 3663.8(\text{年})$$

于是我们的计算揭示出这条陪葬船的建造时间以及法老死去的时间是在 3664 年前。当然, 这一估测的精度值得怀疑, 因为从放射水平

的不精确确定，到样本的受污染状况，每一件事都会不同程度地影响我们的结果。然而，如果我们断定法老大约死于 3700 年前，那么我们也许就站得住脚。拥有了木头日志与数学日志的知识，我们已经让一件不能说话的物品告诉我们它自己那古老的秘密。感谢化学和数学，它们开启了通向过去的大门。

无论是测量珠穆朗玛峰的高度、测量光速，还是测量法老的遗物，数学已经穿过层层疑云证实了自己的用途。莫里斯·克莱因更断言："数学的首要价值不在于这门学科本身提供了如此之多的东西，而在于它能够帮助人类实现对物质世界的认识。"[13]

很多人也许会争论说，克莱因有些言过其实。他似乎是要说，如果天文学家和化学家突然得到他们所需的所有数学知识，那么数学家就会清理办公桌，退休回家。

堪称"纯数学家"之首的哈代提出了相反的观点。一贯言语犀利的哈代承认："很多的初等数学……都相当实用。"但是随后他又声称，这些实用的思想"大体上都相当无趣；它们恰恰是最没有美学价值的部分。'真正的'数学家的'真正的'数学，费马、欧拉、高斯、阿贝尔和黎曼的数学几乎统统是'不实用的'"。[14]

虽然大部分数学家不会因哈代坚定的不实用论而有丝毫退缩，但是职业数学家有这样一种共识，即数学不仅仅是科学的奴仆。例如，第 P 章的质数定理等结果尽管根本没有实际用途，但仍是那样地完美和迷人，因此有数学的合法性。当我们仅以功利思想判断数学时，就忽视了人类的一个重要特权：寻找享受思想自由翱翔的机会。

尽管真理可能存在于克莱因和哈代之间，但数学的实用性是无法回避的，数学们毫不动摇地致力于数学的应用。你可能会听到数学家们这样的至理名言：成为一名普普通通的应用数学家很容易，成为一名普普通通的纯数学家稍微困难些，最艰难的是成为一名杰出的纯数学家。为了在数学应用中做出杰出的贡献，你必须掌握多门学科：数学、天文学、化学以及工程学。纯数学家可以随意修改基本条件或者假设使得他们的工作更容易，相比之下，应用数学家却只能凑合着利用外部世界无法控制的事实。纯数学家受逻辑驱动，应用数学家受逻辑和自然驱动。纯数学家可以改变基本原则，而应用数学家却被迫接受现实给予他们的一切。

我们用一流科学家伽利略的话结束本章，他听到了从自然界各个角落反射回来的数学的回声。说到数学的实用性，再没有比伽利略谈论宇宙时的这段描述更简洁的了：宇宙是一本"大书"，"在掌握它的语言并学习组成它的符号之前，你是无法理解它的。它是由数学语言写成的"。[15]

维恩图
Venn Diagram

所有A都是B

19 世纪中期, 剑桥大学教员约翰·维恩 (John Venn, 1834—1923) 发明了可视化逻辑关系的示意图。维恩是英国国教牧师, 是所谓的伦理学权威, 还是剑桥大学校友大索引的汇编者。他对数学只有一般性的了解, 却为数学做出了一份贡献。

这一贡献就是维恩图。它已经如同扉页或者目录一样成为今天教科书的常设内容。**维恩图**就是一个简单的区域, 其中的圆形区域表示具有公共属性的项目群体。

例如, 在所有动物的世界（如图 V-1 所示的大矩形）, 区域 C 代表骆驼, 区域 B 代表鸟, 区域 A 代表信天翁。这张图快速地揭示出：

- 所有信天翁都是鸟（整个区域 A 都在区域 B 之内）;
- 骆驼都不是鸟（区域 C 和区域 B 不相交）;
- 骆驼都不是信天翁（区域 C 与区域 A 不相交）。

这是逻辑基本规则的一个描述, 即从陈述 "所有 A 都是 B" 和 "没有 C 是 B" 可以得知 "没有 C 是 A"。当我们观察图中的圆时, 这个结论是一目了然的。

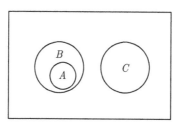

图 V-1

　　没有人, 甚至是约翰·维恩最好的朋友, 会认为他潜在的思想很深刻。维恩的创新不像第 S 章中阿基米德关于球面的结论那样需要很高的智慧。后者需要非凡的洞察力, 而前者可能就是小孩子用彩色笔做出的发现。

　　但事实不止如此。常被誉为符号逻辑创始人的戈特弗里德·威廉·莱布尼茨在 17 世纪几乎没有使用过这类图。在莱昂哈德·欧拉的《全集》中, 我们发现了图 V-2 中的图示说明。看起来熟悉吗? 这就是在维恩之前一个世纪的"维恩图"。公平起见, 我们应该把这张图称为"欧拉图"。当然, 这样的名字变更对欧拉获得更大的威名没有什么助益, 却抹杀了约翰·维恩的功劳。

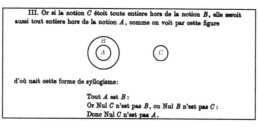

图 V-2 "欧拉图"

（海里大学图书馆惠允）

　　所以，维恩图既没有什么深远的意义也不是原创，它只不过非常著名。在数学领域，约翰·维恩在某种程度上变得家喻户晓。在数学漫长的历史中没有谁仅凭这点功绩就获得了如此的声望。但实在也没有什么可说的了。

女性在哪里
here Are the Women?

　　如果读者一直在做统计，那么很显然，在本书中男性出现的次数多于女性。这种不平衡反映了数学科学中男性的历史优势。但是，这是否就意味着女性过去对这门学科没有贡献，现今没有贡献，将来也不会有所贡献呢？

　　以上问题的答案是"不""当然不""请严肃点"。数学史中女性的身影可以追溯到古典时代，而今天女性比以往任何时候都活跃。女性想在数学界生存，就要面对男数学家几乎无法想象的障碍，不仅因为她们缺少鼓励，还因为对女性加入数学界的强烈抵制。

　　首先，我们承认，在历史上最有影响力的数学家的短短清单中，阿基米德、牛顿、欧拉、高斯等人清一色都是男性。在 1900 年之前，数学界的女性人数非常少。其中经常提到的是亚历山大的希帕蒂娅（Hypatia），她大约生活在公元 400 年。夏特莱侯爵夫人（Emilie du Chatelet, 1706—1749）和玛丽亚·阿涅西（Maria Agnesi, 1718—1799）活跃在 18 世纪，索菲·热尔曼、玛丽·萨默维尔（Mary Somerville, 1780—1872）

以及爱达·洛夫莱斯（Ada Lovelace, 1815—1852）活跃在 19 世纪初。19 世纪中后叶，索菲亚·柯瓦列夫斯卡娅（Sofia Kovalevskaia, 在文学作品中也被称为索尼娅·柯瓦列夫斯基）也跻身这一名单。

在这些女性当中，希帕蒂娅是一位颇有影响力的几何学家、教师和作家，夏特莱侯爵夫人因为把牛顿的著作翻译给法国人而知名，萨默维尔因为把拉普拉斯的著作翻译给英国人而知名。1748 年，阿涅西出版了数学教科书，为此得到了应有的认可。洛夫莱斯在查尔斯·巴贝奇（Charles Babbage）制造他的第一台"分析机"时与他一起工作。

热尔曼和柯瓦列夫斯卡娅是这个清单中最多才多艺的数学家。前者对纯数学和应用数学都有研究。我们在第 F 章提到过她对费马大定理的研究。1816 年，热尔曼凭借对弹力的数学分析工作而获得法兰西科学院的大奖。而柯瓦列夫斯卡娅取得了博士学位，并在大学担任职务，取得了她那个时代女性的开创性成就。在这一过程中，她在各方面赢得了曾经对她持怀疑态度的男性同事的尊重。

所以，在 20 世纪之前，女数学家肯定是存在的。令我们惊讶的不是她们人数很少，而是真的存在。因为女性不仅要克服对数学充满渴望的人要面对的通常意义下的种种障碍，即高级数学真实的困难，而且还必须克服各种各样的文化层面所带来的障碍。我们讨论一下挡住她们道路的三个最大的障碍。

第一个障碍是这一学科人群中对女性的普遍的负面看法，这一看法在不少男性和女性心中都已根深蒂固。其核心就是相信女性不具备做纯数学的能力。这样的观念已经深深印入很多人的大脑之中，其中不乏非常有影响力的人物。据说伊曼纽尔·康德就曾说，女性"动用她们漂亮的脑袋思考几何问题时"会长出胡须。这种评论出自一位如此重要的哲学家之口，实在令人气馁。[1] 遗憾的是，这样的看法在过去绝不是个案。在那个时代，很多希望学习三角学或者微积分的高中女生都被指导老师、家长或朋友劝说去从事家政学或者英语这些所谓更适合女性思维方式的学科。不管你相信与否，这样的状况一直在持续。

证明女性不能从事数学研究的诸多证据之一是从事这一研究的女性很少。换句话说，数学界女性的缺乏被用来证明她们没有从事这门学科的能力。当然，这些说辞的理由是荒谬的。这与把第二次世界大战之前美国职业棒球大联盟中缺少非洲裔美国人归结为他们没有玩这种游戏的素质的观点是一样的。正如杰基·罗宾森、亨利·阿伦和其他很多人已经充分证明的那样，职业棒球大联盟缺少黑人球员不能证明他们缺乏能力，而只能说是缺少机会。

上面提到的具体人物充分说明了女性也能研究数学。我们可以用近来非常活跃的女性数学家来证明这一点。格雷丝·扬（Grace Young）在 20 世纪初高等积分理论的改进工作中起到非常重要的作用，朱莉娅·罗宾森（Julia Robinson）是希尔伯特第十问题的解决者，还有埃米·诺特（Emmy Noether）是 20 世纪最有成就的代数学家之一。女性不能研究数学的观点是没有根据的。

但是，还有一个与此相关的观点就是女性就不应该研究数学。往好处说，那是在浪费时间；往坏处说，那是有害的。正如小孩子不应该走近高速公路一样，女性不应该走近数学。

我们以弗洛伦斯·南丁格尔为例，她后来在医学艺术领域赢得了声望。年轻的时候，她对数学表现出极大的热情，她母亲对此感到奇怪，于是问道："数学对结了婚的女人有什么用？"[2] 正如我们在第 U 章提到的那样，人类事业中没有什么比数学更有用的了。但是南丁格尔却被告知它是无用的。鉴于强加给 19 世纪女性的各种传统角色，数学无论如何都会被看成对她们毫无用处的了。

而且，女性还被告知研究数学将有损她的社交魅力。更有甚者，据说有什么医学证据显示，思虑过多的女性其血液将从生殖器官转移到大脑，并造成非常可怕的后果。令我们好奇的是男性似乎不用担心类似的血液流动。

这类观点很快变成了行动，或者更准确地说，变成了阻碍行动的绊脚石。热尔曼不得不用一个男性化的笔名发表她的数学论文；柯瓦列夫斯卡娅尽管拥有不可置疑的能力，但最初还是得不到学术地位。甚至是伟大的埃米·诺特，她在德国哥廷根大学谋求低等职位时也遭到了冷遇。她的诽谤者坚决反动，也有人担心一旦女人走入这一大门，将带来无法阻止的倒退。为此，戴维·希尔伯特用下面一段巧妙的讽刺做了回应："我不明白这位候选人的性别为什么成了反对她就职的依据。毕竟，我们这里是大学，而不是洗浴场所。"[3] 最终诺特得到了工作，而且这个数学团体（哥廷根大学）还活得相当好。

第二个障碍是缺乏正规教育。数学这门学科需要训练，高强度的训练。为了到达前沿，你必须从基础开始进发，对于数学这样既古老又复杂的学科，这需要花费几年的努力。在过去，很少有女性开始过这样艰辛的路程。因此，她们想在高级数学中取得成功几乎是不可能的。

男性又是如何学习这门学科的呢？他们通常接受家庭教师的辅导，或者一对一的授课。我们已经看到莱布尼茨去请教克里斯蒂安·惠更斯，而欧拉与约翰·伯努利一起研究学习。这是培养把火炬传向未来的大师的过程。几乎没有女性有这样的机会。

而男性经过适当的训练之后进入大学，在那里他们的才干和能力将会得到进一步的培养。高斯就读于赫尔姆施塔特大学，旺策尔就读于法国巴黎综合理工学院，罗素就读于剑桥大学。

相比之下，热尔曼是一位非常有前途的人，却因为性别关系甚至被拒绝进入大学讲演礼堂。她只能在教室门口听课，或者向有同情心的男同学借笔记来抄，就这样，她秘密地跟上进度。用高斯的话说，她所取得的成功证明了她是一位"最具勇气"[4] 的女性。

因此，太多的女性根本没有实际接触过高级数学的世界。值得一提的是，上面提到的很多女性家庭都比较富裕，而且拥有相应阶层的优势。热尔曼可以随意使用她父亲的图书馆。萨默维尔偷听她哥哥的家教课程。这些富裕家庭的女儿们显然有权选择不去顺应那些更合时宜的传统。正如迈克尔·迪肯对贫穷女性的数学研究前途的评论："贫穷和女性身份这一对绊脚石太沉重了。"[5]

把这种情况与大致同一时期的女性作家的境遇比较一下会很有趣。读和写是贵妇人训练的一部分，尽管这只被看成必要的社交技巧，而不是通向艺术生涯的手段。但是，很多女性还是具备写作条件。如果有充足的时间，充足的训练和能力，她们也许会利用这些条件去进行诗或文学的创作。其中简·奥斯丁就是一个例子，她的作品是她对周围人的生活的仔细观察，并通过她非凡的才能加以提炼而成的。奥斯丁会读、会写，她是一位艺术家。她创作的著作使她跻身英国文学伟人之列。

很多女孩还是学习了一些初级的计算，这倒是事实。但是与文学训练不同，数学学习就到此为止了。高级数学的进步需要对几何、积分和微分方程等学科的了解，每一门学问都是以前者为基础的。如果没有相应的训练，几乎没人能够掌握它们。当女性的这种训练需求遭到拒绝时，她们也就无法拥有数学工具了。她们通向科学未来的大门被砰的一声关上了。我们将永远无法知道谁是数学界的简·奥斯丁，因为她缺少必要的正规教育而被数学抛弃了。

这一切都已经成为过去。现在情况如何呢？表面上的障碍已经消失，各大学也不再强制执行热尔曼所遭遇的针对女性的禁令。正相反，从美国各大学数学学科登记入学的数据来看，我们有理由乐观。在1990年到1991年的这一学年，美国研究机构授予了 14 661 个数学专业本科生毕业证书，其中女生有 6917 人，约占 47%。这几乎接近一半的比例在一个世纪前男性占主导的数学领域是不可想象的。

但当我们再看一看高级学位时，数据就令人很失望了。就在同一学年，女性只占获得数学硕士学位的人数的 2/5，而且只占获得数学博士学位的人数的 1/10。[6] 这种状况表明，尽管从数据上看接受本科教育的女性人数增长迅猛，但是她们很少能继续训练，进入研究生阶段，而从这里开始将产生明天的研究型数学家和大学教授，所以形势仍然是男女不平衡。

为什么女性很少能继续进入研究生院呢？从历史上看，很多女性立志当一名大学预科层次的老师，因此没有获得研究型学位的需要。在某种情况下，因为女性身处上述的各种观念之下，较低的自我评价的确对追求更高层次的成功产生了负面影响。勇气，以及找到能鼓舞自己并帮助自己扫除学习高级数学之路上的各种障碍的良师益友，是成功的关键。男性有太多同行和榜样，而女性在竞争激烈的学术领域中总是感觉很孤单。她们的正规教育之路在很多方面不同于她们的男性同伴。

甚至当女性战胜了各种负面的看法，获得了坚实的教育时，她们仍然面临很多障碍：女性要满足日常生活需求，却缺少全力从事她们工作的支持。

数学研究需要不受各方面干扰的大块时间。研究型数学家要花很长时间坐在那里思考。在过去如此，今天也是如此，但这样大块的时间不是所有人都拥有的。正如上面提到的那样，最简单的方法就是非常富有。据传说，阿基米德有部分锡拉库扎王族的血统。洛必达侯爵（Marquis de l'Hôpital, 1661—1704）非常富有，能雇用约翰·伯努利在新兴微积分领域指导他，继而闻名欧洲。而我们上面所说的各位女性中，夏特莱侯爵夫人是一位女侯爵，洛夫莱斯则是一位女伯爵，阿涅西也是富人家的孩子。这些人当中没有人靠洗衣度日。

另一方面的支持来自欧洲的各家学会，这是那个时代的智库。来自柏林、巴黎、圣彼得堡的各家学会的赞助养活了无数学者。在柏林和圣彼得堡取得职位的欧拉就是一位利用这样的机会取得成功的数学家。

或者你有一份要求不高的工作，允许你在闲暇时间进行研究和沉思。我们已经提到过的莱布尼茨就是在巴黎的外交工作期间，寻找时间学习了数学并最终创造了微积分。地方法官费马似乎从来没有尽力做法院的工作，而是一心做数学研究。

总之，对于有潜力的数学家，有钱是无害的，成为学术团体的成员，或者只有部分时间用来工作，都是无害的。当然，今天对数学家的主要赞助来自研究型大学，这些机构提供办公室、图书室、旅行费用、想法相似的同事以及适度的教学任务。作为回报，学校希望数学家对这门学科的前沿进行深层次的思考。

对照一下女性的历史角色：在丈夫或兄弟在外面工作的时候待在家里，抚养孩子、做饭、缝缝补补和照料家务杂事。即使她们有数学方面的训练，又如何有时间去思考微分方程或者是射影几何呢？环境对她们的期望是完全不同的。

事实上，女性甚至很少有自己的空间。正如弗吉尼亚·伍尔夫在谈及这类话题的短文中提醒我们的那样，女性很少有独处、思考、写作（或进行数学研究）的空间。伍尔夫讲述了莎士比亚富有想象力的妹妹朱迪思的一个故事，她有与她哥哥一样的才能。在她的哥哥威廉全身心投入其作家生涯的时候，她的生活就是负责家庭的日常需要。据伍尔夫说，莎士比亚的妹妹

和他一样敢作敢为，富有想象力，热切希望了解这个世界。但是她没有被送去学校。她没有机会学习语法和逻辑，只能读一点贺拉斯和维吉尔的东西。她偶尔拿起书……看几页。然后，她的父母就会走进来提醒她去补补长袜或者别忘了做饭，而不要沉迷书本和纸墨。[7]

兄妹俩，一个是支持的提供者，而另一个却是接受者。这种差别也

太大了。

再说一下莱昂哈德·欧拉，13 个孩子的父亲。必须有人来抚养孩子们，替他们换尿布，清洗他们的衣服。但是这个人不是莱昂哈德。再看一下斯里尼瓦瑟·拉玛努金（1887—1920），他是 20 世纪初一位非常有才华的数学家。但在日常生活中，他却像一个孩子那样无助，他的妻子照顾他生活中的每一件事情。再看保罗·埃尔德什，这个人我们在第 A 章遇到过，他在 21 岁时才学习如何往面包上涂黄油。显然，他在进行数学发现的初期，得到了来自母亲的不同寻常的支持。

如果交换一下，情况又如何呢？欧拉夫人、拉玛努金夫人和埃尔德什夫人如果在数学上取得了成功，她们的另一半会满足她们的日常生活需要吗？如果这些女性已经成名，那么她们可以投入大块的时间去研究数学吗？没有人知道答案。但是，如果女性能够得到与这些男人相同的支持，那么她们之中会有更多人出现在数学编年史中。这是毫无疑问的。

在索菲亚·柯瓦列夫斯卡娅这位"20 世纪前最伟大的女数学家"[8] 的生活中，上面提到的所有障碍，如数学教育方面的负面观念和困难以及缺少系统的支持，都出现过。

1850 年初，柯瓦列夫斯卡娅出生在莫斯科，并在一个比较富裕的书香之家长大，她有一名英语家庭教师，并有机会学习数学。有一个很有趣的故事说，她卧室的墙上贴满了她父亲的微积分课程的旧讲义笔记。这位年轻的姑娘被这些奇怪的公式深深吸引了，它们就像朋友一样静静地围绕在她的身边。她发誓有一天一定要知道其中的秘密。

当然，这需要训练。一开始，她学习了算术。她被允许参加她堂兄的家教课程，家人这么做基本上是为了劝诱她堂兄更加努力地学习。就这样，她获得了代数知识，而她堂兄还是学不会。接下来，柯瓦列夫斯卡娅从住在附近的物理学家那里借来一本他写的书看。在读这本书时，她遇到了三角学的困难，这是一门她几乎一无所知的学科。不愿意放弃但又得不到适当的指导，柯瓦列夫斯卡娅就从零开始做起了研究。当她的物理学家邻居意识到她在做什么的时候，他惊奇地发现，"她已经第二次创造了整个三角学这门学科"。[9]

这样的成就显示了超凡的数学创造力。在她 17 岁的时候，她和她的家庭来到圣彼得堡。在那里，柯瓦列夫斯卡娅说服了反对她学数学的父亲，接受了微积分的家教课程。尽管她是一位女性，但是凭借如此的才能，她本应该立即进入大学。遗憾的是，对于一位 19 世纪的俄罗斯女性来说，她没有这样的选择权。

以现代的观点看，她对这些令人失望的事情的反应有些极端。在 18 岁的时候，她自己决定与一位准备前往德国的年轻学者"假"结婚，她希望通过这样的婚姻得到进一步接受高等教育的机会。这个男人是弗拉基米尔·柯瓦列夫斯基，一位自愿参与这次"虚假婚姻"的古生物学者，他认为这对女性解放有利。他们两个人动身去了海德堡大学，表面上维系着婚姻关系，事实上各自从事着自己感兴趣的研究。

柯瓦列夫斯卡娅在海德堡一如既往表现得非常出色，所以在 1871 年她瞄准了更高的目标：柏林大学，以及它令人尊敬的高级数学教授卡尔·维尔斯特拉斯（1815—1897）。下定了决心的柯瓦列夫斯卡娅安排了一次与这位世界著名学者的见面，恳求他的指导。维尔斯特拉斯在提出一些非常有挑战性的问题之后就把她打发走了，他不希望再见到她。

但是，他还是再一次见到了她。一周后，柯瓦列夫斯卡娅手里拿着答案回来了。用维尔斯特拉斯的评价说，她的工作展示了"对维度的天才直觉……这甚至在过去的学生或者层次更高的学生当中都是很少见的"。[10] 她让这位当时世界最具影响力的数学家之一从她的怀疑者变为她的仰慕者。

由此，年迈的维尔斯特拉斯和年轻的柯瓦列夫斯卡娅开始了长期的合作。她的精力和洞察力赢得了他的尊敬，而且他还安排她与欧洲很多数学团体接触。在维尔斯特拉斯的指导下，柯瓦列夫斯卡娅开始研究偏微分方程、阿贝尔积分以及土星环的动力学。由于这些成果，1874年，她获得了哥廷根大学数学博士学位。她是第一位获得现代大学博士学位的女性。

一生中，柯瓦列夫斯卡娅不仅对数学感兴趣，而且对社会和政治公平等议题也感兴趣。作为一名自由主义活动的支持者，她支持女权运动和波兰人的独立。当时她给一家激进派报社写文章。在她丈夫的帮助下，她在 1871 年公社期间秘密进入巴黎，当时这座城市被俾斯麦的军队包围了。在这次冒险中，她被德国士兵的子弹击中了。到了巴黎，她病倒了，受了伤，还与这座被包围的城市的激进派领导人取得了联系。这就是一个渴望实现自己的社会信念的人物。

除了是科学家和革命者之外，她还是一位作家。柯瓦列夫斯卡娅写小说、诗歌、戏剧以及《童年的回忆》，后者是一本自传式的童年记录。她在俄罗斯度过了青春，因此她见到过杜斯妥也夫斯基，在后来的生活中又认识了屠格涅夫、契科夫和乔治·艾略特。这位有社会责任感的数学家进入了著名的艺术圈子。

总之，索菲亚·柯瓦列夫斯卡娅拥有各种惊人的才能。聪明、果断、伶牙俐齿，因此她被同时代人描绘成"简直是光彩夺目"。[11] 下一页的画像展示了这位有着超凡脱俗的人格魅力的女性，人们创作了很多关于她的畅销书和电视连续剧。

如同所有连续剧一样，她的故事以喜剧开场却以悲剧收场。尽管她的婚姻背景很特殊，但是她与丈夫产生了真正的爱情，这对夫妇于 1878年生了一个女儿。但是五年后，一次生意上的失败使他损失了大量财产，之后，沮丧的弗拉基米尔·柯瓦列夫斯基吸食三氯甲烷自杀了。索菲亚成了寡妇和单身母亲。

幸运的是，她还是世界一流的数学家。在维尔斯特拉斯的另一名弟子米特格–雷弗勒的热情帮助下，她被指定到瑞典的斯德哥尔摩大学任教。1889 年，她成为该校的终身教授，这在数学界对女性来说也是第一次。

邮票上的索菲亚·柯瓦列夫斯卡娅

在斯德哥尔摩的那段日子也并非没有困难。对女性固有的偏见又阻碍着她对进步事业公开而坚定的支持。那些保守的学者们因为对她的数学无可挑剔，转而指责她与一位著名的德国社会主义者接触。而维尔斯特拉斯和米特格-雷弗勒也委婉建议柯瓦列夫斯卡娅采取更谨慎的政治态度。但是她没有这样做。

在数学这一边，她被指名担任《数学学报》杂志的编辑，她是担任这一职位的第一位女性。她与埃尔米特和切比雪夫（我们在第 A 章遇到过他）等数学家联系，并成为俄罗斯数学团体和西欧数学团体的重要纽带。1888 年，柯瓦列夫斯卡娅获得法兰西科学院的鲍廷奖，获奖理由是她的论文《刚体绕固定点的旋转问题》，由此国际盛誉、媒体报道以及贺信迎面扑来。这样的喝彩声足以使她获得俄罗斯皇家科学院的会员资格（作为一名女性，在她的祖国，这样一个学术职位还不足以养活她）。

1891 年，充满希望的未来似乎就摆在这位著名人物的面前，但是没有想到的是灾难突然降临。在去法国的途中，柯瓦列夫斯卡娅开始咳嗽，好像患了普通的感冒。但是，当她返回斯德哥尔摩时，在阴雨和寒冷的气候条件下，她的身体状况变得更糟。回到家里，她变得太虚弱以至于无法工作。一次昏迷过后，1891 年 2 月 10 日，柯瓦列夫斯卡娅去世，年仅 41 岁。

一如既往，当这样一位天才永远地离去的时候，她给世人留下了惊叹、无尽的怀疑和没有实现的梦想。整个欧洲传来了人们的赞美之声，随之而来的悲伤也是真诚的。我们无法估计柯瓦列夫斯卡娅原本还能为数学做出什么样的贡献，我们也无法知道这样的贡献会使这门学科中的女性地位提高多少。

柯瓦列夫斯卡娅这样的天才是罕见的，但是自她去世后，在 20 世纪，女性进入数学领域已经越来越普遍。但随之出现了一个麻烦的问题。我们把本章献给女性数学家，是否反而令她们更显边缘化，反而被当作异类？我们是否应该有罪恶感呢？随着众多女性进入医学和法律等专业领域，很少有人谈及"女医生"或"女律师"。在本章，我们并不是说数学职业应该分成两组：数学家和女数学家。这当然不是我们的意图，而且它也不是真实的现状。但是，有这样的危险。

这是朱莉娅·罗宾森的观点。随着她声望的增大，当她进入美国科学院并获得麦克阿瑟奖的时候，她被视为在男性领地上获胜的女性。在一篇非常重要的短文中，她写道："所有这些关心都令人愉快，但也令人感到困惑。我就是一名数学家。我更希望仅仅因为我证明了一些定理或者解决了一些问题而被记住，而不是因为我是第一位这样、那样的女性。"[12]

尽管需要进一步根除女性所面对的不平等，但我们有理由对实现罗宾森的愿望充满信心。很多偏见和障碍正在消失，投身数学的女性已经开始增多。即使这个问题没有得到完全解决，但是不可否认，进步已成事实。我们希望在不远的将来，提出"女性在哪里？"这样的章节会被认为完全没有必要。

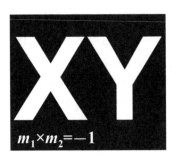

XY 平面
Plane

$m_1 \times m_2 = -1$

本章一下子就用掉了字母表中的两个字母，它的话题也在前面章节中反复出现过。这一话题如此基础，似乎永远存在。

我们考虑这样一个坐标系统，水平和垂直栅格叠加于平面上，它们给出这个二维平面上每一个点的数值地址。水平轴，即所谓的 x 轴，有向右增加的数值刻度，而垂直轴，即 y 轴，有向上增加的刻度。这样，几何点与它的数值坐标之间相互对应。

当然，只画出一个点是没有意思的。当我们有诸如 $y = x^2 + 1$ 这样的方程，并把它解释成平面内满足关系 $y = x^2 + 1$ 的所有 (x, y) 点的集合时，情况就变得错综复杂起来。在定位了很多这样的点后，代数方程生成了一条几何曲线，对于上面的情况，就是图 XY-1 所示的抛物线。

代数与几何的这种关联似乎相当自然，因此当我们认识到人们到了近代才把二者联系起来时，不免会有些吃惊。尽管欧几里得几何可以追溯到大约 2000 年前，当时也没有代数，但**分析几何**的出现也还不到

4 个世纪。它比对数、《罗密欧与朱丽叶》和波士顿市还年轻。

这门学科如同其他很多数学革新一样，出现在 17 世纪。革新者是皮埃尔·费马和勒内·笛卡儿，他们都是法国人，都聪明绝顶，都是数学发展中的重要人物。正如前面的章节提到的那样，费马对坐标几何的革新比他对数论做出的举世闻名的贡献要逊色得多。另外，由于费马拖延论文的发表而降低了他的影响，到他的成果问世时，这一思想的新颖性已经不复存在。于是，分析几何的荣誉就落到了它的第一位发表者勒内·笛卡儿的身上。

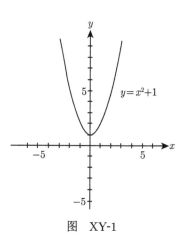

图　XY-1

那一年是 1637 年。笛卡儿完成了一本巨作《方法论》，它是科学革命的哲学指南。在这本书之后附加了一个标题为《几何》的附录，类似于事后的思考。笛卡儿是这样开始的："几何中的任何问题都能够简单地以某种方式表述，比如从特定直线的长度就足以知道它的构造……我毫不犹豫地把这些算术表述引入几何中。"[1] 因此，此前只有理想几何图形的空荡荡的欧几里得平面，现在充满了数值，即笛卡儿的"算术表述"，用以衡量它们的长度，标示它们的位置。

遗憾的是，大部分读者发现《几何》不容易理解。甚至连艾萨克·牛顿都承认最初他没有理解笛卡儿的方法。几年后，一位传记作家写道，牛顿

把笛卡儿的《几何》拿在手里，并被告知它非常难。他看了其中十几页，停了下来，再看，比上一次看得多了一些，又停了下来，再一次回到起点，坚持往下看，直到完全掌握为止。[2]

勒内·笛卡儿

（默兰伯格学院图书馆惠允）

如果连牛顿读起来都感到困难，可以想象天分不及他的学生们的状况！笛卡儿的一个特点就是喜欢警告他的读者："我不会停下来更详细地解释，因为那样会剥夺你自己掌握它的愉悦感……在这里，我没有发现熟悉普通几何和代数的人都不能理解的难点。"[3]

笛卡儿在向梅森介绍这本书的时候，非常直率。他写道："我已经删掉很多使其更清楚的东西，但我是有意这样做的，我不会说得更明白。"[4]我奉劝所有立志编写教材的人，不要学习这种在数学描述中有意避开清晰阐释的隐晦哲学。

幸运的是，还是有人能够用更容易理解的术语重新展示这些思想。阿姆斯特丹的弗兰斯·凡·斯霍滕（Frans van Schooten, 1615—1660）重新编辑的《几何》版本在笛卡儿原著问世的 12 年后登场，附加了大量有帮助的注释，从而使这门学科更容易被更广大的读者理解。极其重要的是，在艾萨克·牛顿和戈特弗里德·威廉·莱布尼茨各自独立地追击微积分的时候，他们都从斯霍滕的版本中得到了非常大的帮助。

他们研究的这门学科与其现代版本不同。当时，数轴不是总被画成互相垂直的；有时候，根本不画 y 轴；因为厌恶负数，人们经常把工作限定在平面的右上区域，即所谓的第一象限，其中 x 坐标和 y 坐标都是正的。一切需要点时间才能厘清。

牛顿本人也对此做出了贡献，但是他对这门学科的影响往往掩盖在他其他成就的光环之下。他的论文《三次曲线枚举》写于 1676 年并于 1704 年出版（这显然是牛顿式的拖延），现在人们把这篇论文描绘成"分析几何的真正诞生" [5] 之作。在这篇论文中，牛顿引入、分析且极其精确地绘制了 72 种不同的三次方程。显然，他那极大的耐力超越了他对分析几何的似火的热情。

由于笛卡儿和费马的革新以及牛顿随后的贡献，这门学科被建立起来并被标准化。今天我们轻易就能够浓缩这一成就，用显然而简单的步骤把它写出来。但是历史证明，事后看似显然的事实，当年也许距离一目了然相差很远。朱丽娅·罗宾森是这样描述一个麻烦的数学问题的：

当我非常接近某个问题时，曾被告知有人认为我目光短浅，因此凭我自己是不可能看出答案的。然而，也没有其他人能够看明白它。有很多东西一直就躺在沙滩上，但我们看不到，直到有人拾起它。然后，我们就都看到了。[6]

这段话完美地描述了 17 世纪几何与代数的结合历程。

从这开始，分析几何有两个重要但相互对立的趋势：其一，让代数为几何服务；其二，让几何为代数服务。综合看来，这产生了一种数学上的共生关系，问题的每一个侧面都能从其他相关侧面中受益。

在很大程度上，笛卡儿是前一种趋势的倡导者。他常常从几何问题开始，运用代数技巧去求解。对他来说，他的更加现代的符号代数思想也许能够解决欧几里得几何这一古老学科的问题。

另一种趋势更具费马特色，并最终证明更重要。它是从一个代数表达式开始，然后利用这个表达式在平面上生成一个几何图形，如我们利用上面的 $y = x^2 + 1$ 所做的几何图形，又如牛顿在绘制他的 72 个三次方程时所做的那样。费马的脑子里有一种方法，他写道："每当我们找到两个未知量的等式，就有一条轨迹，它描绘的不外乎是一条直线或者一条曲线。"[7] 费马的预见使得数学家们可以通过绘制更复杂的方程的点而生成新曲线，卡尔·博耶把它称为"数学史中最有意义的陈述之一"。[8]

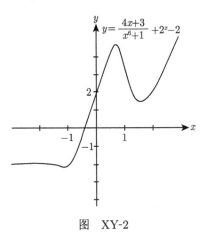

图 XY-2

在分析几何出现之前，曲线的来源被局限于那些"自然的"出现。数学家们熟悉圆、椭圆和螺旋线，因为它们都出自著名的几何问题。但是如图 XY-2 中的方程

$$y = \frac{4x + 3}{x^6 + 1} + 2^x - 2$$

的图像完全无法想象。通过虚构奇怪的方程，数学家生成了之前从来没有看到过的穿越 xy 平面的弯弯曲曲的曲线。在获得大量的曲线细

节之后, 他们对曲线有了更深入的理解。事实证明, 这对微积分的发现至关重要。

在本章的后半部分, 我们将考虑分析几何相互对立的两个基础侧面。首先我们看一下, 如何通过观察曲线的几何性质来理解它的代数性质。

实际上, 我们已经在本书的其他地方看到过很多这种现象的例子。几何图形激发我们讨论微分和积分, 特别是在我们发展牛顿方法时, 图形的作用更为突出。第 D 章就出现了一个非常简单的例子, 即卡尔达诺声称不存在和等于 10、积等于 40 的两个实数。我们已经利用微积分的极大值技巧证明了他的断言。但是, 只需看一下乘积函数 $y = -x^2 + 10x$ 的图像, 所有事情就解决了。图 D-9 给出了这个函数的图像, 我们在图 XY-3 中重新画一次。

我们曾经说过, 上面问题中的积一定是这条曲线上的点的 y 坐标, 显然, 它们的积不能到达 40。这张图立即清楚地展示出可能的最大积, 即这条曲线的最高点 25。对这两个数的积的限制, 即一种代数关系, 可以用这条曲线的相应几何性质明确地表现出来。

我们还可以返回到第 K 章, 在那里我们说任何代数技巧都无法给出诸如 $x^7 - 3x^5 + 2x^2 - 11 = 0$ 这类方程的精确解。对于诸如此类的问题, 我们沿用了牛顿的方法, 即给出一个求近似解的方法。但是, 有一个不同的思路也能得到近似解, 它仅需要引入分析几何, 尽管这一方法效率更低。

首先, 我们绘制 $y = x^7 - 3x^5 + 2x^2 - 11$ 的图像。当然, 徒手绘制这样的曲线是一个非常可怕的问题; 对这样的方程进行描点可能十分麻烦, 甚至令人生畏。然而, 技术让这个问题变得容易了。有了计算机软件, 甚至是你手中的计算器都可以在几秒钟之内找出比人类在一个月内找出的还要多的点来绘制类似这种方程的曲线。这就是图 XY-4

给出的图像。

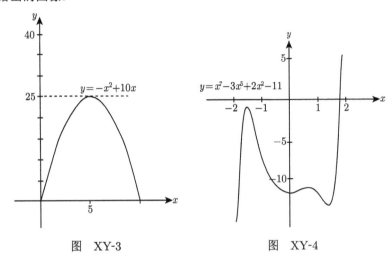

图 XY-3　　　　　　　图 XY-4

因为我们希望求解方程 $x^7 - 3x^5 + 2x^2 - 11 = 0$, 所以必须找到某个 x 值, 使得上面方程中的 $y = 0$。这个值就是图像穿越 x 轴时形成的横截距的横坐标。看一下图 XY-4, 显然只有一个这样的截距, 所以这一七次方程只有一个解。我们需要做的就是瞄准这个数值。

拥有"放大"功能的计算器或手边的软件使得我们能够更精确地找到这一点, 这就像用放大镜来放大图像的某一部分一样。我们首先在要放大的地方附近确定一个点, 在上面的例子中, 这个点就是比 $x = 2$ 略小的地方, 随后给出正确的指令。如图 XY-5 所示, 其结果给出了这个截距周围的一个放大区域。根据图像的几何走势, 显然这个解位于 $x = 1.8$ 附近的某个地方。

如果这个解不够精确, 那么我们就再放大一次。我们可以一直这样做下去, 直到找到 x 轴上的一个非常小的区间, 比如说只有 0.000 01 个单位长度, 这条曲线在这一区间内穿过横轴。利用这样的方式, 我们可以近似这个横截距到一个很高的精确度。

对于现在的例子, 在找到 $x = 1.799\ 829\ 5$ 这个近似解之前, 我们只放大了几次。为了检验一下, 我们把这个值代入原来的方程中得到

$$(1.799\ 829\ 5)^7 - 3(1.799\ 829\ 5)^5 + 2(1.799\ 829\ 5)^2 - 11 \approx -0.000\ 004$$

所以我们已经非常接近于 0。这要感谢绘图计算工具, 无须丝毫的痛苦就完成了。

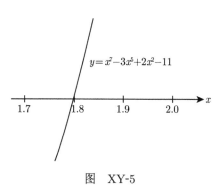

图　XY-5

在结束这个问题之前, 我们要做两点重要的说明。第一, 这样的求解方法所需的技术是几十年前无法想象的, 但是在今天却很平常。在几秒钟之内计算和寻找点所需要的硬件是工程师给数学家的礼物。

更重要的是, 尽管寻找七次方程的解是一个非常基础的代数问题, 我们却使用了穿越 x 轴的曲线的几何性质得到了解。这种情况, 数学家们称之为 "可视化的威力", 却很少说是受惠于计算机辅助的分析几何的威力。

上面的例子实际上就是几何服务于代数的例子。现在, 我们反过来利用代数这件武器证明几何定理。我们需要两个预备知识: 用代数方法处理距离和斜率。因为我们已在第 D 章中讨论了后者, 所以首先讨论一下前者。

假设给定了图 XY-6 中的两个点 P 和 Q, 要求确定它们之间的距离, 就是图中实线 PQ 的长度。如图所示, 设这两个点的坐标分别是 (a, b) 和 (c, d), 我们画出垂直的虚线, 形成直角三角形 PQR。读取 x

轴上的长度，我们看到 $\overline{PR} = c - a$；同样，读取 y 轴上的长度，得到 $\overline{QR} = d - b$。于是，根据毕达哥拉斯定理有

$$P \text{与} Q \text{之间的距离} = \sqrt{\overline{PR}^2 + \overline{QR}^2} = \sqrt{(c-a)^2 + (d-b)^2}$$

不用惊讶，这就是解析几何中的**距离公式**。

对于斜率的代数公式，我们回忆一下第 D 章的内容。图 XY-6 中的 P 与 Q 之间的直线的斜率是

$$m = \frac{\text{垂直上升距离}}{\text{水平移动距离}} = \frac{d-b}{c-a}$$

在此要警告一句：如果直线是垂直于 x 轴的，那么其上任意两点都有相同的第一坐标，而上面的斜率公式中的分母为零。因此，其结果不是一个真实的数，我们说垂直直线的斜率是无定义的。为了避开这样的麻烦，在后面的内容中我们默认所有线都不与 x 轴垂直。

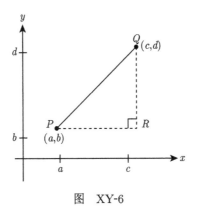

图　XY-6

斜率的概念提供了平行线和垂直线的代数特征，而这两个几何概念早在欧几里得几何中就已出现。斜率在直觉上就是"倾斜度"，因此

很显然, 两条直线平行当且仅当它们有相同的斜率。但是, 垂直关系的类似特征却不是一目了然的, 因此值得简单讨论一下。

假设两条直线相交成直角。为了进入解析几何领域, 我们建立坐标轴, 如图 XY-7 所示, 图像以两条直线的交点为原点。

在每一条直线上, 取长度为 1 的一段, 终点分别是坐标为 (a, b) 的 P 和坐标为 (c, d) 的 Q。根据上面的距离公式有

$$\sqrt{(a-0)^2 + (b-0)^2} = \overline{OP} = 1$$

因此

$$a^2 + b^2 = \left(\sqrt{a^2 + b^2}\right)^2 = 1^2 = 1$$

根据同样的理由得

$$c^2 + d^2 = \left(\sqrt{c^2 + d^2}\right)^2 = 1$$

因此, 我们得到

$$a^2 + b^2 + c^2 + d^2 = 1 + 1 = 2 \tag{$*$}$$

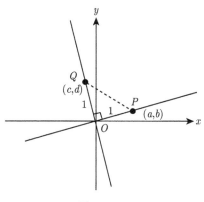

图 XY-7

现在我们画出虚线 PQ, 形成直角三角形 POQ。毕达哥拉斯定理保证有

$$\overline{PQ} = \sqrt{1^2 + 1^2} = \sqrt{2}$$

此外, 根据我们得到的距离公式有

$$\overline{PQ} = \sqrt{(c-a)^2 + (d-b)^2}$$

使这两个结果相等并两边平方, 根据上面的等式 $(*)$ 得

$$(\sqrt{2})^2 = (\sqrt{(c-a)^2 + (d-b)^2})^2, \text{因此}$$
$$2 = (c-a)^2 + (d-b)^2 = c^2 - 2ac + a^2 + d^2 - 2bd + b^2$$
$$= (a^2 + b^2 + c^2 + d^2) - 2ac - 2bd$$
$$= 2 - 2ac - 2bd$$

因此, $2 = 2 - 2ac - 2bd \rightarrow 0 = -2ac - 2bd \rightarrow ac = -bd$。

在我们把斜率引入讨论之后, 这最后一个方程的意义是显然的。连接 O 和 P 的直线的斜率是

$$m_1 = \frac{b-0}{a-0} = \frac{b}{a}$$

同理, 连接 O 和 Q 的直线的斜率是 $m_2 = d/c$。因此我们有

$$m_1 \times m_2 = \frac{b}{a} \times \frac{d}{c} = \frac{bd}{ac}$$
$$= \frac{bd}{-bd} \quad \text{因为我们刚刚证明了} \, ac = -bd$$
$$= -1$$

因此, 当两条直线相互垂直时, 它们的斜率的积是 -1。这看起来似乎有点特别, 但这只是把毕达哥拉斯定理转化到解析几何的世界。

如果这些线相交于其他地方而不是原点, 又如何呢? 例如, 考虑垂直相交于图 XY-8 中左边的点 (r, s) 的两条直线。我们可以把整个图形向下滑动 s 个单位, 再向左移动 r 个单位, 这样就把交点移动到了点 $(0, 0)$, 并同时保证直线的倾斜度不变, 如图 XY-8 右图所示。这样的效果就与图 XY-7 类似, 而前面的讨论表明移动后的两条直线斜率之积等于 -1。但是原来的直线倾斜度与移动后的直线倾斜度相同, 所以它们的斜率之积也是 -1。

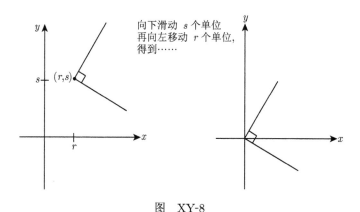

图　XY-8

以上面的说明为前奏, 我们要用代数工具证明一个几何定理。我们的推理需要距离公式、斜率的记法和平行线及垂直直线的特征, 一句话, 我们要使用刚才几页里集合起来的所有武器。这个命题是关于**菱形**的命题, 菱形就是所有边都相等的平行四边形。

定理　如果一个平行四边形的对角线相互垂直, 那么这个平行四边形是菱形。

证明　首先, 图 XY-9 给出一个平行四边形 $OABC$。它的顶点 O 在原点上, 边 OA 沿 x 轴到点 $(a, 0)$, 使得 $\overline{OA} = a$。(如果所给的平行四边形不是这个样子，我们总是可以移动并旋转它，而不改变各边的长度以及相对位置，使它如图 XY-9 那样放置。）

点 C 有坐标 (b, c)，因为这是一个平行四边形，所以边 CB 一定平行于 x 轴。这保证了点 C 的第二坐标和点 B 的第二坐标相同，所以我们设 B 的坐标为 (d, c)。但是，边 OC 和 AB 也是平行的。这表明

$$\frac{c}{b} = \text{直线} OC \text{的斜率} = AB \text{的斜率} = \frac{c}{d-a}$$

交叉相乘得到 $c(d - a) = bc$。根据这个式子我们有 $d - a = b$，或者等价地写成 $d = b + a$。

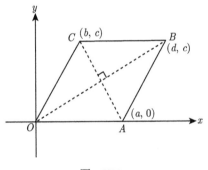

图　XY-9

现在，对于这个平行四边形，我们要做一个重要假设：它的对角线 OB 和 AC 是相互垂直的。正如已经看到的那样，这表明它们的斜率之积等于 -1。因此我们有

$$-1 = (OB \text{的斜率}) \times (AC \text{的斜率}) = \frac{c}{d} \times \frac{c}{b-a}$$

$$= \frac{c}{b+a} \times \frac{c}{b-a} \quad \text{因为我们已经证明了} d = b + a$$

$$= \frac{c^2}{b^2 - a^2}$$

但是因为

$$\frac{c^2}{b^2 - a^2} = -1$$

我们看到, $b^2 - a^2 = -c^2$, 或者简单地写成 $a^2 = b^2 + c^2$. 于是根据距离公式

$$\overline{OC} = \sqrt{(b-0)^2 + (c-0)^2} = \sqrt{b^2 + c^2}$$
$$= \sqrt{a^2} \quad \text{根据上面的结论}$$
$$= a = \overline{OA}$$

总之, OC 和 OA 有相同的长度.

现在, 收尾工作就很容易了. CB 的长度是

$$\sqrt{(d-b)^2 + (c-c)^2} = \sqrt{(d-b)^2} = d - b = (b+a) - b = a$$

所以 CB 和 OA 有相同的长度. 最后

$$\overline{AB} = \sqrt{(d-a)^2 + (c-0)^2} = \sqrt{b^2 + c^2} = \overline{OC} = \overline{OA} = a$$

因此, 平行四边形 $OABC$ 的 4 条边的长度都相等. 它是一个菱形, 证明完毕. ∎

读者可能意识到了, 这个结果在欧几里得几何的领域内很容易得到严格的证明, 在那里我们使用的是非常有用的全等三角形工具以及平行线的内错角等工具. 上面这个证明的意义在于它的代数性质. 接受笛卡儿的劝告, 我们也"毫不犹豫地把算术表达引入几何中", 并通过一连串的方程证明了一个平行四边形是一个菱形.

我们还可以给出很多更有意义的例子来支持分析几何. 例如, 分析几何是研究诸如椭圆、抛物线和双曲线等圆锥截面的极好平台. 把这

些图形放在 xy 轴的框架内，比古希腊人将其看成圆锥体的各种横截面更容易理解。

　　这一章的内容已经达到了预期目标。如果在这里讨论圆锥截面，那么我们也许"会剥夺你自己掌握它的愉悦"。因此在结束之际，我们送给 xy 平面的分析几何最后一句赞美：它是几何和代数的融合，是整个数学中最幸福的婚姻。

$e^{i\pi}+1=0$

这最后一章的标题表明，我已经不知道该选用什么样的词了。事实上，选择单独一个字母作为标题就非常合适，因为这一部分的内容是复数，在数学家的字母表中正是用字母 z 来表示它们的。

我们的目标是讲述复数是什么，它们从哪里来，以及它们为什么在现代数学中承担重要的角色。复数有一个痛苦的过去，人们不肯放弃普遍持有的对"数"的概念的偏见。根据古希腊神话，雅典娜是突然从她父亲宙斯的头颅中完完整整地跳出来的，但是，正如我们将看到的那样，历时许多世纪，虚数在很多数学家的脑袋里出现又消失。

为了理解人们为什么对这个概念如此烦恼，我们必须看一下熟悉的实数的性质。正如每个人都知道的那样，非零数分成两种，正的和负的，而零不属于任何范畴。实数的算术必须符合各种规则，但是为了讨论，我们只重点说明其中的一个：两个正数之积和两个负数之积都是正的。例如 $3 \times 4 = 12$，而且 $(-3) \times (-4) = 12$。

然后，我们假设要求一个负数的平方根，例如 $\sqrt{-15}$。这可引起真正的麻烦了（恕我直言）。对于任何数，当把它平方后，所得都是正数或是零；所以没有平方后等于 -15 的数。正如数学先驱所评论的那样，像 $\sqrt{-15}$ 这样的量应该作为凭空想象的事物而被驱逐出去。

然而，好想法是很难被压下去的。这个问题在为方程求解做出重要贡献的 16 世纪古印度代数学家的著作里清晰可见。就这样，他们在不经意间偶然发现了负数的平方根。

正如我们在第 Q 章中提到的那样，这一时期的数学家仍然对负数的概念感到困惑，更不用说它们的平方根了。卡尔达诺在 1545 年所著的《大术》中对二次方程的处理过程中展现了这个讨厌的东西。例如，他能够处理称为"平方加上 $\cos a$ 等于数"的情况（其中，$\cos a$ 是要求的未知量）。用现代记法，这类似于方程 $x^2 + 3x = 40$。但是，他避开考虑"平方减 $\cos a$ 等于数"，即不考虑诸如 $x^2 - 3x = 40$ 这样的方程。这样的方程包含一个负值，因此它被污染了。

作为替代，卡尔达诺描述了求解方程 $x^2 = 3x + 40$ 的过程。以我们今天的观点看，这个方程等价于方程 $x^2 - 3x = 40$，不需要单独分作一种情况。但是，在负值受到如此消极的冷遇的世纪里，这样的代数转变是不可避免的。

不相信独角兽存在的人会觉得谈论它们吃东西的习惯很可笑。同样，对负数的存在持有怀疑的人也肯定认为谈论它们的平方根是荒谬的。然而，正是卡尔达诺利用一个他在《大术》中提出的问题，在这一方向上迈出了尝试性的一步："有人对你说，把 10 分成两部分，其中一部分与另一部分之积等于 40。"[1]

卡尔达诺提到，这个解是不可能存在的。的确，不存在具有这一性质的两个真正的数，我们在第 D 章用微积分已经给出了证明。"尽管如此，"他说，"我们将用这一方式求解它。"他给出了这样的解

$$5 + \sqrt{-15} \text{ 和 } 5 - \sqrt{-15}$$

这个答案合理吗? 首先, 它们的和是

$$(5 + \sqrt{-15}) + (5 - \sqrt{-15}) = 5 + 5 = 10$$

所以他的确把 "10 分成了两个部分"。为了确定这两部分的积, 我们运用熟悉的乘法法则

$$(a + b)(c + d) = ac + ad + bc + bd$$

即第一个括号里的每一项与第二个括号里的每一项相乘。这样得到

$$(5 + \sqrt{-15}) \times (5 - \sqrt{-15}) = 25 - 5\sqrt{-15} + 5\sqrt{-15} - (\sqrt{-15})^2$$
$$= 25 - (-15) = 25 + 15 = 40$$

因为 $(\sqrt{-15})^2 = -15$。所以, 卡尔达诺似乎已经发现了把 10 分成两部分且它们的积是 40 的方法。

但是他的解是 "数" 吗? $\sqrt{-15}$ 究竟是什么? 卡尔达诺对他自己的答案的困惑多于相信, 他称它们 "莫明其妙", 而且把它们刻画成 "毫无用途且不可思议", 很难唤起一个能被认可的新数学概念。[2]

如果没有这些意大利数学家在三次方程代数解方面所取得的伟大成就, 负数的平方根也许会被抛弃了。在《大术》中, 卡尔达诺首先给出了 "立方加上 $\cos a$ 等于数", 即形如 $x^3 + mx = n$ 的方程的解, 其中 m 和 n 是实数。他把三维立方体分解成不同的部分, 用几何方法解决这个问题。用现代的代数记法, 他的解是

$$x = \sqrt[3]{\frac{n}{2} + \sqrt{\frac{n^2}{4} + \frac{m^3}{27}}} - \sqrt[3]{-\frac{n}{2} + \sqrt{\frac{n^2}{4} + \frac{m^3}{27}}}$$

上面这个公式在求解如 $x^3 + 24x = 56$ 这样的三次方程时非常好用。其中 $m=24, n=56$，我们计算得到

$$\sqrt{\frac{n^2}{4} + \frac{m^3}{27}} = \sqrt{\frac{56^2}{4} + \frac{24^3}{27}} = \sqrt{784 + 512} = \sqrt{1296} = 36$$

然后，根据上面的卡尔达诺的公式，这个三次方程的解是

$$x = \sqrt[3]{\frac{56}{2} + 36} - \sqrt[3]{-\frac{56}{2} + 36}$$
$$= \sqrt[3]{28 + 36} - \sqrt[3]{-28 + 36} = \sqrt[3]{64} - \sqrt[3]{8} = 4 - 2 = 2$$

的确，$x = 2$ 满足方程，因为 $2^3 + 24(2) = 8 + 48 = 56$ 正是所需的结果。每一件事都进展得很顺利。

但是，对于 $x^3 - 78x = 220$ 情况又如何呢？这里有 $m = -78, n = 220$，所以有

$$\sqrt{\frac{n^2}{4} + \frac{m^3}{27}} = \sqrt{\frac{220^2}{4} + \frac{(-78)^3}{27}} = \sqrt{12\,100 - 17\,576} = \sqrt{-5476}$$

我们遇到了可怕的负数的平方根。卡尔达诺完美的立方公式遇到了麻烦。

令数学家感到头痛的是，三次方程 $x^3 - 78x = 220$ 的确有一个实数解，即 $x = 10$。（很容易验证 $10^3 - 78(10) = 1000 - 780 = 220$。）另外，我们还可以找到另外两个实数解：$-5 + \sqrt{3}$ 和 $-5 - \sqrt{3}$。这种状况最令人不满，因为这是一个有三个实数解的实三次方程，但卡尔达诺的公式似乎没有办法找到它们。学者们比以往任何时候都感到困惑。

整整一代人过去了，事情没有转机。直到另一位意大利数学家拉斐尔·邦贝利（Rafael Bombelli, 约 1526—1572）在 1572 年的《代数》一书里提出了惊人的见解。他建议说，在实三次方程求实数解的过程中

至少可以暂时引入负数的平方根。这样, 这些奇怪且麻烦的数将成为求解三次方程的中间工具。

为了弄明白邦贝利想的是什么, 我们返回到前面例子中出现麻烦的地方。暂时抛开针对负数平方根的任何偏见, 我们这样书写

$$\sqrt{-5476} = \sqrt{5476 \times (-1)} = \sqrt{5476} \times \sqrt{-1} = 74\sqrt{-1}$$

因为 $\sqrt{5476} = 74$。然后, 把卡尔达诺的公式运用于三次方程 $x^3 - 78x = 220$, 得到

$$
\begin{aligned}
x &= \sqrt[3]{\frac{n}{2} + \sqrt{\frac{n^2}{4} + \frac{m^3}{27}}} - \sqrt[3]{-\frac{n}{2} + \sqrt{\frac{n^2}{4} + \frac{m^3}{27}}} \\
&= \sqrt[3]{\frac{220}{2} + \sqrt{-5476}} - \sqrt[3]{-\frac{220}{2} + \sqrt{-5476}} \\
&= \sqrt[3]{110 + 74\sqrt{-1}} - \sqrt[3]{-110 + 74\sqrt{-1}} \qquad (*)
\end{aligned}
$$

这似乎让事态变得更糟, 因为我们不仅保留了 -1 的平方根, 而且还使它嵌入三次根之中。然而, 邦贝利意识到, 如果小心翼翼地处理, 这个表达式可以完成它的工作。

我们需要一些计算来看一看为什么。首先, 注意到

$$
\begin{aligned}
(5 + \sqrt{-1})(5 + \sqrt{-1}) &= 5^2 + 5\sqrt{-1} + 5\sqrt{-1} + \sqrt{-1}^2 \\
&= 25 + 10\sqrt{-1} + (-1) = 24 + 10\sqrt{-1}
\end{aligned}
$$

在这里我们使用了 $\sqrt{-1}^2 = -1$ 的事实。换句话说, 我们证明了 $(5 + \sqrt{-1})^2 = 24 + 10\sqrt{-1}$。我们再进一步展开, 计算得到

$$
\begin{aligned}
(5 + \sqrt{-1})^3 &= (5 + \sqrt{-1}) \times (5 + \sqrt{-1})^2 \\
&= (5 + \sqrt{-1}) \times (24 + 10\sqrt{-1})
\end{aligned}
$$

$$= 120 + 50\sqrt{-1} + 24\sqrt{-1} + 10(\sqrt{-1})^2$$
$$= 120 + 74\sqrt{-1} + 10(-1)$$
$$= 120 + 74\sqrt{-1} - 10 = 110 + 74\sqrt{-1}$$

这也许会使数学家们热血沸腾, 因为它就是在上面标有 (∗) 的解中第一个立方根中的表达式。因此, 我们发现

$$(5 + \sqrt{-1})^3 = 110 + 74\sqrt{-1}$$

在上面等式的两边取立方根, 得到

$$5 + \sqrt{-1} = \sqrt[3]{110 + 74\sqrt{-1}}$$

类似的计算证明 $(-5 + \sqrt{-1})^3 = -110 + 74\sqrt{-1}$, 所以有

$$-5 + \sqrt{-1} = \sqrt[3]{-110 + 74\sqrt{-1}}$$

最后, 我们能够使卡尔达诺公式有意义了。返回到式 (∗) 并把刚刚求得的三次方根代入, 我们发现

$$x = \sqrt[3]{110 + 74\sqrt{-1}} - \sqrt[3]{-110 + 74\sqrt{-1}}$$
$$= (5 + \sqrt{-1}) - (-5 + \sqrt{-1})$$
$$= 5 + \sqrt{-1} + 5 - \sqrt{-1} = 10$$

正如前面验证过的那样, $x = 10$ 是原来三次方程的一个根。奇怪的是, $\sqrt{-1}$ 在这中间帮了大忙。

此时也许会有人提出一个严肃的质疑：最初你是如何知道 $5 + \sqrt{-1}$ 是 $110 + 74\sqrt{-1}$ 的立方根呢？它显然不是一目了然的, 而且邦贝利自

己也必须依赖于设计好的例子（就像这个例子那样），根据例子，他可以预先知道这个立方根的身份。至于如何求一般表达式 $a + b\sqrt{-1}$ 的立方根，他没有线索，在很长一段时间里，这将是一个谜。

邦贝利的方法，他自己称其为"一个狂野的想法"，用起来既像一种魔术又不乏逻辑性。他写道："整件事好像依赖于诡辩而不是依赖于真理。"[3] 然而，他要引入负数平方根的愿望是非常重要的一步。它使得求解三次方程成为可能，挽救了卡尔达诺的公式，把一种新数放在数学的聚光灯下。

正如我们所预料的那样，一个如此令人头痛的概念不会被普遍接受，也不会被立即接受。在邦贝利之后 60 年，笛卡儿在他的《几何》中为形如 $\sqrt{-9}$ 的数杜撰了一句术语："根不总是实在的；有时它们是虚构的。"[4] 把一个数学概念标识为虚构的，就如土地神是虚构的，疯帽匠也是虚构的一样，这是要说它是假定的、荒谬的或者妄想的。尽管有这样的言外之意，但是笛卡儿的术语一直沿用到今天。

17 世纪末，牛顿下了一个裁定，他认定这些数是"不可能的"。[5] 而莱布尼茨则采用拟生物学观点描述："我们把负数单位的虚构平方根称为有与无之间的两栖类。"[6] 把虚数比喻成两栖类也许比把它们比作疯帽匠更好些，但也好不到哪儿去。

直到进入 18 世纪，这些数仍然是"二等公民"。后来，微积分中的特定问题，以及莱昂哈德·欧拉的敏锐洞察力促使虚数成为数学事业的正式伙伴。同时也是欧拉制定了 $\sqrt{-1}$ 的标准化符号表示 i。

使用这一记法，今天我们定义**复数**为形如 $z = a + bi$ 的数，其中 a 和 b 都是实数。注意，本章标题中的字母终于出现了。例如，3+4i 和 2 − 7i 都是复数。因为 a 和 b 都可以是零，纯虚数 i(=0+1i) 和任意的实数 a(=a+0i) 都落入复数这一类数中。从这一角度看，复数包含我们在第 Q 章中遇到的所有数系。

欧拉所做的不仅仅是提供了一个记法。他给出了求一般量 $a+bi$ 的三次方根或者说任意次根的方法，并在这一过程中证明了非零复数有两个不同的平方根、三个不同的立方根、四个不同的四次方根等，从而填充了一直困扰着他的前辈们的逻辑鸿沟。例如，实数 8 显然有一个立方根，即实数 2。而 $-1+i\sqrt{3}$ 和 $-1-i\sqrt{3}$ 是 8 的另外两个立方根，当然这不是那样显然。（建议对此怀疑的读者分别求一下这两个复数的立方，就可以看到其结果是 8。）

欧拉还研究了复数的幂。不难看到 $i^2=(\sqrt{-1})^2=-1$，$i^3=i^2\times i=-i$。但是，欧拉又去探究更大的游戏。以他惯有的大胆，他证明了下面这个著名的事实：

$$e^{i\pi}+1=0$$

正如任何一位数学家会立即发现的那样，没有其他什么方程与这个方程相似，因为它提供了整个数学中最重要的常量之间的联系。不仅 0 和 1 担任了重要的角色，而且 π（第 C 章）、e（第 N 章）还有 i（第 Z 章）都出来谢幕。这是一个全明星阵容。

更奇怪的是欧拉对 i^i 的计算，这是一个虚数的虚幂。想出这样的东西，想想都觉得很荒谬，但是计算它所需的工具只是上面的欧拉公式和两个熟悉的幂的法则：

$$(a^r)^s=a^{rs}=(a^s)^r, \quad a^{-r}=1/a^r$$

（单凭想象）假设底和幂是复数时，这些法则也可以使用，那么我们推理如下

$e^{i\pi}+1=0$ 表明 $e^{i\pi}=-1$，这个等式又表明 $e^{i\pi}=i^2$

对上面最后等式的两边求 i 次幂，得到 $(e^{i\pi})^i=(i^2)^i$，然后运用第一个幂运算的法则把这个式子变成

$$e^{i^2\pi}=(i^i)^2$$

又因为 $i^2 = -1$，所以我们有 $e^{-\pi} = (i^i)^2$。在两边取平方根得到

$$\sqrt{e^{-\pi}} = i^i$$

最后，因为 $e^{-\pi}$ 等于 $1/e^{\pi}$，所以我们得出结论

$$i^i = \frac{1}{\sqrt{e^{\pi}}}$$

注意，此时一个虚数的虚幂变成一个实数

$$\frac{1}{\sqrt{e^{\pi}}}$$

这太不可思议了。一个世纪后，美国逻辑学家本杰明·皮尔斯（Benjamin Pierce）在谈到这个奇怪的结果时，概括了大部分人对欧拉发现的反应："我们毫不理解这个等式的含义，但是，我们能够肯定，它预示着某些非常重要的东西。"[7]

欧拉因为普及了复数而获得了应得的荣誉。他说明了如何求它们的幂、方根，甚至定义了它们的对数等概念。在某种意义上，他确立了它们的算术和代数合法性。

但是前路还很漫长。在随后的一个世纪中，很多数学家发展了复函数的微积分，其中的领军人物就是法国的奥古斯丁-路易斯·柯西（Augustin-Louis Cauchy, 1789—1857）。凭借这些革新成果，数学家们能够求得诸如 $z^3 + 4z - 2i$ 的导数，以及下面这样的积分：

$$\int \frac{e^{iz}}{i} dz$$

复数的确走过了一段漫长的路。

但是，还有一个起决定作用的结果，确立了复数的特殊地位。它被称为代数基本定理，确立了复数超过有史以来其他数系的代数优越性。因此，它当然是数学的伟大定理之一。

这个基本定理的证明超出了本书的范围，但是我们可以描述一下它说的是什么，以及它为什么很重要。作为一个定理，它的名字里出现代数一词没有什么好惊讶的，它涉及的就是方程的解。

回到第 A 章，在那里我们讨论了自然数 1, 2, 3, $\cdots$。无论在什么标准下，这些数都是最简单、最不复杂的数，而且它们的简单性就是其魅力和魔力的一部分。但同时，这也展示出自然数对求解方程是不充分的。

例如，假设我们希望求解 $2x + 3 = 11$。它的系数是 2、3 和 11，所以这个方程是在自然数系内写出来的。另外，它的解是 $x = 4$，又是一个自然数。对于这个例子，自然数就足以生成这个方程和它的解。

但是，对于方程 $2x + 11 = 3$ 又如何呢？尽管我们仍然可以在自然数系内写出它，但是这个方程没有自然数解。因为，即便我们让 x 为最小的自然数 1，表达式 $2x + 11$ 的值也是 2(1)+11=13，这个值远远超出方程右边的 3。因此，存在这样一类方程，我们可以用自然数表示它，但是它没有自然数解。因此，自然数是代数不完全的。

同样，实数系也有不足。考虑二次方程 $x^2 + 15 = 0$，它的确以实数（其实是正整数）作为它的系数。然而，它的解 $x = \sqrt{-15}$ 不是实数。因此，还存在这样一类方程，我们可以用实数表示它，但是它在实数系内没有解。实数同样也是代数不完全的。

但是，复数却没有这样的缺陷。这样的代数"越狱"是不可能的。这就是代数基本定理的实质。它保证对于系数为复数的多项式方程，解一定是复数。这对于诸如 3x+8=2+3i 这样的一次方程为真，这个方程有复数解 $x = -2+i$；对于二次方程 $x^2 + x = 11 + 7i$ 也为真，这个方程有复数解 $x = 3+i$ 和 $x = -4-i$。而且这个定理同样适用于诸如下面这样的五次方程：

$$5x^5 + ix^4 - 3x^3 + (8 - 2i)x^2 - 17x - i = 0$$

这个方程必定有五个解（可能有重复），且全都是复数。事实上，多项式的次数已经不再是问题。**代数基本定理**说：任意写于复数系内的 n 次多项式方程都将有 n 个解（可能有重复），这些解本身都是复数。

不难看到，这个定理并没有给出求这些复数解的明确方法，而只是证明了它们的存在。尽管如此，它还是一个非常重要且非常有力的结果，因为它指出了复数系对于提供任意多项式方程的解是充分的。

18 世纪的很多数学家，包括欧拉在内，都相信这个定理是真的，但是都没能给出令人满意的证明。[8] 必须得等待卡尔·弗里德里希·高斯的登场，他是在这本书中反复出现的一位数学家。在第 A 章，我们是以历史上最重要的数论学家之一介绍他的，很高兴在本书的结尾又遇到他。1799 年，他在赫尔姆施塔特大学的博士论文中给出了代数基本定理的首次证明。这篇论文解决了一个如此重要的问题，因此被认为是整个时代最伟大的数学博士论文。它的存在使其他同时代取得博士学位的人自愧不如。

卡尔达诺认为虚数"无用"，莱布尼茨认为它们是现实和虚构之间的"两栖类"，而欧拉则探究了它们一些零散却很奇异和迷人的性质。但是，正是高斯确立了复数是求解方程的理想数系的地位。就其现实意义来说，代数基本定理确立了代数学家的天堂——复数。

后　记

到此, 26 个字母已经用完了。此时, 很多读者恐怕会长舒一口气。我们的数学旅行开始于第 A 章的算术基本定理, 途经第 L 章, 遇到了微积分的基本定理, 最后结束于代数基本定理。

这些基础知识伴随着数学和数学家的故事、图表和公式、争议和论战。从 A 到 Z 的旅途中, 我们从中国走到英国剑桥大学, 从泰勒斯走到现代计算机。的确, 每一章内容都可以进一步向纵深挺进, 但由于篇幅的限制, 我们不能在一个课题上逗留过长时间。也许有些章节应该被彻底放弃, 但作者出于个人的喜好, 还是保留了它们。

总之, 本书只是我个人为大家定制的旅行。我要感谢各位读者一路相伴。

参考文献

前言

[1] Ann Hibler Koblitz, *A Convergence of Lives*, Birkhäuser, Boston, 1983, p. 231.

[2] Proclus, *A Commentary on the First Book of Euclid's Elements*, trans. Glenn R. Morrow, Princeton U. Press, Princeton, NJ, 1970, p. 17.

Arithmetic / 算术

[1] Morris Kline, *Mathematical Thought from Ancient to Modern Times*, Oxford U. Press, New York, 1972, p. 979.

[2] David Wells, *The Penguin Dictionary of Curious and Interesting Numbers*, Penguin, New York, p. 257.

[3] Florian Cajori, *A History of Mathematics*, Chelsea (reprint), New York, 1980, p. 167.

[4] David Burton, *Elementary Number Theory*, Allyn and Bacon, Boston, 1976, p. 226.

[5] *Focus*, newsletter of the Mathematical Association of America, Vol. 12, No. 3, June 1992, p. 3.

[6] Leonard Eugene Dickson, *History of the Theory of Numbers*, Vol. 1, G. E. Stechert and Co., New York, 1934, p. 424.

[7] Thomas L. Heath, *The Thirteen Books of Euclid's Elements*, Vol. 1, Dover, New York, 1956, pp. 349–350.

[8] Donald J. Albers, Gerald L. Alexanderson, and Constance Reid, *More Mathematical People*, Harcourt Brace Jovanovich, Boston, 1990, p. 269.

[9] Paul Hoffman, "The Man Who Loves Only Numbers," *The Atlantic Monthly*, November 1987, p. 64.

[10] Ibid., p. 65.

[11] Caspar Goffman, "And What Is Your Erdös Number?" *The American Mathematical Monthly*, Vol. 76, No. 7, 1969, p. 791.

Bernoulli Trials / 伯努利试验

[1] David Eugene Smith, *A Source Book in Mathematics*, Dover, New York, 1959, p. 90.

[2] Kline, *Mathematical Thought*, p. 473.

[3] Charles C. Gillispie, ed., *Dictionary of Scientific Biography*, Vol. 2, Scribner's, New York, 1970, Johann Bernoulli, p. 53.

[4] Anders Hald, *A History of Probability and Statistics and Their Applications before 1750*, Wiley, New York, 1990, p. 223.

[5] Gillispie, *Dictionary of Scientific Biography*, Jakob Bernoulli, p. 50.

[6] James R. Newman, *The World of Mathematics*, Vol. 3, Simon and Schuster, New York, 1956, pp. 1452–1453.

[7] Hald, *History of Probability*, p. 257.

[8] Gerd Gigerenzer et al., *The Empire of Chance*, Cambridge U. Press, New York, 1990, p. 29.

[9] Newman, *World of Mathematics*, p. 1455.

[10] Ibid., p. 1454.

[11] Ian Hacking, *The Emergence of Probability*, Cambridge U. Press, New York, 1975, p. 168.

Circle / 圆

[1] Vitruvius, *On Architecture*, trans. Frank Granger, Vol. 2, Loeb Classical Library, Cambridge, MA, 1962, p. 205.

[2] Howard Eves, *An Introduction to the History of Mathematics*, 5th ed., Saunders, New York, 1983, p. 89.

[3] Richard Preston, "Mountains of Pi," *The new Yorker*, March 2, 1992, pp. 36–67.

[4] David Singmaster, "The Legal Values of Pi," *The Mathematical Intelligencer*. Vol. 7, No. 2, 1985, pp. 69–72.

[5] Ibid., p. 69.

[6] Ibid., p. 70.

Differential Calculus / 微分学

[1] Dirk Struik, ed., *A Source Book in Mathematics: 1200–1800*, Princeton U. Press, Princeton, NJ, 1986, pp. 272–273.

[2] James Stewart, *Calculus*, 2nd ed., Brooks/Cole, Pacific Grove, CA, 1991, p. 56.

Euler / 欧拉

[1] C. Boyer and Uta Merzbach, *A History of Mathematics*, 2nd ed., Wiley, New York, 1991, p. 440.

[2] G. Waldo Dunnington, *Carl Friedrich Gauss: Titan of Science*, Exposition Press, New York, 1955, p. 24.

[3] Carl Boyer, *History of Analytic Geometry*, Scripta Mathematica, New York, 1956, p. 180.

[4] Dunnington, *Carl Friedrich Gauss: Titan of Science*, pp. 27–28.

[5] G. G. Joseph, *The Crest of the Peacock*, Penguin, New York, 1991, p. 323.

[6] "Glossary," *Mathematics Magazine*, Vol. 56, No. 5, 1983, p. 317.

[7] E. H. Taylor and G. C. Bartoo, *An Introduction to College Geometry*, Macmillan, New York, 1949, pp. 52–53.

[8] André Weil, *Number Theory: An Approach through History*, Birkhäuser, Boston, 1984, p. 261.

[9] W. Dunham, *Journey through Genius*, Wiley, New York, 1990, Chapter 9.

[10] Weil, *Number Theory*, p. 277.

Fermat / 费马

[1] Weil, *Number Theory*, p. 39.

[2] E. T. Bell, *The Last Problem*, (Introduction and Notes by Underwood Dudley), Mathematical Association of America, Washington, DC, 1990, p. 265.

[3] Boyer and Merzbach, *History of Mathematics*, p. 344.

[4] Ibid, p. 333.

[5] Weil, *Number Theory*, p. 51.

[6] Michael Sean Mahoney, *The Mathematical Career of Pierre de Fermat*, Princeton U. Press, Princeton, NJ, 1973, p. 311.

[7] Burton, *Elementary Number Theory*, p. 264.

[8] Smith, *Source Book in Mathematics*, p. 213.

[9] Ibid.

[10] Harold M. Edwards, *Fermat's Last Theorem*, Springer-Verlag, New York, 1997, p. 73.

[11] Bell, *Last Problem*, p. 300.

[12] Gina Kolata, "At Last, Shout of 'Eureka!' in Age-Old Math Mystery," *New York Times*, June 24, 1993, p. 1; Michael Lemonick, "*Fini* to Fermat's Last Theorem," *Time*, July 5, 1993, p. 47.

[13] Edwards, *Fermat's Last Theorem*, p. 38.

Greek Geometry / 古希腊几何

[1] Ivor Thomas, *Greek Mathematical Works*, Vol. 1, Loeb Classical Library, Cambridge, MA, 1967, pp. viii–ix.

[2] Ibid., p. 391.

[3] Ibid., p. 147.

[4] Heath, *Thirteen Books of Euclid's Elements*, Vol. 1, p. 153.

[5] Dunham, *Journey through Genius*, pp. 37–38.

[6] Thomas, *Greek Mathematical Works*, p. ix.

[7] Heath, *Thirteen Books of Euclid's Elements*, Vol. 1, pp. 253–254.

[8] Proclus, *Commentary on the First Book*, p. 251.

[9] Ibid.

[10] A. Conan Doyle, *The Complete Sherlock Holmes*, Garden City Books, Garden City, NY, 1930, p. 12.

[11] Heath, *Thirteen Books of Euclid's Elements*, Vol. 1, p. 4.

[12] *American Mathematical Monthly*, Vol. 99, No. 8, October 1992, p. 773.

[13] Morris Kline, *Mathematics in Western Culture*, Oxford U. Press, New York, 1953, p. 54.

[14] G. H. Hardy, *A Mathematician's Apology*, Cambridge U. Press, New York, 1967, pp. 80–81.

Hypotenuse / 斜边

[1] Elisha Scott Loomis, *The Pythagorean Proposition*, National Council of Teachers of Mathematics, Washington, DC, 1968.

[2] Frank J. Swetz and T. I. Kao, *Was Pythagoras Chinese?* Pennsylvania State U. Press, University Park, PA, 1977, pp. 12–16.

[3] Edmund Ingalls, "George Washington and Mathematics Education," *Mathematics Teacher*, Vol. 47, 1954, p. 409.

[4] James Mellon, ed., *The Face of Lincoln*, Viking, New York, 1979, p. 67.

[5] Ulysses S. Grant, *Personal Memoirs*, Bonanza Books, New York (facsimile of 1885 ed.), pp. 39–40.

[6] *The New England Journal of Education*, Vol. 3, Boston, 1876, p. 161.

[7] *The Inaugural Addresses of the American Presidents*, annotated by Davis Newton Lott, Holt, Rinehart & Winston, New York, 1961, p. 146.

[8] *The New England Journal of Education*, Vol. 3, Boston, 1876, p. 161.

Isoperimetric Problem / 等周问题

[1] Virgil, *The Aeneid*, trans. Rolfe Humphries, Scribner's, New York, 1951, p. 16.

[2] Proclus, *Commentary on the First Book*, p. 318.

[3] Thomas, *Greek Mathematical Works*, Vol. 2, p. 395.

[4] Ibid., pp. 387–389.

[5] Ibid., p. 589.

[6] Ibid., p. 593.

Justification / 论证

[1] Michael Atiyah comment in "A Mathematical Mystery Tour," *Nova*, PBS television program.

[2] Bertrand Russell, *The Basic Writings of Bertrand Russell: 1903–1959*, Robert Egner and Lester Denonn, eds., Simon and Schuster, New York, 1961, p. 175.

[3] Charles Darwin, *The Autobiography of Charles Darwin*, Dover Reprint, New York, 1958, p. 55.

[4] Boyer, *History of Analytic Geometry*, p. 103.

[5] Thomas, *Greek Mathematical Works*, Vol. 1, p. 423.

[6] Russell, *The Basic Writings of Bertrand Russell: 1903–1959*, p. 163.

[7] John Bartlett, ed., *Familiar Quotations*, Little, Brown, Boston, 1980, p. 746.

[8] Barry Cipra, "Solutions to Euler Equation," *Science*, Vol. 239, 1988, p. 464.

[9] Hardy, *Mathematician's Apology*, p. 94.

[10] Malcolm Browne, "Is a Math Proof a Proof If No One Can Check It?" *New York Times*, December 20, 1988, p. 23.

Knighted Newton / 牛顿爵士

[1] John Fauvel, Raymond Flood, Michael Shortland, and Robin Wilson, *Let Newton Be!*, Oxford U. Press, New York, 1988, pp. 11–12.

[2] Ibid., p. 14.

[3] Kine, *Mathematics in Western Culture*, p.214.

[4] Adolph Meyer, *Voltaire: Man of Justice*, Howell, Soskin Publishers, New York, 1945, p.184; Fauvel et al., *Let Newton Be!*, p.185.

[5] R. S. Westfall, *Never at Rest*, Cambridge U. Press, New York, 1980, p. 270.

[6] Ibid., pp. 273–274.

[7] Ibid., p. 266.

[8] Ibid., p.202.

[9] Joseph E. Hoffman, *Leibniz in Paris*, Cambridge U. Press, Cambridge, UK, 1974, p. 229.

[10] Westfall, *Never at Rest*, pp. 715–716.

[11] Ibid., p. 761.

[12] Derek Whiteside, ed., *The Mathematical Papers of Isaac Newton*, Vol. 2, Cambridge U. Press, Cambridge, UK, 1968, pp. 221–223.

Lost Leibniz / 被遗忘的莱布尼茨

[1] J. M. Child, *The Early Mathematical Manuscripts of Leibniz*, Open Court Publishing, London, 1920, p. 11.

[2] J. Hoffman, *Leibniz in Paris*, pp. 2–3.

[3] Ibid., p.15.

[4] C. H. Edwards, Jr., *The Historical Development of Calculus*, Springer-Verlag, New York, 1979, p. 234.

[5] Child, *Early Mathematical Manuscripts of Leibniz*, p. 12.

[6] J. Hoffman, *Leibniz in Paris*, pp. 91–93.

[7] Ibid., p. 151.

[8] Eves, *Introduction to History of Mathematics*, p. 309.

Mathematical Personality / 数学人物

[1] G. Pólya, "Some Mathematicians I Have Known," *American Mathematical Monthly*, Vol. 76, No. 7, 1969, pp. 746–753.

[2] Paul Halmos, *I Have a Photographic Memory*, American Mathematical Society, Providence, RI, 1987, p. 2.

[3] Pólya, "Some Mathematicians I Have Known," pp. 746–753.

[4] Westfall, *Never at Rest*, p. 192.

[5] Eves, *Introduction to History of Mathematics*, p. 370.

[6] John F. Bowers, "Why Are Mathematicians Eccentric?" *New Scientist* 22/29, December 1983, pp. 900–903.

[7] Westfall, *Never at Rest*, p. 105.

[8] Harold Taylor and Loretta Taylor, *George Pólya: Master of Discovery*, Dale Seymour Publications, Palo Alto, CA, 1993, p. 21.

[9] Ed Regis, *Who Got Einstein's Office*, Addison-Wesley, Reading, MA, 1987, p. 195.

[10] Scott Rice, ed., *Bride of Dark and Stormy*, Penguin, New York, 1988, p. 124.

[11] *Math Matrix* (newsletter of the Department of Mathematics, The Ohio State University), Vol. 1, No. 5, 1986, p. 3.

[12] Don Albers and G. L. Alexanderson, "A Conversation with Ivan Niven," *College Mathematics Journal*, Vol. 22, No. 5, November 1991, p. 394.

[13] JoAnne Growney, "Misunderstanding," *Intersections*, Kadet Press, Bloomsburg, PA, 1993, p. 48.

Natural Logarithm / 自然对数

[1] Leonhard Euler, *Opera Omnia*, Vol. 8, Ser. I, B. G. Teubneri, Leipzig, 1922, p. 128.

[2] Charles Darwin, *The Autobiography of Charles Darwin*, Dover, New York, 1958, pp. 42–43.

Origins / 起源

[1] Victor Katz, *A History of Mathematics: An Introduction*, Harper-Collins, New York, 1993, p. 4.

[2] Joseph, *Crest of the Peacock*, p. 61.

[3] Ibid., p. 80.

[4] Ibid., p. 82.

[5] Ibid., pp. 83–84.

[6] Swetz and Kao, *Was Pythagoras Chinese?*, p. 29.

[7] Boyer and Merzbach, *History of Mathematics*, p. 223.

[8] Cajori, *History of Mathematics*, p. 87.

[9] Harry Carter, trans., *The Histories of Herodotus*, Vol. 1, Heritage Press, New York, 1958, p. 131.

Prime Number Theorem / 质数定理

[1] Boyer and Merzbach, *History of Mathematics*, p. 501.

Quotient / 商

[1] René Descartes, *The Geometry of René Descartes*, trans. David Eugene Smith and Marcia L. Latham, Dover, New York, 1954, p. 2.

[2] Kline, *Mathematical Thought*, 1972, pp. 592–593.

[3] Ibid., p. 251.

[4] Ibid., pp. 593–594.

[5] Ibid., p. 981.

Russell's Paradox / 罗素悖论

[1] Ronald W. Clark, *The Life of Bertrand Russell*, Knopf, New York, 1976, p. 7.

[2] Ibid., p. 28.

[3] Robert E. Egner and Lester E. Denonn, eds., *The Basic Writings of Bertrand Russell 1903–1959*, Simon & Schuster. New York, 1961, p. 253.

[4] Ibid., pp. 253–254.

[5] Bertrand Russell, *Introduction to Mathematical Philosophy*, Macmillan, New York, 1919, p. 1.

[6] Bertrand Russell, *The Autobiography of Bertrand Russell, 1872–1914*, George Allen & Unwin Ltd., London, 1967, p. 145.

[7] "A Mathematical Mystery Tour," *Nova*, PBS television program.

[8] Russell, *Autobiography*, p. 152.

[9] Clark, *Life of Russell*, p. 258.

[10] Egner and Denonn, *Basic Writings*, p. 595.

[11] Ibid., p. 589.

[12] Ibid., p. 253.

[13] A. J. Ayer, *Bertrand Russell*, U. of Chicago Press, Chicago, 1972, p. 17.

[14] Clark, *Life of Russell*, p. 53.

[15] Ibid., p. 441.

[16] Ibid., p. 334.

[17] Egner and Denonn, *Basic Writings*, p. 352.

[18] Ibid., p. 298.

[19] Clark, *Life of Russell*, p. 451.

[20] Egner and Denonn, *Basic Writings*, p. 63.

[21] Clark, *Life of Russell*, p. 202.

[22] Bertrand Russell, *My Philosophical Development*, George Allen & Unwin Ltd., London, 1959, p. 76.

[23] Ibid., pp. 75–76.

[24] Egner and Denonn, *Basic Writings*, p. 255.

[25] Kline, *Mathematical Thought*, p. 1192.

[26] Ibid., p. 1195.

[27] Egner and Denonn, *Basic Writings*, p. 255.

[28] Clark, *Life of Russell*, p. 110.

[29] Egner and Denonn, *Basic Writings*, p. 370.

Spherical Surface / 球面

[1] Plato, *Timaeus and Critias*, trans. Desmond Lee, Penguin, London, 1965, pp. 45–46.

[2] Bartlett, *Familiar Quotations*, p. 638.

[3] Heath, *Thirteen Books of Euclid's Elements*, Vol. 3, p. 261.

[4] T. L. Heath, ed., *The Works of Archimedes*, Dover, New York, 1953, p. 39.

[5] Ibid., p. 1.

Trisection / 三等分

[1] John Fauvel and Jeremy Gray, eds., *The History of Mathematics: A Reader*, Macmillan, London, 1987, p. 209.

[2] Cajori, *History of Mathematics*, p. 246.

[3] Descartes, *Geometry of René Descartes*, pp. 216–219.

[4] Cajori, *Hissory of Mathematics*, p. 350.

[5] P. L. Wantzel, "Recherches sur les moyens de reconnaitre si un Problème de Géométrie peut se résoudre avec la règle et le compas," *Journal de mathematiques pures et appliquees*, Vol. 2, 1837, pp. 366–372.

[6] Ibid., p. 369.

[7] Underwood Dudley, "What to Do When the Trisector Comes," *The Mathematical Intelligencer*, Vol. 5, No. 1, 1983, p. 21.

[8] Robert C. Yates, *The Trisection Problem*, National Council of Teachers of Mathematics, Washington, DC, 1971, p. 57.

Utility / 实用性

[1] Kline, *Mathematics in Western Culture*, p. 13.

[2] Richard Aldington, trans., *Letters of Voltaire and Frederick the Great*, George Routledge & Sons Ltd., London, 1927, pp. 382–383.

[3] Kine, *Mathematical Thought*, p. 1052.

[4] James Ramsey Ullman, ed., *Kingdom of Adventure: Everest*, William Sloane Publishers, New York, 1947, pp. 34–35.

[5] René Taton and Curtis Wilson, eds., *The General History of Astronomy*, Vol. 2, Cambridge U. Press, New York, 1989, p. 107.

[6] Albert Van Helden, *Measuring the Universe*, U. of Chicago Press, Chicago, 1985, p. 129.

[7] Albert Van Helden, "Roemer's Speed of Light," *Journal for the History of Astronomy*, Vol. 14, 1983, pp. 137–141.

[8] Taton and Wilson, *General History of Astronomy*, p. 154.

[9] Ibid., p. 153.

[10] Bartlett, *Familiar Quotations*, p. 275.

[11] Willard F. Libby, *Radiocarbon Dating*, 2nd ed., U. of Chicago Press, Chicago, 1955, p. 5.

[12] Ibid., p. 9.

[13] Morris Kline, *Mathematics for Liberal Arts*, Addison-Wesley, Reading, MA, 1967, p. 546.

[14] Hardy, *Mathematician's Apology*, p. 119.

[15] Stillman Drake, trans., *Discoveries and Opinions of Galileo*, Doubleday, Garden City, NY, 1957, pp. 237–238.

Where Are the Women? / 女性在哪里？

[1] Nadya Aisenberg and Mona Harrington, *Women of Academe: Outsiders in the Sacred Grove*, U. of Massachusetts Press, Amherst, MA, 1988, p. 9.

[2] Cecil Woodham Smith, *Florence Nightingale: 1820–1910*, McGraw-Hill, New York, 1951, p. 27.

[3] Auguste Dick, *Emmy Noether*, trans. H. I. Blocher Birkhäuser, Boston, 1981, p. 125.

[4] Fauvel and Gray, *History of Mathematics*, p. 497.

[5] Michael A. B. Deakin, "Women in Mathematics: Fact versus Fabulation," *Australian Mathematical Society Gazette*, Vol. 19, No. 5, 1992, p. 112.

[6] "Earned Degrees Conferred by U.S. Instiutions," *Chronicle of Higher Education*, June 2, 1993, p. A-25.

[7] Virginia Woolf, *A Room of One's Own*, Harvest/HBJ Books, New York, 1989, p. 47.

[8] Gillispie, *Dictionary of Scientific Biography*, essay on Sonya Kovalevsky, p. 477.

[9] Koblitz, *Convergence of Lives*, p. 49.

[10] Ibid., pp. 99–100.

[11] Ibid., p. 136.

[12] Albers et al., *More Mathematical People*, p. 280.

Plane / XY 平面

[1] Descartes, *Geometry of René Descartes*, p. 2.

[2] Whiteside, *Mathematical Papers of Isaac Newton*, Vol. 1, p. 6.

[3] Descartes, *Geometry of René Descartes*, p. 10.

[4] Ibid.

[5] Boyer, *History of Analytic Geometry*, p. 138.

[6] Albers et al., *More Mathematical People*, p. 278.

[7] Boyer, *History of Analytic Geometry*, p. 75.

[8] Ibid.

Z

[1] Struik, *Source Book in Mathematics*, p. 67.

[2] Ibid., p. 69.

[3] Katz, *History of Mathematics*, p. 336.

[4] Descartes, *Geometry of René Descartes*, p. 175.

[5] Whiteside, *Mathematical Papers of Isaac Newton*, Vol. 5, p. 411.

[6] Kline, *Mathematical Thought*, p. 254.

[7] *A Century of Calculus*, Part I, Mathematical Association of America, Washington, DC, 1992, p. 8.

[8] William Dunham, "Euler and the Fundamental Theorem of Algebra," *The College Mathematics Journal*, Vol. 22, No. 4, 1991, pp. 282–293.